普通高等教育"十三五"规划教材

现代绿色食品管理与生产技术

第二版

杨 敏 杨富民 主编

化学工业出版社

·北京·

《现代绿色食品管理与生产技术》主要针对农业、轻工类高等院校学生，综合农业科学、生态科学、环境科学、管理科学等知识，对绿色食品从土地到餐桌的每个环节中的相关规定、标准以及具体生产技术进行了较为详尽的论述，主要内容为绿色食品发展概况、绿色食品产地环境选择及评价、绿色食品认证与管理、绿色食品国家标准与体系、种植业绿色食品生产技术、养殖业绿色食品生产技术、绿色食品加工、绿色食品包装和贮运技术、绿色食品检测与安全控制等。鉴于本课程的特点和本教材的定位，全书注重基础性和新颖性，以绿色食品发展现状及趋势为基础，以国家最新标准体系为依据，详细论述了现代绿色食品管理与生产技术的相关基础知识。本次修订对所有章节相关标准进行了全面更新，对部分章节进行了完善和补充。

《现代绿色食品管理与生产技术》可作为本科院校、高职高专院校农业及轻工类专业必修或选修教材，亦可作为从事绿色食品生产、加工、贸易以及质量管理等相关技术领域人员参考用书。

图书在版编目（CIP）数据

现代绿色食品管理与生产技术/杨敏，杨富民主编. —2 版 . —北京：化学工业出版社，2018.3（2023.1重印）
普通高等教育"十三五"规划教材
ISBN 978-7-122-31343-0

Ⅰ.①现… Ⅱ.①杨…②杨… Ⅲ.①绿色食品-食品安全-安全管理-中国-高等学校-教材 Ⅳ.①TS201.6

中国版本图书馆 CIP 数据核字（2018）第 009138 号

责任编辑：尤彩霞 　　　　　　　　　　文字编辑：李　玥
责任校对：边　涛 　　　　　　　　　　装帧设计：张　辉

出版发行：化学工业出版社（北京市东城区青年湖南街 13 号　邮政编码 100011）
印　　装：高教社（天津）印务有限公司
787mm×1092mm　1/16　印张 13　字数 325 千字　　2023 年 1 月北京第 2 版第 4 次印刷

购书咨询：010-64518888 　　　　　　　　售后服务：010-64518899
网　　址：http://www.cip.com.cn
凡购买本书，如有缺损质量问题，本社销售中心负责调换。

定　　价：49.00 元 　　　　　　　　　　　　　　　版权所有　违者必究

编 写 人 员

主　编　杨　敏（甘肃农业大学）

　　　　杨富民（甘肃农业大学）

副主编　明　建（西南大学）

　　　　赵保堂（甘肃农业大学）

　　　　杨继涛（甘肃农业大学）

参　编（按姓氏笔画排序）

　　　　王　婧（甘肃农业大学）

　　　　邵威平（甘肃农业大学）

　　　　张　珍（甘肃农业大学）

　　　　曾凯芳（西南大学）

前　言

在崇尚天然、回归自然的现代社会，人们对食品的要求不仅注重量，更注重质。食品质量与安全关系到人类健康，受到了全球广泛关注。绿色食品是遵循可持续发展原则，按照特定的生产方式生产，经专门机构认证并许可使用绿色食品标志的无污染、安全、优质的营养类食品。绿色食品的兴起，以科学发展观创造了一个可持续的农业和食品生产管理体系，其快速发展及在农业和食品业中的广泛应用创造了一个产业。

多年来，发展绿色食品在推进农业发展方式转变、提高农产品质量安全水平、保护农业生态环境、促进农业增效和农民增收等方面发挥了重要的示范带动作用。绿色食品已成为我国安全优质农产品的精品品牌，得到社会各界的普遍认可。党的十八届五中全会提出了绿色发展等新思想，为绿色食品事业发展注入了新动力。

《现代绿色食品管理与生产技术》综合农业科学、生态科学、环境科学、管理科学等知识，对绿色食品从土地到餐桌的每个环节中的相关规定、标准以及具体生产技术进行了较为详尽的论述，其章节主要是根据绿色食品管理和技术框架来确定的，内容涉及绿色食品发展概况、绿色食品产地环境选择及评价、绿色食品认证与管理、绿色食品国家标准与体系、种植业绿色食品生产技术、养殖业绿色食品生产技术、绿色食品加工、绿色食品包装和贮运技术、绿色食品检测与安全控制等。

全书由绪论、附录和八个章节构成，第一、二、三、四章和附录由杨敏编写，第五、六章由赵保堂编写，第七章由明建编写，第八章和绪论由杨继涛编写。杨富民组织各编者对本书章节体系和内容进行了规划和讨论，提出了编写意见和建议。王婧、邵威平、张珍、曾凯芳对各章节体系及内容进行了完善和补充，并提供了大量参考资料。全书最后由杨敏统稿。

本教材得到了化学工业出版社和各编者所在院校的大力支持；书中引用了中国绿色食品中心制定的绿色食品有关标准和要求，还参考和吸收了国内一些学者、专家的相关著作和资料，在此一并表示真挚的感谢。

由于编者水平有限，书中难免存在疏漏之处，恳请广大读者批评指正。

编者
2018 年 4 月

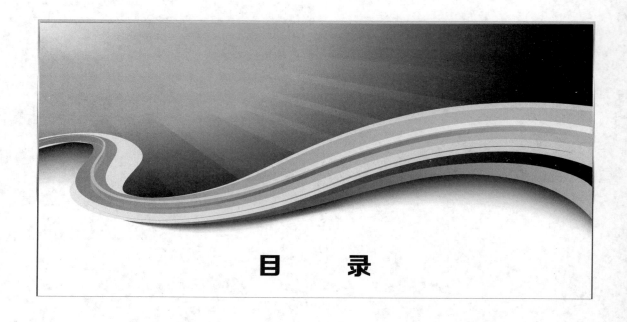

目　录

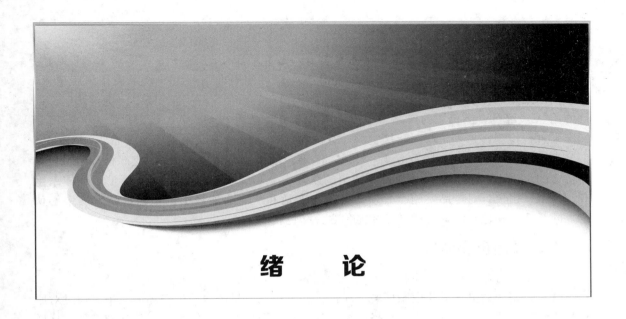

绪　论

第一节　绿色食品概念、标志及其特征

1990 年 5 月 15 日，中国正式宣布开始发展绿色食品。绿色食品的推出，不仅以科学发展观为依据创造了一个独特的农业和食品生产的管理体系，而且被中国农业和食品行业广泛采用和推广，创造了一个崇高的理性产业。

一、绿色食品概念

中国绿色食品认证管理体系指出，绿色食品概念的基本内涵是：绿色食品是指遵循可持续发展原则，产品出自良好的生态环境，按照特定生产方式生产，经专门机构认定，许可使用绿色食品标志商标的无污染的安全、优质、营养类食品。"按照特定的生产方式"，是指在生产、加工过程中按照绿色食品的标准，禁用或限制使用化学合成的农药、肥料、添加剂等生产资料及其他有害人体健康和生态环境的物质，并实施从土地到餐桌的全程质量控制。

因此，绿色食品并非单纯是绿色植物生产出来的食品，而是对"无污染"食品的一种形象的表述。绿色象征生命和活力，而食品是维系人类生命的物质基础。自然资源和生态环境是食品生产的基本条件，为了突出这类食品出自良好的生态环境，并能给人们带来旺盛的生命力，将其定名为"绿色食品"。

绿色食品必须同时具备以下条件。

① 产品或产品的原料产地必须符合绿色食品生态环境质量标准。

② 农作物种植、畜禽饲养、水产养殖及食品加工必须符合绿色食品的生产操作规程。

③ 产品必须符合绿色食品质量和卫生标准。

④ 产品外包装必须符合国家食品标签通用标准，符合绿色食品特定的包装、装潢和标签规定。

绿色食品分 AA 级和 A 级。AA 级绿色食品是指生产地的环境质量符合《绿色食品 产地环境质量》（NY/T 391—2013）的要求，生产过程中不使用化学合成的肥料、农药、兽药、饲料添加剂、食品添加剂和其他有害环境和人体健康的物质，按有机生产方式生产，产品质量符合绿色食品产品标准，经专门机构认定，许可使用 AA 级绿色食品标志的产品。

A 级绿色食品是指生产地的环境质量符合《绿色食品　产地环境质量》NY/T 391—2013 的要求，生产过程中严格按照绿色食品生产资料使用准则和生产技术操作规程要求，限量使用限定的化学合成生产物资，产品质量符合绿色食品产品标准，经专门机构认定、许可使用 A 级绿色食品标志的产品。中国大部分绿色食品为 A 级。AA 级则是完全按照国际标准来进行检测，是真正与国际接轨的"有机食品"，是完全意义上的安全食品。

为了保证绿色食品产品无污染、安全、优质、营养的特性，绿色食品应严格按照绿色食品特定的生产方式来生产。绿色食品特定的生产方式就是指按照绿色食品质量标准体系生产、加工、销售，对产品实施全程质量控制，产地和产品必须经中国绿色食品发展中心认定，同意授予绿色食品标志的产品才能称之为绿色食品。

二、绿色食品特征

绿色食品与普通食品相比有 3 个显著特征。

（1）强调产品出自最佳生态环境　绿色食品生产从原料产地的生态环境入手，通过对原料产地及其周围生态环境因子的严格监控，判定其是否具备生产绿色食品的基础条件。这样既可以保证绿色食品生产原料和初级产品的质量，又有利于强化企业和农民的资源和环境保护意识，最终将农业和食品工业的发展建立在资源和环境可持续利用的基础上。

（2）对产品实行全程质量控制　绿色食品生产实施"从土地到餐桌"的全程质量控制，从而在农业和食品生产领域树立了全新的质量观。通过产前环节的环境监测和原料检测，产中环节的具体生产、加工操作规程的落实，以及产后环节的产品质量、卫生指标、包装、保鲜、运输、储存、销售控制，确保绿色食品的整体产品质量，并提高整个生产过程的技术含量。

（3）对产品依法实行统一的标志与管理　绿色食品标志是一个质量证明商标，属知识产权范畴，受《中华人民共和国商标法》保护，政府授权专门机构管理绿色食品标志，这是一种将技术手段和法律手段有机结合起来的生产组织和管理行为，而不是一种自发的民间自我保护行为。对绿色食品产品实行统一、规范的标志管理，不仅使生产行为纳入了技术和法律监控的轨道，而且使生产者明确了自身和对他人的权益责任，同时也有利于企业争创名牌，树立名牌商标保护意识，提高企业和产品的社会知名度和影响力。

由此可见，绿色食品概念不仅表述了绿色食品产品的基本特性，而且蕴含了绿色食品特定的生产方式、独特的管理模式和全新的消费观念。

第二节　绿色食品发展的背景和必然性

20 世纪人类社会和经济的发展对未来产生深远影响的变化主要有两个方面：一是科学技术的进步提高了工业化发展的水平，加快了传统农业向现代农业的转变，从而满足了人口急剧增长对食物的基本需求；二是人类自身不合理的社会经济活动加剧了人类与自然的矛盾，对社会经济的持续发展和人类自身的生存构成了现实的障碍和潜在的威胁。

一、绿色食品发展的国际背景

1. "石油农业"对环境与资源的影响

二战以后，欧、美、日等发达国家在工业化的基础上先后实现了农业现代化，在此基础上逐步形成和产生了风靡一时的西方农业，其共同特点是以大量使用机械、化肥、农药、塑料、石油为基础的"工业式农业"，又称"石油农业"。这种农业生产方式在一定的历史时期内和一定的条件下，对农业生产的发展起到了积极的作用，使农业生产的单位面积产量显著提高，极大地丰富了人类的食物供给。但是随着时间的推移和条件的变化，特别是随着全球能源短缺现象的日益加剧，这种西方模式使常规农业本身的缺陷和弊端日益突出。化肥、农药、塑料的大量使用导致农药残毒和化肥酸根酸价在土壤中积累，破坏了人类赖以生存的土壤的物理、化学及生态性质。同时，大量施用化肥和农药直接污染了水体、空气，危害人类身体健康。例如硝酸盐类在土壤中积累和转化后有强烈的致癌、致畸作用，农药残毒则直接污染食品引发中毒或通过食物链引起慢性中毒甚至癌变。"石油农业"这种以牺牲环境和可持续发展为代价的农业形式，产生了许多诸如植被迅速减少，水土流失加剧，土地肥力下降、沙化和盐碱化严重，病虫害滋生蔓延，生态环境遭到严重破坏等问题，使农业发展面临困境，加剧了全球的能源危机、食物危机、生态危机。

2. 可持续农业的兴起与发展

现代经济在 20 世纪 60～70 年代的快速发展，给全球环境和资源造成的压力和带来的危害在 80 年代进一步显露出来，在反思传统的经济增长方式之后，人类面临日益严重的环境和资源问题，提出了一种新的思想，即可持续发展（sustainable development）思想。其基本要点是：①强调人类追求健康而富有生产成果和生活成果的权利应当坚持与自然和谐的方式统一，而不应凭借手中的技术和资金，采取耗竭资源、破坏生态和污染环境的方式来追求这种发展权利的实现；②强调当代人在创造世界未来发展与消费的同时，努力做到当代人与后代人的机会相对平等，当代人不应以当今资源与环境大量消耗的发展与消费方式，剥夺后代人发展的权利与机会。1992 年 6 月，联合国在巴西召开了各国首脑会议，通过了《里约宣言》和《21 世纪议程》等一系列重要文件，一致承诺把走可持续发展的道路作为未来全球经济和社会长期共同发展的战略。

可持续农业（sustainable agriculture）是可持续发展概念延伸至农业及农村经济发展领域后产生的一种农业形式。可持续农业的基本观点是：第一，强调不能以牺牲子孙后代的生存发展权益作为换取当今发展的代价；第二，把可持续农业当作一个过程，而不是主要当作一种目标或模式；第三，考虑到衡量可持续农业的几个重要方面，即要求兼顾经济的、社会的和生态的效益。同时可持续农业还强调：①"生态上要健康"，在正确的生态道德观和发展观的指导下，正确处理人类与自然的关系，为农业和农村发展提供一个健全的资源和环境基础；②"经济上有活力"，在保护环境和维护资源的前提下，仍要追求较高的生产力和提高农业的竞争力；③"社会能够接受"，不会引起诸如环境污染和生态条件恶化等社会问题，以及能够实现社会的公正性，不引起区域之间、个人之间收入的过大差距。

联合国粮农组织 1991 年提出的关于可持续农业与农村发展（SARD）的定义是："管理和保护自然资源基础，调整技术和机制变化的方向，以便确保获得并持续地满足目前和今后世世代代人们的需要。因此，它是一种能够保护和维护土地、水和动植物资源，不会造成环境退化，同时在技术上适当可行、经济上有活力，能够被社会广泛接受的农业。"

在可持续农业思潮的影响下，各国相继寻求新的旨在减少化学投入以保护生态环境和提高食物安全性的替代农业模式，如"有机农业""生态农业""生物农业"等替代常规农业生产方式的探讨与实践，许多国家开始从农业着手，积极探索农业可持续发展的新模式。

二、绿色食品发展的国内背景

1. 中国面临的资源和环境压力越来越大

环境和资源是人类赖以生存和发展的物质基础。随着经济发展，人口进一步增长，中国资源和环境承载的压力越来越大，面临的危机主要表现在以下方面：①耕地数量减少，质量下降；②水土流失严重；③沙漠化面积扩大；④草原退化严重；⑤环境污染日益加剧。中国作为一个资源相对短缺、人口压力大的发展中国家，不能走那种以牺牲环境和大量损耗资源为代价发展的老路，必须把国民经济和社会发展建立在资源和环境可持续利用的基础上。

2. 城乡人民对食物质量的要求越来越高

20世纪90年代初，中国城乡人民生活水平的转型直接促进了农业发展战略的转变，就是由单一的数量型发展向数量、质量、效益并重发展的方向转变，即向高产、优质、高效农业发展。

目前中国城乡人民的生活水平正在快速向小康水平发展，对食物质量的要求越来越高，主要表现在：①对品质的要求越来越高，包括品种要优良、营养要丰富、风味和口感要好；②对加工质量的要求越来越高，拒绝接受滥用食品添加剂、防腐剂、抗氧化剂、人工合成色素的食品；③对卫生的要求越来越高，关注食品是否有农药残留污染、重金属污染、细菌超标等；④对包装的要求越来越高，在购买食品时，不仅考虑包装的新颖、美感，而且还考虑包装的材质，以及是否会对食品产生污染等。食品质量和安全问题已成为人们关注的焦点。

综上所述，中国经济发展面临的资源和环境压力、食品质量和安全问题、城乡人民生活转型以及农业发展战略转变是绿色食品产生的国内背景。绿色食品是中国经济和社会现代化进程中的一个必然选择，也将对未来经济和社会的发展产生深刻的影响。

第三节　开发绿色食品的意义

一、开发绿色食品是中国农业和农村发展的需要

中国加入WTO后，农产品贸易机遇和挑战并存，一方面农产品出口面临着前所未有的机遇，同时也对中国农产品特别是农产品质量问题提出了新挑战。世界大多数国家尤其是发达国家，食品安全检测指标限制非常严格，检验手段已从单纯检测产品延伸到生产基地。这就要求我们要把食品质量、卫生和安全工作放到十分突出的位置，加快建设农产品质量标准和检验检测体系，大力发展绿色食品、有机食品和无公害食品。

二、绿色食品生产开创了一个产业

生态环境是人类生存和发展的基本条件，是经济、社会发展的基础。在环境、资源和人类的关系日益紧张的现实情况下，走可持续发展的道路已经成为世界各国的共识，而农业与资源、环境的关系最为直接和密切。开发绿色食品的基本目的有两个：一是通过绿色食品的开发，合理地保护和利用自然资源和生态环境；二是通过绿色食品的消费，引导消费观念的转变，增进人类健康。绿色食品的生产过程中蕴含了对"环境洁净度"和"资源持续利用"的生态健康的要求，以追求经济效益、生态效益和社会效益"三大效益"的统一为目标；绿色食品的消费过程会增强人们"人与生物圈共生共荣"的可持续消费意识，以追求食物消费的安全性、科学性和经济性的最大统一为最终目的。

三、绿色食品是解决食品安全的重要途径

我国已逐步建立起小康社会，食品安全与品质已越来越受到人们的关注，保障安全已经成为对农产品和食品最起码的要求。解决食品安全问题最重要的措施有两条：一是要有技术标准；二是要规范管理。绿色食品通过严格执行产前、产中、产后各个环节的标准，最终保

证食品的安全；通过质量证明商标管理，有效地规范了生产和流通行为，树立了产品在市场中的良好形象。

四、绿色食品是对农产品品质的提升

绿色食品的开发，一方面提升了中国传统种植业、养殖业的生产水平和档次，从而推动农业产业升级，带动农民发家致富；另一方面将加工、销售、出口配套，形成了涵盖农业、商业、加工业、出口贸易和科研等多个领域的绿色食品生产、销售、出口、科研、推广体系，增强了农产品生产者和销售者的品牌意识，提高了中国农产品生产基地和批发市场的声誉，营造了重视产品质量和安全的氛围。

绿色食品强调生产、加工、贸易过程的标准化和各环节的相互联系，以统一的标准和良好的形象面对市场，形成"生产基地—品牌—市场"的产业链条。中国已加入有机农业运动国际联盟（International Federation of Organic Agriculture Movements，IFOAM），中国的"绿色食品"标志已得到国际上的广泛认同，绿色食品在国际市场上已成为中国无污染、安全、优质食品的代名词。

第四节　绿色食品、有机食品和无公害食品

随着替代农业的产生和发展，国际上出现了"有机农业""生态农业""生物农业""自然农业"等不同模式，中国也先后推出了绿色食品、有机食品、无公害食品等系统工程，这些都属于无公害、安全的生产方式。因此，中国无公害农业生产方式广义上包括了有机农业生产、绿色食品生产和无公害食品生产。中国的绿色食品、有机食品和无公害食品有很多相同的地方，也有一些明显的区别。

一、绿色食品、有机食品和无公害食品的共同点

1. 绿色食品、有机食品和无公害食品的产地环境都要求无污染

产地的生态环境是绿色食品、有机食品和无公害食品的生产基础，因此产地环境和周边环境中不能存在污染源，确保产地环境中的空气、水和土壤的洁净，这是绿色食品和无公害食品、有机食品生产的共同基础和前提条件。

2. 绿色食品、有机食品和无公害食品都有严格的质量控制体系

三者在生产、收获、加工、贮藏及运输的过程中，都采用了无公害的生产技术，都各自有一套严格的质量控制体系，都要求实现从土地到餐桌的全程质量控制，从而保障了其产品无污染的安全特性，有利于保护人们的身体健康。

3. 绿色食品、有机食品和无公害食品都实行标志管理

标志管理的目的是为了充分保证产品质量的可靠，一方面约束生产者和企业按照产品质量标准和标志管理的要求进行生产和销售；另一方面使消费者能够方便地按照鲜明的标志选择和采购食品，同时也有利于执法部门打击假冒伪劣产品。因此，绿色食品、有机食品和无公害食品都有各自的得到国家工商管理局注册的标志，并依据标志管理办法进行管理。

二、绿色食品、有机食品和无公害食品的不同点

1. 生产和加工的依据不同

有机食品生产和加工的标准是根据国际 IFOAM 的基本准则而制定的，虽然各个国家和

组织在具体执行上稍有差异，但总的准则不变。绿色食品是根据中国绿色食品的生产、加工标准进行生产与加工的，虽然参考了国际有机食品的标准和要求，但考虑到了中国特有的国情。无公害食品是依据中国的无公害食品卫生质量标准和环境监测标准而生产与加工的。

2. 生产和加工的标准要求不同

有机食品和绿色食品 AA 级在生产和加工过程中禁止使用一切人工合成的化学农药、化学肥料、生长激素、有害的化学添加剂等；只能使用有机肥、生物农药，产品中不得含有化学农药、化肥和有害化学添加剂残留；不得使用基因工程的种子和产品。绿色食品 A 级在生产与加工过程中，可以限量使用国家绿色食品发展中心制定的生产绿色食品的农药、化肥、兽药、食品添加剂等使用准则中的品种，但必须严格执行使用规则。无公害食品在生产与加工过程中，可以按照农业部发布的无公害食品农业行业标准中规定的肥料和农药的使用标准来使用，有关省市也已制定了地方标准可供参考。

3. 认证机构不同

有机食品的颁证，由 IFOAM 通过审定的认证机构才有资格颁证。中国有机食品的颁证和管理部门是国家环保总局有机食品发展中心和农业部中绿华夏有机食品认证中心。其中有机茶还可以通过中国茶叶研究所有机茶研究与开发中心颁证。国外也有一些有机食品认证机构，如德国的生态认证中心（ECOCERT）、瑞士的生态市场研究所（IMO）、美国的有机作物改良协会（OCIA）等在中国设有办事处，也可对中国的有机食品进行检测和颁证。

绿色食品唯一的颁证单位是中国农业部绿色食品管理办公室和绿色食品发展中心，设立在各省市的绿色食品管理办公室只能负责检测和申报，不能颁证。

对于无公害农产品，目前农业部已组建了管理系统，并制定了颁证制度，已在国家工商管理局商标局注册了无公害农产品标志，各省、市、自治区的农业部门也建立和制定了无公害农产品安全评价标准和环境监测体系，有些省、市已可以认证、颁发省级无公害农产品证书。

4. 认证方式不同

有机食品的认证是实行检查员制度。其认证方式是以检查认证为主，检测认证为辅，强调生产过程的质量安全措施控制，重视农事操作记录，生产资料购买和应用记录等等。有机食品生产基地一般要有 1～3 年的转换期，转换期间只能颁发有机食品转换证书。有机食品的证书有效期不超过 1 年，第二年必须重新进行检查颁证，有些产品每一批都要颁证，颁证的面积和产量必须与申报和检查的一致。采用的是生产基地证、加工证和贸易证三证齐全的制度。

AA 级绿色食品认证基本上同于有机食品认证。A 级绿色食品的认证是以检测认证为主，其认证着重检测工作，包括绿色食品原料产地的环境技术条件检测，申报产品的质量安全检测，以及已获得绿色食品标志产品的年度抽查检测工作。A 级绿色食品的证书有效期是 3 年，采用的是一品一证制度，即只颁证给申报的产品。即使是绿色食品生产基地，生产的每种产品也需单独申报、检测，才能颁证。如茶叶中的绿茶、红茶等茶类，甚至绿茶中的毛尖、炒青等均不能使用同一个证书。

无公害食品的认证遵循检查认证和检测认证并重的原则。无公害食品的认证工作，在环境技术条件的评价方式上，采用了有机食品认证中检查认证的做法，实行调查评价、检查认证。同时又采用了绿色食品检测认证的方式，对申报产品进行质量与安全检测，对已获得无公害食品标志的产品实行年度普检制度。所谓年度普检制度就是对获得无公害食品标志的全部产品都必须进行检测。

5. 安全标准和认证行为不同

绿色食品和无公害食品、有机食品在安全标准和认证行为上也有区别。绿色食品与无公害食品和有机食品都属于农产品质量安全范畴，都是农产品质量安全认证体系的组成部分。无公害食品保证人们对食品质量安全最基本的需要，符合国家食品卫生质量标准，是最基本的市场准入条件，是满足大众安全消费的需求；绿色食品达到了发达国家的先进标准，满足人们对食品质量高层次的需求；有机食品是满足更高层次的安全消费。所以可以把它们分为3个档次，即无公害食品是基本档次，A 级绿色食品是第二档次，AA 级绿色食品和有机食品为最高档次。

发展有机食品和绿色食品都是企业行为，企业根据自己具备的条件和需要，可以自愿提出申请，政府不会强制要求。但无公害农产品作为一种政府行为，即关系到生态环境保护和广大消费者身体健康的农产品生产都要强制性地按无公害生产标准执行，否则产品不准进入销售市场，无公害食品证书就是市场准入证。

无公害食品、绿色食品和有机食品的工作是协调统一、各有侧重和相互衔接的。无公害食品是绿色食品和有机食品发展的基础，而绿色食品和有机食品是在无公害食品基础上的进一步提高。

第五节　中国绿色食品发展现状及其趋势

一、中国绿色食品发展的基本历程

中国绿色食品从产生至今，经历了 4 个发展阶段，完成了从"提出绿色食品的科学概念→建立绿色食品生产体系和管理体系→组织实施绿色食品工程→稳步向社会化、产业化、市场化、国际化方向推进"的转变。

1. 起步阶段

1990～1993 年，是中国绿色食品从全国农垦系统启动的基础建设阶段。1990 年，中国绿色食品工程率先在农垦系统中正式实施，在此后的 3 年中，全国绿色食品工程的主要工作是完成管理体系、标准体系、管理法规建设等一系列基础工作，主要包括以下几个方面。

(1) 绿色食品管理体系建设　首先，国家农业部设立专门的绿色食品管理机构，与此同时分批在全国各省委托成立相应的省级绿色食品管理机构。由于中国绿色食品事业是在农垦系统中起步，当时的省级管理机构基本上以挂靠当地农垦管理部门为主。

(2) 绿色食品质量监 (检) 测体系　包括绿色食品产品检测和产地环境质量监测和评价体系建设。农业部分地域委托部级食品质量检测中心对全国绿色食品产品进行质量检测。同时，根据农业环境监测地域性强的特点，结合认证管理与质量监督分设的原则，各省绿色食品管理机构委托具备农业环境质量监测与评价能力和相应资质的机构进行产地环境质量监测。

(3) 绿色食品标准技术体系建设　包括认证管理、环境评价、产品质量等一系列标准。

(4) 绿色食品认证管理法律体系建设　先后制定出台了《绿色食品标志管理办法》及相关管理规定，在国家工商行政管理局注册绿色食品商标标志等。

(5) 绿色食品产品开发　中国绿色食品起步之初，产品开发主体是农垦系统，绿色食品产品的开发在一些农场快速起步，并不断取得进展。1990 年（绿色食品工程实施的当年），全国就有 127 个产品获得绿色食品标志商标使用权。

2. 快速发展阶段

1994~1996年，是中国绿色食品事业向全社会推进的加速发展阶段。这一阶段内，全国绿色食品基础性工作基本完成，进入了绿色食品事业快速发展的阶段。期间，产品开发规模迅速扩大，并呈现出以下5大特点。

① 绿色食品产品数量连续两年高增长。

② 绿色食品农业种植规模迅速扩大。

③ 绿色食品产量迅速增加，产量增长速度超过产品个数的增长。

④ 产品结构与城乡居民日常消费趋近。

⑤ 县域开发快速展开。全国许多县（市）依托本地资源，在全县范围内组织绿色食品开发和建立绿色食品生产基地，使绿色食品开发成为县域经济发展富有特色和活力的增长点。

3. 全面推进阶段

1997年以后，是中国绿色食品事业向社会化、市场化、国际化全面推进的阶段。

绿色食品社会化进程加快主要表现在：中国地方政府和部门进一步重视绿色食品的发展，广大消费者对绿色食品的认知程度越来越高，新闻媒体主动宣传、报道绿色食品，理论界和学术界也日益重视对绿色食品的探讨。

绿色食品市场化进程加快主要表现在：随着一些大型企业宣传力度的加大，绿色食品的市场环境越来越好，市场覆盖面越来越大，广大消费者对绿色食品的需求日益增长，而且通过市场的带动，产品开发的规模进一步扩大。绿色食品的国际市场潜力逐步显现，一些地区绿色食品生产企业的产品出口到日本、美国、欧洲等国家和地区，显示出了绿色食品在国际市场上的强大竞争力。

绿色食品国际化进程加快主要表现在：对外交流与合作的深度和层次逐步提高，绿色食品与国际接轨工作迅速启动。为了扩大绿色食品标志商标产权保护的领域和范围，绿色食品标志商标相继在日本和中国香港地区开展注册；为了扩大绿色食品出口创汇，中国绿色食品发展中心参照有机农业国际标准，结合中国国情，制定了AA级绿色食品标准，这套标准不仅直接与国际接轨，而且具有较强的科学性、权威性和可操作性。另外，通过各种形式的对外交流与合作，以及一大批绿色食品进入国际市场，中国绿色食品在国际社会引起了日益广泛的关注。

4. 深化改革阶段

党的十八届五中全会提出了绿色发展等新思想，为绿色食品事业的发展注入了新动力。2015年，农业部出台了《全国绿色食品产业发展规划纲要（2016—2020年）》，规划中指出当前和今后一个时期，推动绿色食品产业持续健康发展面临前所未有的历史机遇；同时也指出，绿色食品发展仍然存在一些制约因素，面临不少挑战：①绿色食品发展至今还没有一个全国统一的规划；②部门合作协调推进绿色食品发展的机制还没有建立起来；③绿色食品的品牌形象有待进一步巩固提升。

《全国绿色食品产业发展规划纲要（2016—2020年）》指出通过改革创新，落实《中华人民共和国国民经济和社会发展第十三个五年规划纲要》，遵循创新、协调、绿色、开放、共享的发展理念，以保护生态环境、提升农产品质量安全水平和促进农民增收为目的，以完善标准、优化程序、强化监管、加大宣传、创新机制为支撑，坚持精品定位，稳步发展，努力实现绿色食品质量水平持续提升、产业规模持续扩大、品牌公信力和影响力持续增强。争取到2020年，全国绿色食品产业总量规模进一步扩大，企业总数达到11000家，产品总数达到 27000 个，绿色食品产地环境监测面积达到 6.5 亿亩（1 亩≈666.7 m^2），绿色食品总产量占全国食用农产品及加工食品总产量的 5% 以上，绿色食品的质量和品牌公信力、认知度明显提升，质量抽检合格率保持在 99% 以上，国家级和省级农业产业化龙头企业、大型食品加工企业、出口企业比例明显上升，达到 60% 以上。

二、中国绿色食品产业的发展现状

1. 建立了覆盖全国的绿色食品管理系统和监测体系

加强全国绿色食品管理机构、队伍和监测体系建设是保证中国绿色食品事业健康发展，推动开发和管理工作顺利开展的重要条件。绿色食品从起步至今，由农业部牵头组织在全国构建了 3 大管理组织和系统，逐步形成了能够有效覆盖全国的、高效的绿色食品管理和监督网络。2011～2015 年，绿色食品系统每年组织抽检覆盖率超过 20%，绿色食品产品质量抽检合格率一直保持在 99% 以上。在近几年由农业部等国家有关部门组织的农产品质量安全监督抽检中，绿色食品产品质量抽检合格率均达到 100%。

(1) 绿色食品认证管理职能机构 全国已建立省级绿色食品工作机构 36 个，地（市）级绿色食品工作机构 308 个，县（市）级绿色食品工作机构 1558 个，覆盖了全国 88% 的地（市）、56% 的县（市）。全国省（市）均成立了由省（市）长担任组长的绿色食品工作领导小组。

(2) 绿色食品产地环境质量监测和评价体系 目前，各地共有绿色食品定点环境监测机构 57 家、产品质量检测机构 58 家，这些环境监测机构都具有省级以上计量认证资格，并经农业部审核认可后备案。

(3) 区域性的食品质量监测机构 为了确保绿色食品产品质量，农业部在全国分区建立了沈阳、佳木斯、石河子、济南、天津、湛江、武汉、成都、上海、南昌、青岛等多个绿色食品产品质量监测机构，依据全国统一的绿色食品产品标准进行绿色食品产品质量监测与监督。全国共有专职工作人员 6452 人，其中绿色食品检查员 3460 人、监管员 2797 人；还发展绿色食品企业内检员 1.8 万人，实现了所有获证企业的全覆盖。各地绿色食品管理机构、生产企业和经营单位可以自愿选择上述任何一家定点的绿色食品产品质量监测机构进行产品质量监测。

中国绿色食品的管理和组织网络建设依据中国国情和实际需要，参照国际上先进的组织和管理经验，采取委托授权的方式，使管理系统与监测系统分离，一方面保证了绿色食品监督工作的公正性，另一方面又增加了整个绿色食品开发管理体系的科学性。

2. 绿色食品标志管理工作法制化、规范化

中国绿色食品管理以标准为基础，以质量认证为形式，以商标标志管理为手段，是一种开放式的管理模式，绿色食品商标标志管理是绿色食品工作的一个重要特点。

1992 年，国家工商行政管理局、农业部下发了《关于依法使用、保护"绿色食品"商标标志的通知》，明确规定了绿色食品商标标志的申请、使用及其监管办法。1993 年，农业部又颁布了《绿色食品标志管理办法》，奠定了标志管理工作的法律基础。1996 年，国家工商行政管理局批准绿色食品标志图形、中英文及图形、文字组合等 4 种形式在 9 大类商品共 33 件证明商标的注册，同年国家工商行政管理局进一步明确了对"绿色食品"企业冠名的管理意见。国际上有丹麦、马来西亚、澳大利亚、加拿大等国家使用绿色食品标志。同时绿色食品已建立较完备的证后监管制度体系，主要包括企业年检、产品抽检、市场监察、产品公告等基本监管制度。

3. 建立了较完善的绿色食品质量标准体系

绿色食品标准是应用科学技术原理，结合绿色食品生产实践，借鉴国内外相关标准所制定的，是在绿色食品生产中必须遵循、在绿色食品质量认证时必须依据的技术文件。绿色食品标准是绿色食品认证管理的基础性文件。目前，农业部已发布绿色食品各类标准126项，整体达到发达国家先进水平，地方配套颁布实施的绿色食品生产技术规程已达400多项，形成了涵盖绿色食品产地环境质量、生产过程、产品质量、包装贮运、专用生产资料等环节的质量标准体系。绿色食品标准与其他相关领域的标准比较，有三个突出的特点：一是强调全过程的质量控制，不仅有产品品质和卫生指标要求，而且有产品生产加工过程的技术保证措施。二是引入了可持续发展的技术内容，不仅注重经济效益，而且强调生态环境效益。三是涵盖了有机食品，绿色食品 A 级标准对应的可持续农业产品；AA 级标准吸收了传统农业技术和现代生物技术，对应的是有机食品。

4. 绿色食品产品开发速度加快，产品数量和基地面积迅速扩大

绿色食品成立之初的 1990 年，全国仅有 63 家企业、129 个产品；2007 年，绿色食品生产总量达到 8300 万吨，产品销售额超过 2000 亿元，出口额近 23 亿美元，约占全国农产品出口总额的 7％，产地环境监测面积达 2.5 亿亩。截至 2015 年年底，全国绿色食品企业总数达到 9500 多家，产品总数达到 23000 多个。绿色食品产品日益丰富，现有的产品门类包括农林产品及其加工产品、畜禽、水产品及其加工产品、饮品类产品等 5 个大类、57 个小类，近 150 个种类，基本上覆盖了全国主要大宗农产品及加工产品。全国已创建 665 个绿色食品原料标准化生产基地，分布在 25 个省、市、自治区，基地种植面积 1.8 亿亩，产品总产量达到 1 亿吨。绿色食品的发展，为保护中国农业生态环境、推动农业标准化生产、提升农产品质量安全水平、扩大农产品出口、促进农民增收发挥了重要的示范带动作用。

三、中国绿色食品产业的发展前景

绿色食品工作是农业和农村经济工作的有机组成部分，要求与农业和农村经济形势相适应，与农业生产力发展水平和社会消费水平相适应。目前农产品供求格局发生了从长期短缺到总量基本平衡、丰年有余的历史性转变；农业和农村经济发展的外部环境发生了从国内市场和资源自我平衡为主到面对国内国际两个市场、两种资源的根本性转变；从抓产量增长为主到注重质量安全的转变。

"支持发展绿色食品"已多次写入中央 1 号文件。中共中央、国务院《关于加快推进生态文明建设的意见》对发展绿色产业做出了总体部署。党的十八届五中全会提出了五大发展理念，进一步明确了绿色发展的思想。发展绿色食品，符合国家"绿色发展、低碳发展、循环发展"的战略部署，符合"产出高效、产品安全、资源节约、环境友好"的现代农业发展方向，越来越受到各级政府的高度重视。发展绿色食品已被纳入我国现代农业建设、可持续农业发展、农产品质量安全提升等中、长期规划中，并与农业标准化、产业化、品牌化等主体工作紧密结合，在组织领导、产业指导、政策扶持、激励机制等方面的配套政策不断完善，支持力度不断加大。

在现代绿色食品生产体系的推动下，绿色食品生产不仅显示出一定的发展潜力，并在多种农业生态区域、气候类型、经济状况、社会制度及人文地理等方面表现出广泛的适应性。今后，中国绿色食品的发展将呈现以下态势。

1. 绿色食品生产将成为农业发展的主导模式

随着城乡居民收入水平的不断提高，食品安全意识普遍增强，食物消费结构正加快由注

重数量向注重质量转变，追求"绿色、生态、环保"日益成为消费的基本取向和选择标准，绿色食品更加受到广大消费者的欢迎，市场需求呈现加速增长的态势。在消费需求和品牌影响的拉动下，绿色食品市场流通体系的建设步伐不断加快，绿色食品将越来越多地进入大型连锁超市、专营店，走上电商平台，满足日益个性化、多元化的消费需求。

2. 绿色食品技术标准及认证体系的国际化进程将进一步加快

随着高附加值、高科技含量的农产品生产和贸易的迅速发展，各国对食品卫生和质量的监控越来越严，标准也越来越高，尤其是农产品生产和贸易的环保技术和产品卫生安全标准。这就要求食品在进入国际市场前经过权威机构按照通行的标准加以认证，获得一张"绿色"通行证。目前，国际标准化委员会（ISO）已制定了环境国际标准 ISO 14000，与以前制定的 ISO 9000 一起作为世界贸易标准。因此，今后中国绿色食品标准必须与世界食品法典委员会制定的有关食品标准以及 ISO、WTO 等国际组织制定的有关产品的标准趋向协调、统一，应参照国际通用标准，修改和完善中国绿色食品质量、安全、卫生标准体系，加快绿色食品生产、加工、流通过程的标准化建设，建立起具有国际水准的绿色食品标准体系；同时积极推进跨国认证、双边及多边认证、国际认证等。

3. 科学技术的研究、应用和推广将成为绿色食品发展的主要动力

21 世纪是知识经济的时代，科技进步与创新至关重要，绿色食品的发展更依赖于科技推动。就绿色食品生产技术而言，今后主要有四个方面的研究和探索将加快进行：一是围绕可持续农业发展体系的研究和完善，进一步丰富和发展在生产实践中应用和推广的相关技术；二是如何保持绿色食品生产技术本身的可持续进步，并提高传统农业技术和现代农业技术筛选、组装的效率和效益；三是以标准制定和完善为切入点，提高绿色食品生产技术水平；四是围绕生物肥料和农药、天然食品及饲料添加剂、动植物生长调节剂等生产资料的研制、开发应用和推广的步伐将加快，以尽快解决绿色食品生产过程中面临的一系列技术及服务短缺问题。

4. 绿色食品生产经营产业化发展优势将进一步凸显

根据绿色食品的生产特点，引导中国绿色食品生产进一步发展的有效手段是实现绿色食品生产的产业化经营，走一体化的道路。今后，绿色食品产业将逐步形成"以市场需求为导向、标志品牌为纽带、龙头企业为主体、基地建设为依托、农户参与为基础"的产业一体化发展格局，并呈现出区域性辐射、规模化生产、行业性带动的发展趋势。

第一章 绿色食品产地环境选择及评价

第一节 绿色食品产地的选择与环境质量监测

绿色食品产地是指绿色食品初级产品或产品原料的生长地。产品或产品原料产地的农业生态环境质量状况是影响绿色食品产品质量的最基本因素之一。农业环境受到污染、破坏，就会影响到农产品的数量和质量，进而影响到人类的生存和发展。环境监测是判断绿色食品产地环境质量是否符合绿色食品生态环境标准的主要依据。绿色食品标准规定：产品或产品原料产地必须符合绿色食品生态环境质量标准。绿色食品产地的生态环境主要包括大气、水体、土壤等因子。因此，开发绿色食品生产地，应对产地的立地条件进行宏观、感官和经验上的预测、考察；对其生态环境包括土、水、气应经过严格的调查研究及监测，证明其附近没有污染源，今后也不会产生新污染。

一、绿色食品产地的选择

绿色食品产地的选择和确定要经过一系列科学的勘查、测试程序，最后按照国家要求和标准进行全面考核并申报批准后才能落实。绿色食品产地的生态环境主要包括大气、水、土壤等环境。绿色食品产地应选择在空气清新、水质纯净、土壤未受污染、农业生态环境质量良好的地区，应尽量避开繁华都市、工业区和交通要道。边远省区、农村的农业生态环境相对良好，是绿色食品产地的首要选择。城市郊区受城市污染较轻或未受污染，农业生态环境现状较好，也是绿色食品产地选择的理想区域。

1. 对大气的要求

要求产地周围不得有大气污染源，特别是上风口不得有污染源，如化工厂、水泥厂、钢铁厂等不得有有害气体排放，也不得有烟尘和粉尘；生产、生活的燃烧锅炉，需要有除尘、除硫装置；汽车尾气中含二氧化硫等污染物，故绿色食品产地须避开交通繁华要道。大气质量稳定，没有季节性的大起大落。最后核定大气质量符合绿色食品大气环境质量标准。

2. 对水环境的要求

要求生产用水水质、水量有保证，地表水、地下水水质清澈，无污染水域及水域上游没有对该产地构成污染威胁的污染源，不得进行污水灌溉。对于某些因地质形成原因而致使水中有害物质（如氟）超标的地区，应尽量避开。最后核定，绿色食品用的农田灌溉水、渔业用水、畜禽饮用水和加工用水，都必须符合绿色食品所要求的质量标准。

3. 对土壤的要求

要求产地位于土壤元素背景值正常的区域，产地及产地周围没有金属或非金属矿山，且未受到人为污染，土壤中无农药残留。土壤肥力是土壤物理、化学和生物特性的综合表现，在选择绿色食品产地时应考虑土壤肥力指标，选择土壤有机质含量较高的地区。对于土壤中某些元素自然本底高的地区（如放射性元素高本底区、重金属元素高本底区等），因土壤中的这些元素可转移、累积于植物体内，并通过食物链危害人类，因此，这些地区不宜作为绿色食品产地。最后核定土壤质量是否符合绿色食品土壤质量标准的规定。

4. 对地势的要求

选择地势平坦、无风蚀和水蚀的肥沃土壤，以便于绿色食品达到高产、稳产的要求，还可避免不施或少施化肥带来的大幅度减产和减收情况。

5. 对林带的要求

为了保证绿色食品产地整体处于健全的生态环境之中，保证绿色食品生产能持续、稳定发展，还应考虑产地生物多样性、生态环境的基础建设，如农田防护林的建设等问题。因此绿色食品产地周围要有宽林带庇护。

6. 趋利避害

附近不能有大工厂、城市、大村屯、铁路、公路、高速公路，以免造成烟尘、粉尘、汽车尾气、重金属等污染。

7. 对肥料的要求

绿色食品产地要求施用有机肥、厩肥、绿肥等。不能用城市、医院、农家的垃圾肥（因其易于混进废电池、洗衣粉、塑料、化学品等有害化学物质及病原菌）。

8. 对农药的要求

绿色食品产地不得有长期、大量施用农药和化肥的历史，特别是施用过六六六和DDT以及剧毒、高残留农药的历史，一定要调查清楚。

9. 对改土物质的要求

不得用未经化验或化验后不合格的粉煤灰、矿物渣、化工产品等改良土壤物质。

10. 对卫生标准的要求

绿色食品产地的一切产品必须符合绿色食品规定的标准和国家卫生标准。

农业生产需要在适宜的环境条件下进行。通过绿色食品产地的选择，可以较全面地、深入地了解产地及产地周围的环境质量现状，为建立绿色食品产地提供科学的决策依据，为绿色食品产品质量提供最基础的保障条件；通过绿色食品产地的选择，可以减少许多不必要的环境监测，从而提高工作效率，并减轻生产企业的经济负担；通过绿色食品产地的选择，可以发现产地及产地周围环境中存在的问题，从而为保护产地环境、改善产地环境提供最基础的资料。

二、绿色食品产地环境质量监测

绿色食品质量的优劣，直接受到环境质量的影响。要生产出符合绿色食品标准要求的农产品，其产地的环境要素必须符合绿色食品生产对环境的要求，为此就必须对绿色食品产地进行全面的环境质量监测。绿色食品产地环境质量监测，就是用科学方法监视和检测代表绿色食品产地环境质量及发展变化趋势的各种数据的全过程，是产地环境信息捕获—传送—解析—综合的过程。绿色食品产地环境监测最直接的意义是提供代表环境质量的信息数据，为绿色食品生产者、管理者提供丰富的第一手资料。调查研究和现场考查能较全面地了解产地的环境现状，但环境中的许多问题，如土壤中元素的丰度、农药的残留、大气中 SO_2 的含量等只有经采样分析，才能确定其含量。产地环境监测可以提供环境中各种污染因素在一定范围内的时空分布信息，从而为判断产地环境质量是否符合绿色食品产地环境质量标准提供可靠的量值，这是保证绿色食品产品质量的基本措施。基础性环境监测捕获了整个产地在绿色食品开发之初的环境质量基础数据，为监视性监测提供了可靠的对比数据，便于对产品在绿色标志使用期内进行监督管理，这对保护和改善产地的生态环境质量具有重要的意义。

绿色食品产地环境监测分类如下。

① 按绿色食品产地环境质量监测的对象可分为：大气监测、水环境监测和土壤监测。

② 按绿色食品产地环境质量监测的手段可分为：物理监测、化学监测和生物监测等。

③ 按绿色食品产地环境质量监测的目的和性质可分为：基础性监测，即在开发绿色食品之初，选择绿色食品产地时进行，为判断产地是否符合绿色食品环境质量标准提供基础数据；监视性监测，即在产品的绿色食品标志使用期内，为保证绿色食品产地的环境质量而做出的监督性抽检；仲裁监测，即主要解决基础性监测与监视性监测中所发生的矛盾。

（一）水环境质量监测

1. 布点原则

① 水质监测点的布设要坚持样点的代表性、准确性、合理性和科学性的原则。

② 坚持从水污染对产地环境质量的影响和危害出发、突出重点、照顾一般的原则。

③ 坚持最优监测原则。即优先布点监测代表性强、最有可能对产地环境造成污染的方位、水源（系）或产品生产过程中对其质量有直接影响的水源。

④ 对于水资源丰富、水质相对稳定的同一水源（系），一般布设 1～3 个采样点；不同水源（系）则依次叠加。

⑤ 水资源相对贫乏、水质稳定性较差的水源，则根据实际情况适当增设采样点数。

⑥ 生产过程中对水质要求较高或直接食用的产品（如生食蔬菜），适当增加采样点数。

⑦ 对水质要求较低的粮油作物、禾本植物等，可适当减少采样点数，同一水源（系）一般布设 1～2 个采样点。

⑧ 矿泉水环境监测，只要求对地表水源和地下水源进行水质监测。属地表水源（系）的一般布设 1～3 个采样点，属地下水源的可采集 1 个水样。

⑨ 对于农田灌溉水系天然降雨的山区，可不采集农田灌溉水样。

⑩ 深海产品养殖用水不必监测，只对加工水进行采样监测；近海（滩涂）渔业养殖用水可布设 1～3 个采样点；淡水养殖用水、集中养殖区如水源（系）单一，可布设 1～3 个采样点；分散养殖区不同水源（系）分别布设 1 个采样点。

⑪ 畜禽养殖用水，属圈养的且相对集中的布设 3 个混合采样点；反之，可适当增加采样点数。

⑫ 加工用水按照国家《生活饮用水卫生标准》（GB 5749—2006）中的有关规定执行，每个水源（系）布设 1 个采样点。

⑬ 食用菌生产用水，每个水源（系）各布设 1 个采样点。

2. 布点方法

① 用地表水进行灌溉的，根据不同情况采用不同的布点方法。

② 直接引用大江、大河进行灌溉的，应在灌溉水进入农田前的灌溉渠道附近的河流断面设置采样点。

③ 以小型河流为灌溉水源的，应根据用水情况分段设置监测断面。

④ 灌溉水系监测断面的设置方法。

a. 对于常年宽度大于 30m、水深大于 5m 的河流，应在所定监测断面上分左、中、右三处设置采样点，采样时应在水面下 0.3～0.5m 处和距河底 1m 处各采分样一个，分样混匀后作为一个水样测定。

b. 对于一般河流，可在确定的采样断面的中点处，在水面下 0.3～0.5m 处采一个水样即可。

⑤ 湖、库、塘、洼的布点方法。

a. 10hm² 以下的小型水面，一般在水面中心处设置一个取水断面。在水面下 0.3～0.5m 处采样即可。

b. 10hm² 以上的大、中型水面，可根据水面功能的实际情况，划分为若干片，按上述方法设置采样点。

⑥ 引用地下水进行灌溉的，在地下水取水井处设置采样点。

3. 采样时间与频率

① 种植业用水：在农作物生长过程中灌溉用水的主要灌期采样一次。

② 水产养殖业用水：在其生长期采样一次。

③ 畜禽养殖业用水：可与原料产地灌溉用水同步采集饮用水水样一次。

④ 矿泉水水源的样品采集，参照《饮用天然矿泉水》（GB 8537—2008）和《食品安全国家标准 饮用天然矿泉水检验方法》（GB 8538—2016）中的有关规定执行。

⑤ 绿色食品生产（加工）用水的采样，参照《生活饮用水卫生标准》中的有关规定执行。

4. 样品采集

采样方法：水样一般采瞬时样，灌渠采样可在渠边向渠中心采集，较浅的渠道和小河以及靠近岸边浅水处可涉水采样；一般河流、湖泊、水库可借助船只采样。

采样量：水样所需数量由监测项目而定，并适当增加 2～3 倍的余量。

采样注意事项：①采样时不得搅动底部沉积物；②采样时应保证采样点位置准确；③洁净的容器在装入水样前，应先用采样点的水冲洗 3 次，然后装入水样，再按有关规定加入相应的固定剂，填写好标签和《水质采样记录表》；④采样结束前，应仔细检查采样记录和水样，若有漏采或不符合规定者，应立即补采或重采；⑤对于需在现场进行监测的项目，须尽快现场监测分析。

水样的保存及运输：水样采完后，必须采取避免水样发生变化的相应措施，再按《农业环境监测技术规范》和《环境监测技术规范》的有关规定，由专人送回实验室，待测。

5. 检测方法和质量要求

农田灌溉水质监测项目共 10 项，监测项目与分析方法见表 1-1。

渔业用水水质监测项目共 14 项，监测项目与分析方法见表 1-2。

畜禽养殖用水水质监测项目共 14 项，监测项目与分析方法见表 1-3。

加工用水水质监测项目共 10 项，监测项目与分析方法见表 1-4。

食用盐原料水包括海水、盐湖或矿盐天然卤水，监测项目共 4 项，监测项目与分析方法见表 1-5。

表 1-1　农田灌溉水质监测项目与分析方法

序号	项目	分析方法	执行标准
1	pH 值	玻璃电极法	GB 6920
2	汞	冷原子吸收分光光度法	HJ 597
3	镉	原子吸收分光光度法	GB 7475
4	砷	二乙基二硫代氨基甲酸银分光光度法	GB 7485
5	铅	原子吸收分光光度法	GB 7475
6	六价铬	二苯碳酰二肼分光光度法	GB 7467
7	氟化物	离子选择电极法	GB 7484
8	化学需氧量	重铬酸盐法	HJ 828
9	石油类	红外分光光度法	HJ 637
10	粪大肠菌群	多管发酵法	SL 355

表 1-2　渔业用水水质监测项目与分析方法

序号	项目	分析方法	执行标准
1	色、臭、味	嗅气和尝味法、铂钴标准比色法	GB/T 5750.4
2	pH 值	玻璃电极法	GB 6920
3	溶解氧	碘量法	GB 7489
4	生化需氧量	20℃ 五天培养、稀释与接种法	HJ 505
5	总大肠杆菌	(1)多管发酵法 (2)滤膜法	GB/T 5750.12
6	汞	冷原子吸收分光光度法	HJ 597
7	镉	原子吸收分光光度法	GB 7475
8	铅	原子吸收分光光度法	GB 7475
9	铜	原子吸收分光光度法	GB 7475
10	砷	二乙基二硫代氨基甲酸银分光光度法	GB 7485
11	六价铬	二苯碳酰二肼分光光度法	GB 7467
12	挥发酚	4-氨基安替比林分光光度法	HJ 503
13	石油类	红外分光光度法	HJ 637
14	活性磷酸盐	抗坏血酸还原磷钼蓝法	GB/T 12763.4

表 1-3　畜禽养殖用水水质监测项目与分析方法

序号	项目	分析方法	执行标准
1	色度	铂-钴标准比色法	GB/T 5750.4
2	浑浊度	(1)散射法-福尔马肼标准 (2)目视比浊法-福尔马肼标准	GB/T 5750.4
3	臭和味	嗅气和尝味法	GB/T 5750.4
4	肉眼可见物	直接观察法	GB/T 5750.4
5	pH 值	(1)玻璃电极法 (2)标准缓冲溶液比色法	GB/T 5750.4
6	氟化物	(1)离子选择电极法 (2)离子色谱法	GB/T 5750.5

序号	项目	分析方法	执行标准
7	氰化物	(1)异烟酸-吡唑酮分光光度法 (2)异烟酸-巴比妥酸分光光度法	GB/T 5750.5
8	砷	(1)氰化物原子荧光法 (2)二乙基二硫代氨基甲酸银分光光度法	GB/T 5750.6
9	汞	(1)冷原子吸收分光光度法 (2)原子荧光光度法	GB/T 5750.6
10	镉	(1)无火焰原子吸收分光光度法 (2)火焰原子吸收分光光度法	GB/T 5750.6
11	六价铬	二苯碳酰二肼比色法	GB/T 5750.6
12	铅	(1)无火焰原子吸收分光光度法 (2)火焰原子吸收分光光度法	GB/T 5750.6
13	菌落总数	平皿计数法	GB/T 5750.12
14	总大肠菌群	(1)多管发酵法 (2)滤膜法	GB/T 5750.12

表 1-4　加工用水水质监测项目与分析方法

序号	项目	分析方法	执行标准
1	pH 值	(1)玻璃电极法 (2)标准缓冲溶液比色法	GB/T 5750.4
2	汞	(1)冷原子吸收分光光度法 (2)原子荧光光度法	GB/T 5750.6
3	砷	(1)氰化物原子荧光法 (2)二乙基二硫代氨基甲酸银分光光度法	GB/T 5750.6
4	镉	(1)无火焰原子吸收分光光度法 (2)火焰原子吸收分光光度法	GB/T 5750.6
5	铅	(1)无火焰原子吸收分光光度法 (2)火焰原子吸收分光光度法	GB/T 5750.6
6	六价铬	二苯碳酰二肼分光光度法	GB/T 5750.6
7	氰化物	(1)异烟酸-吡唑酮分光光度法 (2)异烟酸-巴比妥酸分光光度法	GB/T 5750.5
8	氟化物	(1)离子选择电极法 (2)离子色谱法	GB/T 5750.5
9	菌落总数	平皿计数法	GB/T 5750.12
10	总大肠菌群	(1)多管发酵法 (2)滤膜法	GB/T 5750.12

表 1-5　食用盐原料水水质监测项目与分析方法

序号	项目	分析方法	执行标准
1	汞	(1)原子荧光光度法 (2)冷原子吸收法	GB/T 5750.6
2	砷	(1)氰化物原子荧光法 (2)二乙基二硫代氨基甲酸银分光光度法	GB/T 5750.6
3	镉	(1)无火焰原子吸收分光光度法 (2)火焰原子吸收分光光度法	GB/T 5750.6
4	铅	(1)无火焰原子吸收分光光度法 (2)火焰原子吸收分光光度法	GB/T 5750.6

（二）土壤环境质量监测

1. 布点原则

① 绿色食品产地土壤监测点布设，以能控制整个产地监测区域为原则。

② 不同的功能区采取不同的布点原则。

③ 坚持最优监测原则，优先监测代表性强、有可能造成污染的最不利的方位、地块。

2. 布点方法

① 在环境因素分布较均匀的监测区域，采用网格法或梅花法布点。

② 在环境因素分布较复杂的监测区域，采用随机法布点。

③ 在可能受污染源影响的监测区域，采用放射法布点。

3. 采样点数量

监测区域的采样点数根据监测的目的要求、土壤污染分布、面积大小及数理统计、土壤环境评价要求而定。

(1) 大田种植区 产地面积在 2000hm² 以内，可布设 3~5 个采样点；面积在 2000hm² 以上，面积每增加 1000hm²，增加 1 个采样点。

(2) 蔬菜露地种植区 产地面积在 200hm² 以内，可布设 3~5 个采样点；面积在 200hm² 以上，面积每增加 100hm²，增加 1 个采样点。莲藕、荸荠等水生植物采集底泥。

(3) 设施种植业区 产地面积在 100hm² 以内，可布设 3 个采样点；面积在 100~300hm² 之间，可布设 5 个采样点；面积在 300hm² 以上，每增加 100hm²，增加 1 个采样点。栽培品种较多、管理措施和水平差异较大的种植区，应适当增加采样点。

(4) 食用菌种植区 根据品种和组成不同，每种基质采样不少于 3 个。

(5) 野生产品生产区 产地面积在 2000hm² 以内的产区，一般布设 3 个采样点；面积在 2000~5000hm² 以内，布设 5 个采样点；面积在 5000~10000hm² 以内，布设 7 个采样点；面积在 10000hm² 以上，每增加 5000hm²，增加 1 个采样点。对于土壤本底元素含量比较高、特殊地质的区域，可因地制宜酌情布点。

(6) 近海（滩涂）养殖区 其底泥一般布设不少于 3 个采样点。

(7) 深海和网箱养殖区、食用盐原料产区和加工区 可免测底泥。

(8) 特殊产品生产区 可依据其产品工艺特点，某些环境因子（如水、土、气）可不进行采样监测。如矿泉水、纯净水、太空水等，可免测土壤。

4. 采样时间、层次与频率

(1) 采样时间 原则上土壤样品要求安排在作物生长期内采集。

(2) 采集层次

① 一年生作物，土壤采样深度为 0~20cm；

② 多年生作物，土壤采样深度为 0~40cm；

③ 底泥采样深度为 0~20cm。

(3) 采样频率 一年 1 次。

5. 样品采集

(1) 采样的方法 土壤样品是指在采样点周围采集的若干点的均匀混合样。组成混合样的分点数要根据采样方法、采样面积、地形条件和土壤差异性大小而定，一般分点数为 5~10 个。混合样的采集方法主要有以下几种。

① 梅花点法。适宜面积较小、地势平坦、土壤比较均匀的田块，设分点 5 个左右。

② 棋盘式法。适宜中等面积、地势平坦、土壤不够均匀的地块，设分点 6~10 个。

③ 蛇形法。适宜面积较大，土壤不够均匀且地势不平坦的田块，设分点 11~15 个。

（2）采样量 土壤样品一般采集 1kg 左右的混合样。

（3）样品的处理与保存 为了保证土样的代表性，样品的风干、研磨、过筛、装瓶等各道工序必须严格执行有关规定，标签填写必须完整、准确，便于保存和取用。

6. 监测项目与分析方法

土壤必测项目共 7 个，分析方法见表 1-6。

申报 AA 级绿色食品时，一般须加测土壤肥力；但对一些不需要人工耕作和施肥的产品，可不测土壤肥力，如山野菜等。

表 1-6 土壤监测项目与分析方法

序号	项目	分析方法	执行标准
1	pH 值	电位法	NY/T 1377
2	镉	石墨炉原子吸收分光光度法	GB/T 17141
3	汞	原子荧光光度法	GB/T 22105.1
4	砷	原子荧光光度法	GB/T 22105.2
5	铅	石墨炉原子吸收分光光度法	GB/T 17141
6	铬	火焰原子吸收分光光度法	HJ 491
7	铜	火焰原子吸收分光光度法	GB/T 17138

（三）空气环境质量监测

1. 空气污染的时空分布

空气监测中常会出现同一地点、不同时刻，或同一时刻、不同空间位置所测定的污染物浓度不相同的情况，这种不同时间、不同空间的污染物浓度变化，称之为空气污染物浓度时空分布。由于空气污染物在时间、空间上分布不均匀，空气质量监测中要十分注意监测（采样）地点和时间的选择。

2. 布点原则

依据产地环境现状调查分析结论和产品工艺特点，确定是否进行空气质量监测。进行产地环境空气质量监测的区域，可根据当地生物生长期内的主导风向，重点监测可能对产地空气环境造成污染的污染源的下风向。

3. 点位设置

① 空气监测点应选择在远离林木、城镇建筑物及公路、铁路的开阔地带。

② 若为地势平坦区域，沿主导风向 45°~90° 夹角内布点；若为山谷地貌区域，应沿山谷走向布点。

③ 各监测点之间的设置条件相对一致，间距一般不超过 5km，保证各监测点所获得的数据具有可比性。

4. 免测空气的区域

① 产地周围 5km，主导风向的上风向 20km 以内没有工矿企业污染源的种植业区免测。

② 设施种植业区只测温室大棚外的空气。

③ 养殖业区只测养殖原料生产区域的空气。

④ 矿泉水等水源地和食用盐原料产区的空气免测。

5. 采样点数

① 产地布局相对集中，面积较小，无工矿污染源的区域，可布设 1～3 个采样点。

② 产地布局较为分散，面积较大，无工矿污染源的区域，可布设 3～4 个采样点，对有工矿污染源的区域，可适当增加采样点数。

③ 样点的设置数量还应根据空气质量稳定性以及污染物对原料生长的影响程度适当增减。

6. 采样时间及频率

在采样时间的安排上，应选择在空气污染对原料生产质量影响较大的时期进行，一般安排在作物生长期进行。每天 4 次，上、下午各 2 次，连续采样 2 天。

上午时间为 8∶00～9∶00（晨起），11∶00～12∶00（午前）；

下午时间为 14∶00～15∶00（午后），17∶00～18∶00（黄昏）。

7. 监测项目及采样分析方法

空气监测项目 4 个，具体采样分析方法见表 1-7。

表 1-7　空气监测项目与采样分析方法

序号	监测项目	采样方法	分析方法	备注
1	总悬浮物	(1)滤膜法(中流量) (2)滤膜法(大流量)	重量法	动力采样
2	二氧化硫	甲醛吸收法	盐酸副玫瑰苯胺分光光度法	动力采样
3	二氧化氮	盐酸萘乙二胺吸收法	盐酸萘乙二胺分光光度法	动力采样
4	氟化物	滤膜法 石灰滤纸挂片法	氟离子电极法	动力采样 非动力采样（七日采样）

根据《环境监测技术规范》的有关规定，结合产地空气监测的实际，建议每次的采集时间、采集流量、采集量见表 1-8。

表 1-8　空气采样量

监测项目	采集流量/(L/min)	采集时间/min	采集量/L	备　注
氮氧化物	0.3	60	18	盐酸萘乙二胺吸收法
二氧化硫	0.5	60	30	甲醛吸收法
总悬浮物	120	60	7200	滤膜法(中流量)
氟化物	120	60	7200	连续七日采样 石灰滤纸法(中流量)

总之，对绿色食品产地环境质量监测的时间原则上应安排在生物生长期，不能在收获后采样。环境监测布点数应能控制整个监测面积。环境监测布点图必须能反映布点的代表性和合理性，应标明当地主导风向、村庄、公路、工矿、河流等，并选取合适的比例尺。土壤、大气、农田灌溉水的采样布点数按《绿色食品产地环境调查、监测与评价规范》的有关规定执行。对于特殊产品（如蘑菇，应测其培养基）的环境监测，须与上级部门商讨后执行。对于农田灌溉水系天然降雨的地区，可以不测农田灌溉水，但在评价报告中须具体说明。

第二节 绿色食品产地环境质量评价与评价报告的编写

一、绿色食品产地环境质量评价

（一）评价基本工作程序

1. 环境质量现状评价

环境质量是影响绿色食品产品质量的基础因素之一。研究环境质量变化规律，评价环境质量的水平，探讨改善环境质量的途径和措施，是绿色食品产地环境监测工作的最终目的。

环境质量是指环境素质的优劣。环境质量现状评价是根据环境（包括污染源）调查与监测资料，应用环境质量指数系统进行综合处理，然后对这一区域的环境质量作出定量描述，并提出该区域环境污染综合防治措施。绿色食品产地环境质量现状评价最直接的意义，是为保证绿色食品安全和优质，从源头上为生产基地选择优良的生态环境，为绿色食品有关管理部门的科学决策提供依据，实现农业可持续发展。绿色食品产地环境质量评价包括污染指数评价、土壤肥力等级划分和生态环境质量分析等，最基本的工作程序见图1-1。

图 1-1　绿色食品产地环境质量
现状评价工作程序图

2. 评价原则

产地环境质量现状评价是绿色食品开发的一项基础性工作，在进行该项工作时应遵循以下原则。

① 评价应在区域性环境初步优化的基础上进行，同时不应忽视农业生产过程中的自身污染。

② 绿色食品产地的各项环境质量标准（空气、水质、土壤）是评价产地环境质量合格与否的依据，要从严掌握。

③ 在全面反映产地环境质量现状的前提下，突出对产品生产危害较大的环境因素（严格指标）和高浓度污染物对环境质量的影响。

（二）评价指标体系

目前，国内在开展环境质量评价时，一般根据评价对象和评价目的的不同，选取不同的评价指标体系。

1. 评价指标体系

农业生态系统是一个能量、物质、信息输入和输出的系统，它包括自然环境因素和社会环境因素。农业生态系统的要素组成见图1-2。

2. 评价指标的筛选及参数确定

绿色食品产地也属于农业生态系统，其构成和农业生态系统一样，也受到各个体系的影响。耕作、栽培、植保和施肥等属于生产技术的范围，在《中国绿色食品生产操作规程标准》中已有一定的标准和准则。气候及气象因子（降水、光照、热量及温度）属于较大范围

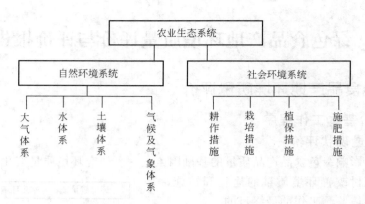

图 1-2　农业生态系统要素组成

内有差异的因子，是影响农业生产力的重要因子，不宜将其列入绿色食品产地评价因子的范畴。大气、水、土壤是影响农作物产量和质量的重要环境因子，绿色食品产地环境质量评价指标体系包括大气、水和土壤等体系。

评价参数是指进行评价时所采用的对环境有主要影响的污染因子。一般选择相对浓度较高、毒性强、难于在环境中溶解、对动植物生产影响较大、对人体健康和生态系统危害较大的污染物，以及反映环境要素基本性质的其他因子。绿色食品产地环境质量现状评价包括的因子如图 1-3 所示。

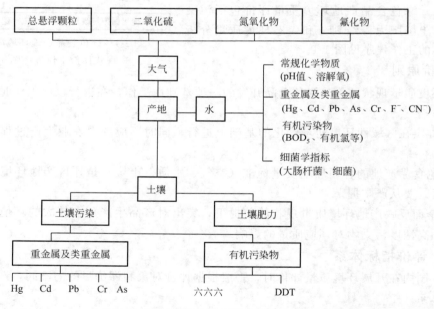

图 1-3　绿色食品产地环境质量现状评价因子

绿色食品产品的无污染、安全特性受土壤污染因素的组成和含量的制约；而优质、营养特性又受土壤肥力状况的制约。土壤污染因素和土壤肥力因素对产品性状的影响有时是相互交错的，如土壤某污染物超过一定浓度时，不仅影响产品中该污染物质的含量，而且会通过生理作用影响产品产量。当土壤肥力较高时，不仅会提高产品的产量，而且会通过减少化肥、农药的施用降低产品中污染物的含量。因此，在土壤体系的评价指标中，综合考虑了土壤污染因素和土壤肥力因素。

（三）评价标准

绿色食品产地环境质量标准较高。如绿色食品大气质量评价，采用国家《环境空气质量标准》（GB 3095—2012）中所列的一级标准；农田灌溉用水评价，采用国家《农田灌溉水质标准》（GB 5084—2005）；渔业用水评价，采用国家《渔业水质标准》（GB 11607—89）；畜禽饮用水评价采用国家《地表水环境质量标准》（GB 3838—2002）中所列的三类标准；加工用水评价采用《生活饮用水卫生标准》（GB 5749—2006）；土壤评价采用该土壤类型背景值的算术平均值加 2 倍标准差。据此，中国绿色食品发展中心制定了绿色食品产地环境质量现行标准——中华人民共和国农业行业标准《绿色食品 产地环境质量》（NY/T 391—2013），由农业部作为行业标准颁布，包括空气环境质量标准、农田灌溉水质量标准、渔业用水质量标准、畜禽养殖用水质量标准、土壤环境质量标准和土壤肥力标准。

（1）空气环境质量标准 绿色食品产地空气中各项污染物含量不应超过表 1-9 所列的浓度限值。

表 1-9 空气中各项污染物的浓度限值

序号	项目	浓度限值	
		日平均	1h平均
1	总悬浮物（TSP，标准状态）/（mg/m³）	0.30	—
2	二氧化硫（SO_2，标准状态）/（mg/m³）	0.15	0.50
3	二氧化氮（NO_2，标准状态）/（mg/m³）	0.08	0.20
4	氟化物（F）/（μg/m³）	7	20

注：1. 日平均指任何一日的平均浓度。

2. 1h平均指任何 1h 的平均浓度。

3. 连续采样 2 天，一天 4 次，晨、午前和午后、傍晚各 1 次。

（2）农田灌溉水质量标准 绿色食品产地农田灌溉水中各项污染物含量不应超过表 1-10 所列的浓度限值。

表 1-10 农田灌溉水中各项污染物的浓度限值

序号	项目	浓度限值	序号	项目	浓度限值
1	pH 值	5.5～8.5	6	六价铬/（mg/L）	0.1
2	总汞/（mg/L）	0.001	7	氟化物/（mg/L）	2.0
3	总镉/（mg/L）	0.005	8	化学需氧量（COD_{Cr}）/（mg/L）	60
4	总砷/（mg/L）	0.05	9	石油类/（mg/L）	1.0
5	总铅/（mg/L）	0.1	10	粪大肠菌群[①]/（个/L）	10000

① 灌溉蔬菜、瓜类和草本水果的地表水需测粪大肠菌群，其他情况不测粪大肠菌群。

（3）渔业水质量标准 绿色食品产地渔业用水中各项污染物含量不应超过表 1-11 所列的浓度限值。

（4）畜禽养殖用水质量标准 绿色食品产地畜禽养殖用水中各项污染物含量不应超过表 1-12 所列的浓度限值。

（5）加工用水质量标准 绿色食品加工用水中各项污染物含量不应超过表 1-13 所列的浓度限值。

（6）食用盐原料用水质量标准 绿色食品食用盐原料用水中各项污染物含量不应超过表 1-14 所列的浓度限值。

表 1-11　渔业用水中各项污染物的浓度限值

序号	项目	浓度限值	
		淡水	海水
1	色、臭、味	不应有异色、异臭、异味	
2	pH 值	6.5～9.0	
3	溶解氧/(mg/L)	＞5	
4	生化需氧量	5	3
5	总大肠杆菌/(MPN/100mL)	500(贝类 50)	
6	总汞/(mg/L)	0.0005	0.0002
7	总镉/(mg/L)	0.005	
8	总铅/(mg/L)	0.05	0.005
9	总铜/(mg/L)	0.01	
10	总砷/(mg/L)	0.05	0.03
11	六价铬/(mg/L)	0.1	0.01
12	挥发酚/(mg/L)	0.005	
13	石油类/(mg/L)	0.05	
14	活性磷酸盐(以 P 计)/(mg/L)	—	0.03

注：水中漂浮物质需要满足水面不应出现油膜或浮沫的要求。

表 1-12　畜禽养殖用水中各项污染物的浓度限值

序号	项　目	浓度限值
1	色度	15°,并不应呈现其他异色
2	浑浊度(散射浑浊度单位)/NTU	3°
3	臭和味	不应有异臭、异味
4	肉眼可见物	不应含有
5	pH 值	6.5～8.5
6	氟化物	1.0
7	氰化物	0.05
8	总砷	0.05
9	总汞	0.001
10	总镉	0.01
11	六价铬	0.05
12	总铅	0.05
13	菌落总数[①]/(CFU/mL)	100
14	总大肠菌群/(MPN/100mL)	不得检出

① 散养模式免测菌落总数。

表 1-13　加工用水中各项污染物的浓度限值

序号	项目	浓度限值	序号	项目	浓度限值
1	pH 值	6.5～8.5	6	六价铬/(mg/L)	0.05
2	总汞/(mg/L)	0.001	7	氰化物/(mg/L)	0.05
3	总砷/(mg/L)	0.01	8	氟化物/(mg/L)	1.0
4	总镉/(mg/L)	0.005	9	菌落总数/(CFU/mL)	100
5	总铅/(mg/L)	0.01	10	总大肠菌群/(MPN/100mL)	不得检出

表 1-14　食用盐原料用水中各项污染物的浓度限值

序号	项目	浓度限值	序号	项目	浓度限值
1	总汞/(mg/L)	0.001	3	总镉/(mg/L)	0.005
2	总砷/(mg/L)	0.03	4	总铅/(mg/L)	0.01

（7）土壤环境质量标准　本标准中将土壤按耕作方式的不同分为旱田和水田 2 大类，每类又根据土壤 pH 值的高低分为 3 种情况，即 pH<6.5、pH=6.5～7.5、pH>7.5。绿色食品产地各种不同土壤中的各项污染物含量不应超过表 1-15 所列的限值。

表 1-15　土壤中各项污染物的含量限值

序号	项目	旱田			水田		
		pH<6.5	6.5≤pH≤7.5	pH>7.5	pH<6.5	6.5≤pH≤7.5	pH>7.5
1	总镉/(mg/kg)	0.30	0.30	0.40	0.30	0.30	0.40
2	总汞/(mg/kg)	0.25	0.30	0.35	0.30	0.40	0.40
3	总砷/(mg/kg)	25	20	20	20	20	15
4	总铅/(mg/kg)	50	50	50	50	50	50
5	总铬/(mg/kg)	120	120	120	120	120	120
6	总铜/(mg/kg)	60	60	60	60	60	60

注：1. 果园土壤中铜限量值为旱田中铜限量值的 2 倍。

2. 水旱轮作的标准值取严不取宽。

3. 底泥按照水田标准执行。

（8）土壤肥力标准　为了促进生产者增施有机肥，提高土壤肥力，生产 AA 级绿色食品时，转化后的耕地土壤肥力要达到土壤肥力分级Ⅰ～Ⅱ级指标（表 1-16），其中，Ⅰ级为优良、Ⅱ级为尚可、Ⅲ级为较差，供评价者和生产者在评价和生产时参考。

表 1-16　土壤肥力分级参考指标

项目	级别	旱地	水田	菜地	园地	牧地
有机质/(g/kg)	Ⅰ	>15	>25	>30	>20	>20
	Ⅱ	10～15	20～25	20～30	15～20	15～20
	Ⅲ	<10	<20	<20	<15	<15
全氮/(g/kg)	Ⅰ	>1.0	>1.2	>1.2	>1.0	—
	Ⅱ	0.8～1.0	1.0～1.2	1.0～1.2	0.8～1.0	—
	Ⅲ	<0.8	<1.0	<1.0	<0.8	—
有效磷/(g/kg)	Ⅰ	>10	>15	>40	>10	>10
	Ⅱ	5～10	10～15	20～40	5～10	5～10
	Ⅲ	<5	<10	<20	<5	<5
速效钾/(g/kg)	Ⅰ	>120	>100	>150	>100	—
	Ⅱ	80～120	50～100	100～150	50～100	—
	Ⅲ	<80	<50	<100	<50	—
阳离子交换量/(cmol/kg)	Ⅰ	>20	>20	>20	>20	—
	Ⅱ	15～20	15～20	15～20	15～20	—
	Ⅲ	<15	<15	<15	<15	—
质地	Ⅰ	轻壤、中壤	中壤、重壤	轻壤	轻壤	砂壤-中壤
	Ⅱ	砂壤、重壤	砂壤、轻黏土	砂壤、中壤	砂壤、中壤	重壤
	Ⅲ	砂土、黏土	砂土、黏土	砂土、黏土	砂土、黏土	砂土、黏土

注：底泥、食用菌栽培基质不做土壤肥力检测。

生产 A 级绿色食品时，土壤肥力作为参考指标。Ⅰ级为优良、Ⅱ级为尚可、Ⅲ级为较差，供评价者和生产者在评价和生产时参考。

（四）评价方法

1. 评价原则

① 控制各环境要素（空气、水、土壤）污染指标不能超标，超标一项即视为不合格。

② 若一般污染指标超标，则还需进行综合污染指数评价；反之，只进行单项污染指数评价。

③ 若一般污染指标有个别超标，则综合污染指数不得超过 1。

2. 评价指标分类

绿色食品产地环境质量评价中，一般应以单项指数评价为主，以综合指数评价为辅，而且应根据污染因子的毒理学特征和农作物吸收、富集能力分为 2 类加以控制。

（1）严控指标 第一类为严格控制的环境指标，第一类严控指标如有一项超标，就应视为该产地环境质量不符合要求，不适宜发展绿色食品。

（2）一般指标 第二类为一般控制的环境指标，对于一般指标，如有一两项超标，则该基地不适宜发展 AA 级绿色食品，但可从实际出发，根据超标物的性质、程度等具体情况及综合污染指数全面衡量，然后确定是否符合发展 A 级绿色食品的要求。绿色食品产地环境质量评价指标的分类见表 1-17。

表 1-17　绿色食品产地环境质量评价指标分类

评价类别		第一类：严控环境指标	第二类：一般控制环境指标
水质	农田灌溉水	Pb、Cd、Hg、As、Cr^{6+}	F^-、类大肠菌群、pH 值
	渔业用水	Pb、Cd、Hg、As、Cr^{6+}、挥发酚	BOD_5、DO、总大肠菌群、石油类、pH 值、色臭味、漂浮物质、悬浮物
	畜禽养殖用水	Pb、Cd、Hg、As、Cr^{6+}、CN^-	F^-、细菌总数、总大肠菌群、pH 值、色度、混浊度、臭和味、肉眼可见物
	加工用水	Pb、Cd、Hg、As、Cr^{6+}、CN^-	pH 值、F^-、细菌总数、总大肠菌群
土壤		Cd、Hg、As、Cr	Cu、Pb、pH 值
空气		SO_2、NO_x、F^-	TSP

3. 评价方法

环境质量评价方法是环境质量评价的核心，也是人们比较关注的问题。环境质量现状的评价方法很多，不同对象的评价方法又不完全相同。依据简明、可比、可综合的原则，环境质量评价一般多采用指数法。指数法分单项指数法和综合指数法。

（1）AA 级绿色食品产地环境质量评价方法 AA 级绿色食品产地大气、水、土壤的各项检测数据均不得超过绿色食品产地环境质量标准中的限值。评价方法采用单项污染指数法。

单项污染指数公式为：
$$P_i = C_i / S_i$$

式中，P_i 为环境中污染物 i 的单项污染指数；C_i 为环境中污染物 i 的实测数据；S_i 为污染物 i 的评价标准。

$P_i < 1$，说明未污染，判定为合格，适宜发展 AA 级绿色食品；$P_i > 1$，说明污染，判定为不合格，不适宜发展 AA 级绿色食品。

（2）A 级绿色食品产地环境质量评价方法 A 级绿色食品产地环境质量现状评价采用单

项污染指数与综合污染指数相结合的方法。

在评价中，尽管某种一般控制环境污染物超标会造成危害，但平均状况却不超标。考虑到这一效应，水质、土壤采用分指数平均值和最大值相结合的 Nemerow 指数法。空气质量评价采用既考虑空气平均值，也适当兼顾最高值的空气质量指数法。

根据绿色食品产地环境质量标准，A 级绿色食品产地空气、水、土壤的各项严控指标的检测结果，单项污染指数不得超过 1；同时，综合污染指数也不得超过 1。

A 级评价采用三步评价法，方法如下。

① 严控环境指标的评价。严控环境指标的评价采用单项污染指数法（同上）。

$P_i > 1$，说明严控环境指标有超标，判定为不合格，则不再进行一般控制环境指标评价。

$P_i < 1$，说明严控环境指标未超标，继续进行一般控制环境指标评价。

② 一般环境污染指标评价。一般环境污染指标评价首先采用单项指数法（同上）。

$P_i < 1$，说明未污染，判定为合格，不再采用综合指数法进行评价。

$P_i > 1$，说明污染，则需继续采用综合污染指数法进行评价。

③ 综合污染指数法。

a. 土壤（水）Nemerow 综合指数法公式为：

$$综合污染指数\ P_N = \sqrt{\frac{[P_{i(\max)}]^2 + (\overline{P_i})^2}{2}}$$

式中，$P_{i(\max)}$ 为最高值的单项污染指数；$\overline{P_i}$ 为各单项污染指数的算术平均值。

b. 空气质量指数法公式。综合污染指数采用上海大气质量指数法：

$$I_S = \sqrt{P_{i(\max)} \times \overline{P_i}}$$

式中，$I_上$ 为大气质量指数。

$I_S < 1$ 为未污染，判定为合格，适宜发展 A 级绿色食品；$I_S > 1$ 为污染，判定为不合格，不适宜发展 A 级绿色食品。

二、评价报告的编写

绿色食品产地环境质量现状评价报告是绿色食品申报材料中十分重要的基础材料之一，绿色食品产地环境监测评价单位应按《绿色食品产地环境质量现状评价技术导则》中的有关要求及格式认真编写。编写内容及格式如下。

1. 前言

1.1 评价任务来源

内容包括省（市，自治区）绿色食品发展中心（或管理办公室）下发的环境监测委托书。

1.2 绿色食品申报企业基本情况概述

1.3 产品及原料基本情况概述

产品的特点，原料的生产规模（面积、单产、总产量、总产值等）及发展计划、规划等。

2. 绿色食品产地环境质量现状调查

2.1 自然环境状况

包括基地的地理位置、地形地貌、土壤类型、土壤质地及气候气象条件、生物多样性及水系分布情况等。

2.2 主要工业污染源

包括乡镇、村办工矿企业的"三废"排放情况等。

2.3 生产过程中质量控制措施

包括绿色食品原料生产基地的产品或原料,生产过程中农药、化肥的使用(品种、使用量、使用次数、使用时间及有机肥的来源),品种的选择及农田管理措施等。

2.4 绿色食品产地环境现状初步分析

根据实地调查及收集的有关基础资料、监测资料等,对产地环境质量状况作出初步分析。

3. 绿色食品产地环境质量监测

3.1 布点的原则和方法

(1) 水质监测布点原则和方法

(2) 土壤质量监测布点原则和方法

(3) 空气质量监测布点原则和方法

基地地理位置及布点图:布点图是环境监测布点的真实反映,评价报告中要附报产地环境水、土、气布点采样图。布点图应反映布点的代表性和合理性,应标明村庄、公路、工矿等可能造成污染的场所所在地点,并标明主要方向。布点图应采用当地最新的行政区划图为底图,并根据产地面积及地形复杂程度,采用合适的比例绘制。有条件的,应尽可能用微机绘制彩图。

3.2 采样方法

(1) 水质采样方法 包括农田灌溉水、畜禽养殖水、渔业水和加工用水。

(2) 土壤采样方法

(3) 大气采样方法

3.3 样品处理原则和方法

(1) 水质样品处理的原则及方法

(2) 土壤样品处理的原则及方法

(3) 大气样品处理的原则及方法

3.4 分析项目和分析方法

(1) 水质样品的分析项目和分析方法

(2) 土壤样品的分析项目和分析方法

(3) 大气样品的分析项目和分析方法

要求以表格的形式编写。

3.5 分析测定结果

水质、土壤、大气分析测定结果,要求以表格的形式报告。

4. 绿色食品产地环境质量现状评价

4.1 水质现状评价

(1) 评价所采用的模式及评价标准

(2) 评价结果与分析

4.2 土壤质量现状评价

(1) 评价所采用的模式及评价标准

(2) 评价结果与分析

4.3 大气质量现状评价

（1）评价所采用的模式及评价标准

（2）评价结果与分析

4.4　产地环境质量综合评价

5. 评价结论

应写出适宜 A 级或 AA 级绿色食品产品开发的结论。

6. 综合防治对策及建议

7. 附件

7.1　产地方位图

7.2　采样点分布图

三、评价报告撰写格式

"绿色食品产地环境质量现状评价报告"撰写格式如下。

题目为地名＋公司名＋品牌名＋产品名＋生产基地环境质量现状评价报告（三号黑体加粗），如：

山西某农贸有限公司

某绿色玉米生产基地环境质量现状评价报告

1. 产地概况

1.1　产地自然环境状况

简要描述绿色食品生产基地所在乡镇的地理位置、交通状况、地形地貌、土壤类型、气候条件（降水量、蒸发量、年均积温、日照时数、无霜期）、水系分布，以及基地周围主要工业污染源等。着重介绍与绿色食品生产有关的特点。

1.2　企业及产品基本情况

简要描述企业占地面积、职工人数、技术力量、固定资金、流动资金、年产值、利润等。

简要描述产品特点、生产规模、发展规划及市场前景等。

1.3　产地使用肥料、农药情况

简要描述产品的品种选择、种植面积、基地控制面积，生产过程中农药、化肥的使用情况（包括使用品种、使用量、使用次数、使用时间及有机肥的来源等），以及主要的农田管理措施等。

如有加工过程，应主要包括企业的卫生情况、添加剂的使用情况及机械设备的清洗和维护等。

2. 产地环境质量监测

2.1　监测布点的原则和方法

（1）大气　根据××乡、××乡和××乡的地形地貌和气候特点，在生产基地范围内共布大气监测点××个，即××乡××村、××乡××村、××乡××村、××乡××村等。

（2）水　根据基地灌溉水（或畜禽养殖用水，或渔业用水）使用情况，确定在基地内设置采样点××个，即××乡××村、××乡××村、××乡××村、××乡××村等。

注：如为旱地，应说明"在种植区内没有灌溉条件，故不必设置水样点进行监测"。

（3）土壤　根据基地××作物生产特点和土壤利用状况，在××种植集中分布区，选取具有代表性的土样点××个，既××乡××村、××乡××村、××乡××村、××乡××村等。

具体采样点见产地环境监测布点图（注：布点图是环境监测布点的真实反映，评价报告中要附采样布点图）。布点图应反映布点的代表性和合理性，应标明村庄、公路、工矿等可能造成污染的场所所在地点，并标明主要方向。布点图应采用基地最新的行政区划图为底图，并根据产地面积及地形的复杂程度，采用合适的比例绘制。

2.2 采样方法

按照《农业环境监测技术规范》《水和废水监测分析方法》《空气和废气监测分析方法》的规定进行采样。大气采样连续2天，每天4次，每次1h。土壤按蛇形采样法多点混合采样，每个采样点选取5～10个分样点，采样深度为0～20cm（注：多年生植物还应包括20～40cm）。

2.3 样品处理方法

（1）大气 吸收液及滤膜带回实验室当日测定。

（2）水 按测定项目要求分类加入固定剂，当日送回实验室，在保存期内测定。

（3）土壤 采集后的样品在实验室风干，别出杂质，磨碎、过筛、用四分法取含后装瓶待测。

2.4 分析项目和分析方法

按照《绿色食品产地环境质量现状评价纲要》规定，详见《农业环境质量监测报告》。

2.5 分析结果

见样表1～样表5。

样表1 大气分析结果 单位：mg/L

编号	采样时间	二氧化硫	二氧化氮	总悬浮颗粒物	氟化物[①]
	月 日均值	0.023	0.053	0.257	1.55
	月 日均值	3位小数	3位小数	无要求小数	2位小数
1	月 日均值				
	月 日均值				
	二日实测最大值				
	月 日均值				
	月 日均值				
2	月 日均值				
	月 日均值				
	二日实测最大值				

① 氟化物的浓度单位为 $\mu g/m^3$，采样方法为动力采样滤膜法。

样表2 灌溉水质分析结果 单位：mg/L

编号	pH	汞	镉	铅	砷	铬	氟化物
1	7.80	0.0005	0.0018	0.026	0.024	0.020	0.51
2	2位小数	4位小数	4位小数	3位小数	3位小数	3位小数	2位小数
3							

注：如为渔业用水，需列出渔业用水水质分析结果。

编号	1	2	3
采样地点	第一池		
监测结果 色、臭、味	无		
漂浮物	无		
悬浮物	无		
pH 值	7.09(2 位小数)		
溶解氧	6.3(1 位小数)		
生化需氧量	0.6(1 位小数)		
总大肠菌群	0(无要求)		
总汞	0.00032(5 位小数)		
总镉	0.0015(4 位小数)		
总铅	0.026(3 位小数)		
总铜	0.017(3 位小数)		
总砷	0.009(3 位小数)		
六价铬	0.007(3 位小数)		
挥发酚	<0.002(无要求)		
石油类	0.018(无要求)		

注：如为畜禽养殖用水，需列出畜禽养殖用水水质分析结果。

样表 4　畜禽养殖用水水质分析结果　　　　　　　　　单位：mg/L

编号	1	2	3
采样时间			
采样地点	宜林中村		
色度	5°		
浑浊度	0.5		
臭和味	无		
肉眼可见物	无		
pH 值	6.80(2 位小数)		
氟化物	0.38(2 位小数)		
氰化物	0.003(3 位小数)		
总砷	<0.007(3 位小数)		
总汞	0.00036(5 位小数)		
总镉	0.0010(4 位小数)		
六价铬	0.009(3 位小数)		
总铅	0.020(3 位小数)		
菌落总数	38(无要求)		
总大肠菌数	0(无要求)		

编号	pH	汞	镉	铅	砷	铬	铜
1	8.26	0.0251	0.004	9.46	4.79	20.68	19.7
2	2位小数	4位小数	3位小数	2位小数	2位小数	2位小数	1位小数
3							
4							
5							
6							
7							

注：如为多年生植物，还需列出 20～40cm 土样分析结果，并分别需在表下注明采样深度为 0～20cm、20～40cm。

3. 产地环境质量现状评价

3.1　产地大气质量现状评价

3.1.1　评价方法及模式

采用单项污染指数和综合污染指数进行评价，评价模式如下。

单项污染指数：$P_i = C_i / L_i$

式中，C_i 为某污染物的测定值，mg/L；L_i 为评价标准值，mg/L。

综合污染指数法采用上海大气质量指数法：

$$I_S = \sqrt{P_{i(\max)} \overline{P_i}}$$

式中，I_S 为大气质量指数；$P_{i(\max)}$ 为最高污染物指数；$\overline{P_i}$ 为各污染物指数的平均值。

3.1.2　评价参数和评价标准

评价参数为二氧化硫、氮氧化物、总悬浮颗粒物、氟化物，评价标准采用中华人民共和国农业行业标准 NY/T 391—2013 中的空气中各项污染物的浓度限值。

3.1.3　大气污染分级标准

大气污染分级标准见样表 6。

样表 6　大气污染分级标准

$P_上$	≤0.6	0.6～1.0	1.0～1.9	1.9～2.8	≥2.8
级别	清洁	尚清洁	中污染	重污染	极重污染
污染水平	清洁	标准限量内	警戒水平	警报水平	紧急水平

3.1.4　产地大气质量评价结果

各监测点大气质量的单项、综合污染指数评价及分级结果见样表 7。

样表 7　大气质量单项、综合污染指数评价及分级

评价地点	P_{SO_2}	P_{NO_x}	P_{TSP}	P_F	$P_上$	分级
1	0.029	0.48	0.192	0.027	0.296	清洁
2	0.027	0.52	0.156	0.029	0.308	清洁
3	0.019	0.48	0.168	0.025	0.288	清洁

从样表 7 中可看出，大气监测的 3 个点中，各项指标均未超过标准，综合污染指数小于 0.6，属于清洁级。

3.2　灌溉水质质量现状评价

3.2.1　评价方法及模式

采用单项污染指数和综合污染指数进行评价，评价模式如下。

单项污染指数：
$$P_i = C_i / L_i$$

式中，C_i 为某污染物的测定值，mg/L；L_i 为评价标准值，mg/L。

综合污染指数采用 Nemerow 指数法：

$$综合污染指数\ P_N = \sqrt{\frac{[P_{i(\max)}]^2 + (\overline{P_i})^2}{2}}$$

式中，$P_{i(\max)}$ 为最高值的单项污染指数；$\overline{P_i}$ 为各单项污染指数的算术平均值。

3.2.2 评价参数和评价标准

评价参数为 pH 值、汞、镉、铅、砷、铬、氟化物，采用中华人民共和国农业行业标准 NY/T 391—2013 中的农田灌溉水中各项污染物的浓度限值。

3.2.3 评价分级标准

灌溉用水环境质量分级标准见样表 8。

样表 8　灌溉用水环境质量分级标准

P_N	≤0.5	0.5~1.0	≥1.0
级别	清洁	尚清洁	污染
污染水平	清洁	标准限量内	超出警戒水平

3.2.4 评价结果

各监测点的单项、综合污染指数评价及分级结果见样表 9。

从样表 9 中可以看出，采样点的各项水质指标均不超过评价标准，综合指数小于 0.5，属于清洁级。

样表 9　灌溉用水单项和综合污染指数分级

编号	P_{pH}	$P_{汞}$	$P_{镉}$	$P_{铅}$	$P_{砷}$	$P_{铬}$	$P_{氟}$	P_N	分级
1	0.53	0.50	0.36	0.26	0.48	0.20	0.26	0.46	清洁
2	2位小数	2位小数	2位小数	2位小数	2位小数	2位小数	2位小数	2位小数	清洁
3									清洁

3.3 产地土壤质量现状评价

3.3.1 土壤各项污染物评价

3.3.1.1 评价方法及模式

采用单项污染指数和综合污染指数进行评价，评价模式与 3.2.1 水质模式相同。

3.3.1.2 评价参数与评价标准

评价参数为汞、镉、铅、砷、铬、铜、pH 值 7 项，评价标准采用中华人民共和国农业行业标准 NY/T 391—2013 中的旱地土壤中各项污染物的浓度限值。

3.3.1.3 评价分级标准

土壤评价分级标准见样表 10。

样表 10　土壤评价分级标准

等级划分	1	2	3	4	5
P_N	≤0.7	0.7~1.0	1.0~2.0	2.0~3.0	>3.0
污染等级	安全	警戒级	轻污染	中污染	重污染
污染水平	清洁	尚清洁	土壤、作物开始污染	土壤、作物受到中度污染	土壤、作物受污染已相当严重

3.3.1.4 评价结果

各监测点的单项、综合污染指数及分级评价结果见样表11。

样表11 土壤单项指标及分级标准

编号	$P_汞$	$P_镉$	$P_铅$	$P_砷$	$P_铬$	$P_铜$	P_N	分级
1	0.07	0.01	0.18	0.24	0.17	0.33	0.26	安全
2	2位小数	2位小数	2位小数	2位小数	2位小数	2位小数	2位小数	
3								
4								
5								

从样表11中可看出，所监测的7个土壤采样点中，各点的各项指标均不超标；综合污染指数均小于0.7，属于安全级。

3.3.2 土壤肥力现状评价

3.3.2.1 评价分级标准

旱地土壤肥力分级参考指标见样表12。

样表12 旱地土壤肥力分级参考指标

项目	旱地	级别	项目	旱地	级别
有机质/(g/kg)	>15	Ⅰ	速效钾/(mg/kg)	>120	Ⅰ
	10～15	Ⅱ		80～120	Ⅱ
	<10	Ⅲ		<80	Ⅲ
全氮/(g/kg)	>1.0	Ⅰ	阳离子交换量/(cmol/kg)	>20	Ⅰ
	0.8～1.0	Ⅱ		15～20	Ⅱ
	<0.8	Ⅲ		<15	Ⅲ
有效磷/(mg/kg)	>10	Ⅰ	质地	轻壤、中壤	Ⅰ
	5～10	Ⅱ		砂壤、重壤	Ⅱ
	<5	Ⅲ		砂土、黏土	Ⅲ

注：如为菜地、园地、牧地，需列出菜地、园地、牧地的分级标准。

3.3.2.2 评价结果

土壤肥力评价结果见样表13。

样表13 土壤肥力评价结果（0～20cm）

编号	有机质	全氮	有效磷	速效钾	阳离子交换量	质地
1	Ⅱ	Ⅲ	Ⅲ	Ⅰ	Ⅲ	
2	Ⅲ	Ⅲ	Ⅱ	Ⅰ	Ⅲ	
3	Ⅱ	Ⅲ	Ⅱ	Ⅰ	Ⅲ	
4	Ⅱ	Ⅲ	Ⅱ	Ⅰ	Ⅱ	
5	Ⅲ	Ⅲ	Ⅲ	Ⅰ	Ⅲ	
6	Ⅲ	Ⅲ	Ⅱ	Ⅰ	Ⅲ	
7	Ⅱ	Ⅲ	Ⅱ	Ⅰ	Ⅲ	
平均值	Ⅲ	Ⅲ	Ⅲ	Ⅰ	Ⅲ	

产地土壤肥力各项指标中有机质及阳离子交换量为二级标准，故产地应发展 A 级绿色食品。

4. 结论

对产地环境质量进行综合评价，并应得出 A 级或 AA 级绿色食品产品开发的结论。

5. 综合防治对策及建议

6. 附件

第二章　绿色食品认证与管理

第一节　绿色食品的申报认证

绿色食品是按特定生产方式生产并经权威机构认定，使用专门标志的、安全优质营养的食品，绿色食品产品必须使用绿色食品标志。实际上绿色食品的申报和认证是对绿色食品标志使用权的申报和认证。

中国的绿色食品申请和认证工作很规范，严格依据《绿色食品标志管理办法》，凡是有绿色食品生产条件的国内企业均要严格按照绿色食品认证程序申请认证。

一、绿色食品认证申请程序

绿色食品认证申请实际上是产品质量认证和许可使用绿色食品标志的申报。绿色食品标志是经中国绿色食品发展中心注册的质量证明商标，申请使用绿色食品标志的产品，应当符合《中华人民共和国食品安全法》和《中华人民共和国农产品质量安全法》等法律法规的规定，在国家工商总局商标局核定的范围内，并具备下列条件。

（1）产品或产品原料产地环境符合绿色食品产地环境质量标准。

（2）农药、肥料、饲料、兽药等投入品的使用符合绿色食品投入品使用准则。

（3）产品质量符合绿色食品产品质量标准。

（4）包装贮运符合绿色食品包装贮运标准。

企业如需在其生产的产品上使用绿色食品标志，必须按以下程序提出申报。

1. 提出申请

申请人向中国绿色食品发展中心及其所在省（自治区、直辖市）绿色食品办公室、绿色食品发展中心提交正式的申请，领取《绿色食品标志使用申请书》（一式两份）、《企业生产情况调查表》及相关资料，或从中心网站（网址：www.greenfood.org.cn）下载。

2. 递交申请

申请人翔实填写并向其所在省（自治区、直辖市）绿色食品办公室、绿色食品发展中心递交《绿色食品标志使用申请书》《企业生产情况调查表》及以下材料：

① 保证执行绿色食品标准和规范的申明。

② 生产操作规程（种植规程、养殖规程、加工规程）。

③ 公司对"基地＋农户"的质量控制体系（包括合同、基地图、基地和农户清单、管理制度）。

④ 产品执行标准。

⑤ 产品注册商标文本（复印件）。

⑥ 企业营业执照（复印件）。

⑦ 企业质量管理手册。

⑧ 要求提供的其他材料（通过体系认证的，附证书复印件）。

3. 受理

省级工作机构自收到申请之日起 10 个工作日内完成材料审查。符合要求的，予以受理，并在产品及产品原料生产期内组织有资质的检查员完成现场检查；不符合要求的，不予受理，书面通知申请人并告知理由。

现场检查合格的，省级工作机构应当书面通知申请人，由申请人委托符合相关规定的检测机构对申请产品和相应的产地环境进行检测；现场检查不合格的，省级工作机构应当退回申请并书面告知理由。

4. 产品抽样、环境监测

检测机构接受申请人的委托后，及时安排现场抽样，并自产品样品抽样之日起 20 个工作日内、环境样品抽样之日起 30 个工作日内完成检测工作，出具产品质量检验报告和产地环境监测报告，提交省级工作机构和申请人。

5. 形成初审意见

省级工作机构自收到产品检验报告和产地环境监测报告之日起 20 个工作日内提出初审意见。初审合格的，将初审意见及相关材料报送至中国绿色食品发展中心；初审不合格的，退回申请并书面告知理由。

6. 认证审核

中国绿色食品发展中心自收到省级工作机构报送的申请材料之日起 30 个工作日内完成书面审查，并在 20 个工作日内组织专家评审。必要时，应该进行现场核查。

7. 颁证

中国绿色食品发展中心根据专家评审意见，在 5 个工作日内作出是否颁证的决定。同意颁证的，与申请人签订《绿色食品标志使用合同》，颁发《绿色食品标志使用证书》，并公告；不同意颁证的，书面通知申请人并告知理由。

为了提高颁证率和颁证工作效率，中国绿色食品发展中心于 2013 年 6 月 15 日下发了《关于绿色食品颁证制度改革的通知》（农绿标〔2013〕11 号），改革的主要内容有如下 3 项：一是由省级绿色食品管理办公室负责组织企业签订《绿色食品标志使用合同》（以下简称《合同》），发放《绿色食品标志使用证书》（以下简称《证书》）；二是由省级绿色食品管理办公室通过农业部"金农工程"-"绿色食品审核与管理系统"下载《合同》，并因地制宜采取多种形式组织企业签订《合同》；三是由中国绿色食品发展中心统一向省级绿色食品管理办公室寄发《证书》，经省级绿色食品管理办公室转发企业。颁证改革覆盖所有省级绿色食品管理办公室，涉及所有初次办证和续展办证的企业及其产品。

绿色食品认证程序见图 2-1。

二、申请人资格

具有绿色食品生产、经营条件的单位或个人，如需在其生产、加工或经营的产品上使用

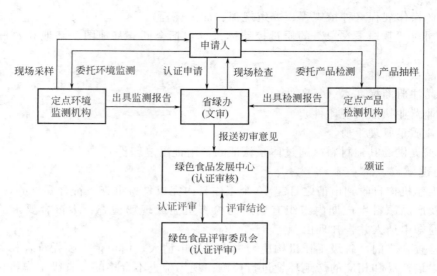

图 2-1　绿色食品认证程序

绿色食品标志，均可向各省（区、市）绿色食品委托管理机构直接提出申请。申请人可以是事业单位、生产加工企业、商业企业及个人等。新建的加工企业原则上要求产品在市场上运营一年，生产质量保证体系较完善后申报。申请使用绿色食品标志的产品，仅限于由中国绿色食品发展中心在商标局注册的九大类商品范围内。申请人应当具备的具体条件如下。

（1）能够独立承担民事责任。

（2）具有绿色食品生产的环境条件和生产技术。

（3）具有完善的质量管理和质量保证体系。

（4）具有与生产规模相适应的生产技术人员和质量控制人员。

（5）具有稳定的生产基地。

（6）申请前三年内无质量安全事故和不良记录。

三、申请表格填写及实地考察

申请表是绿色食品标志申请的主要文书，由申请人填写。其中申报产品须按商品名称填，除蔬菜外，不可一类食品（如果汁类、鸡及其制品类等）作为一个申报产品。

按照《绿色食品标志管理办法》的要求，为保证绿色食品生产全过程符合绿色食品标准的有关规定，各绿色食品委托管理机构受理申请后，按中心制定的考察要点及《企业情况调查表》的内容对申报企业及其产品、原料产地进行实地考察，根据考察结果确定是否安排环境监测。考察人员必须是绿色食品标志专职管理人员，且至少委派2人或2人以上，同时不得委托其他单位或个人进行考察。

实地考察的主要任务是对申请书中填报的内容进行实地考核，对产品及其原料生产、加工的操作规程及使用的农药、兽药、肥料、食品添加剂等是否符合绿色食品标准的要求进行确定。必要时应查阅生产资料购入及出库登记，或其他有关记录。

考察报告要求在受理企业申请后半个月内完成。考察人员根据考察的实际情况，编写考察报告，填写《企业情况调查表》，署名并对其负责。

考察报告的主要内容如下。

① 申请单位基本概况。

② 申请绿色食品标志产品生产及销售情况。

③ 原料生产及供应情况。

④ 产品或产品原料产地的农业生态环境状况。

⑤ 产品及其产品原料生产操作规程（根据产品种类确定报告内容）。

⑥ 农作物种植。包括栽培管理要点及近三年的施肥、植保概况，本年度的肥料施用情况（肥料来源、种类、使用数量和方法）；本年度主要病虫害、杂草种类，防治方法；使用农药种类及方法等。

⑦ 畜禽饲养、水产养殖。包括饲养、养殖的管理要点；饲料来源、饲料种植情况；饲料添加剂使用种类、数量；饲养、养殖过程中的主要病虫害及防治方法（药品种类、剂量、时间）、环境消毒方法（药品种类、效量、时间等）。

⑧ 食品加工。包括原料成分；原料来源；原料种植、养殖情况；食品添加剂种类、目的、用量。

⑨ 生产过程中管理措施、制度及管理系统情况。

⑩ 申报产品与非申报产品的同类产品在采收、包装、贮运、销售环节中如何区分，有无保证措施。

⑪ 考察结论和建议；考察人员签名，委托管理机构盖章。

第二节　绿色食品标志的使用与管理

获得绿色食品标志使用权的企业，应尽快使用绿色食品标志。绿色食品标志是中国绿色食品发展中心在国家工商行政管理局商标局注册的质量证明商标。作为商标的一种，该标志具有商标的普遍特点，只有使用才会产生价值。因此，企业应尽快使用绿色食品标志。绿色食品标志是在经权威机构认证的绿色食品上使用、以区分此类产品与普通食品的特定标志。该标志已作为中国第一例证明商标由中国绿色食品发展中心在国家商标局注册，受法律保护。

绿色食品标志管理，即依据绿色食品标志证明商标特定的法律属性，通过该标志商标的使用许可，衡量企业的生产过程及其产品的质量是否符合特定的绿色食品标准，并监督符合标准的企业严格执行绿色食品生产操作规程、正确使用绿色食品标志的过程。

绿色食品标志管理有两大特点：一是依据标准认定；二是依据法律管理。所谓依据标准认定即把可能影响最终产品质量的生产全过程（从土地到餐桌）逐环节地制定出严格的量化标准，并按国际通行的质量认证程序检查其是否达标，确保认定本身的科学性、权威性和公正性。所谓依法管理，即依据国家《商标法》《反不正当竞争法》《广告法》《产品质量法》等法规，切实规范生产者和经营者的行为，打击市场假冒伪劣现象，维护生产者、经营者和消费者的合法权益。

一、绿色食品标志图形

为了与普通食品相区别，绿色食品实行标志管理。绿色食品标志用特定的图形表示。绿色食品标志图形由三部分构成：上方的太阳、下方的叶片和蓓蕾。标志图形（图2-2）为正圆形，意为保护、安全。整个图形描绘了一片明媚阳光照耀下的和谐生机，旨在告诉人们绿色食品是出自纯净、良好生态条件下的安全无污染食品，能给人们带来旺盛的生命力，提醒人们要保护环境，通过改善人与环境的关系，创造自然界新的和谐。

　　绿色食品标志商标作为特定的产品质量证明商标，已由中国绿色食品发展中心在国家工商行政管理局注册，从而使绿色食品标志商标专用权受《中华人民共和国商标法》保护，这样既有利于约束和规范企业的经济行为，又有利于保护广大消费者的利益，用以证明有这种商标的食品是无污染的、安全优质营养的食品。已在国家工商行政管理局注册的绿色食品商标包括绿色食品标志图形、中文"绿色食品"、英文"Green Food"及中英文和图形组合的4种形式，商标的颜色均为绿色(图2-2～图2-5)。

图2-2　绿色食品标志图形

图2-3　绿色食品标志商标（中文）

图2-4　绿色食品标志商标（英文）

图2-5　绿色食品标志商标（图形、文字组合）

二、绿色食品商标的注册范围

　　绿色食品标志商标的注册范围包括以食品为主的商品，按国家商标类别划分的第29、30、31、32、33类中的大多数产品均可申报绿色食品标志，如第29类的肉、家禽、水产品、奶及奶制品、食用油脂等，第30类的食盐、酱油、醋、米、面粉及其他谷物类制品、豆制品、调味用香料等，第31类的新鲜蔬菜、水果、干果、种子、活生物等，第32类的啤酒、矿泉水、水果饮料及果汁、固体饮料等，第33类的含酒精饮料等。最近开发的一些新产品，只要经卫生部以"食"字或"健"字登记的，均可申报绿色食品标志。经卫生部公告的、既是食品又是药品的品种，如紫苏、菊花、白果、陈皮、红花等，也可申报绿色食品标志。药品、香烟不可申报绿色食品标志。按照绿色食品标准，暂不受理蕨菜、方便面、火腿肠、叶菜类酱菜（盐渍品）的申报。中国绿色食品发展中心作为商标的注册人享有商标的专用权。但根据《集体商标、证明商标注册和管理办法》的规定，绿色食品发展中心没有权利在自己提供的商品上使用该证明商标。

三、绿色食品标志的使用和管理

　　1. 绿色食品标志的使用管理

　　（1）绿色食品标志必须使用在经中国绿色食品发展中心许可的产品上　绿色食品标志是在经绿色食品发展中心认证的绿色食品上使用、以区分此类产品与普通食品的特定标志。未经绿色食品发展中心的许可，任何单位和个人不得使用绿色食品标志。

　　尽管绿色食品标志的使用有严格的规定，并受法律保护，但是仍然有很多的单位或个人侵权使用。绿色食品企业违规使用绿色食品标志的行为有以下几种。

① 超范围使用绿色食品标志，常见的有下面三种情况。

a. 产品未申报或未经许可就使用绿色食品标志。一些非绿色食品生产企业在其生产的产品上使用了绿色食品标志。

b. 企业部分产品申报绿色食品标志而全部产品都使用。如某企业只有浓缩果汁饮料申请了绿色食品标志，但是该企业生产的所有果汁饮料均使用了绿色食品标志。

c. 企业只申报一个产品，但多个产品用该产品的标志编号。

② 申报产品名称与使用标志名称不符。

③ 少报多产，超量使用。如企业在申请绿色食品果汁的申报中，获证产品有 200t，但是企业却有 1000t 产品使用了绿色食品标志。

④ 企业改制或变更后未及时办理换证手续。

⑤ 获标企业许可联营企业或其兼并企业使用绿色食品标志。如甲省某果蔬厂生产的 A 牌脱水蔬菜获得了标志使用权后，擅自将标志使用在乙省其合资企业的 B 牌脱水蔬菜上。

⑥ 续报不及时，超期使用绿色食品标志。某企业获标产品三年到期，未进行续报，仍在继续使用过期标志；个别企业经管理部门通知停止用标后，仍坚持使用过期的绿色食品标志。

⑦ 获标企业扩大生产规模或新建基地、生产点未及时申报。

无论何种情况，只要侵犯了绿色食品标志的专用权，中国绿色食品发展中心、省绿色食品管理机构及广大消费者都可以请求工商行政管理机关和人民法院对其进行处理。

(2) 获得绿色食品标志使用权后，半年内必须使用绿色食品标志　中国绿色食品发展中心授予企业标志使用权，其目的是促进生产企业加强质量管理，发挥绿色食品标志的作用，提高企业的经济效益。如果标志许可后长期不使用，不仅产生不了价值，还会妨碍绿色食品标志的管理秩序。因此，《绿色食品标志管理办法》中规定，获得标志使用权后，半年内没使用绿色食品标志的企业，中国绿色食品发展中心有权取消其标志使用权，并公告于众。

(3) 绿色食品产品的包装、装潢应符合《绿色食品标志设计标准手册》的要求　必须做到标志图形、"绿色食品"文字、编号及防伪标签的"四位一体"；编号形式应符合规范。取得绿色食品标志使用权的单位，应将绿色食品标志用于产品的内、外包装。企业应严格按照《中国绿色食品商标标志设计使用规范手册》（以下简称《手册》）的要求，设计相关的包装及宣传材料。《手册》对绿色食品标志的标志图形、标准字体、图形与字体的规范组合、标准色、广告用语及用于食品系列化包装的标准图形、编号规范均作了明确规定。使用单位应按《手册》的要求准确设计，并将设计彩图报经中国绿色食品发展中心审核、备案。

包装应注意以下几个问题。

① 绿色食品的产品包装要坚持做到"四位一体"，即标志图形、"绿色食品"文字、产品编号及产品使用防伪标签。

"绿色食品"的中、英文要严格按照标准字体设计；绿色食品的标志图形应严格按比例进行缩放；绿色食品的产品编号要严格按一品一号的要求使用；绿色食品的文字、图形组合要按《手册》中的 4 种情形进行组合。

② 不同包装材料和宣传材料印制中对绿色食品文字、标志、图形的颜色要求不同，包装材料必须按不同背景使用规范的标准色。AA 级绿色食品的标志底色为白色，标志与标准字体为绿色；而 A 级绿色食品的标志底色为绿色，标志与标准字体为白色。

③ 为了增加绿色食品标志产品的权威性及绿色食品标志许可的透明度，要求在"产品

编号"正后方或正下方写上"经中国绿色食品发展中心许可使用绿色食品标志"文字，其英文规范为"Certified China Green Food Product"。

④ 绿色食品的包装标签应符合国家《食品安全国家标准 预包装食品标签通则》（GB 7718—2011）。标准中规定食品标签上必须标注以下几方面的内容：食品名称；配料表；净含量和规格；生产者和（或）经销者的名称、地址和联系方式；生产日期和保质期；储存条件；食品生产许可证编号；产品标准号；其他需要标示的内容。

（4）许可使用绿色食品标志的产品，在产品促销广告时，必须使用绿色食品标志　为了加强广大消费者及中国绿色食品发展中心、各绿色食品委托管理机构对绿色食品标志产品的监督，维护绿色食品的统一形象，提高标志产品的产品质量，当做产品促销广告时，必须使用绿色食品标志。同时，还必须注意以下两个问题。

① 绿色食品标志要按《手册》的要求设计。

② 绿色食品标志及广告语只能用于许可使用标志的产品上。例如：某啤酒厂有精制、生啤等啤酒，精制、生啤又分别有11°、10°、8°等不同度数，而其中只有11°精制啤酒获得了绿色食品标志使用权，企业在广告宣传时，如用"某某啤酒，绿色食品"的广告语，就会给消费者造成误解，同时，侵犯了绿色食品发展中心的绿色食品标志专用权。

（5）使用单位必须严格履行《绿色食品标志许可使用合同》　根据《中华人民共和国商标法》第四十条和《中华人民共和国商标法实施细则》第三十五条规定，商标注册人许可他人使用其注册商标时，必须签订书面合同。《绿色食品标志许可使用合同》是中国绿色食品发展中心与被许可人的法律文本，双方都应履行各自的职责，确保绿色食品产品质量。

绿色食品标志使用人应自被授予标志使用权当年开始，按期自觉缴纳标志使用费。各绿色食品标志专职管理人员亦应监督企业严格执行《绿色食品标志许可使用合同》。使用单位如未按期缴纳标志使用费，绿色食品发展中心有权取消其标志使用权，并公告于众。

（6）绿色食品标志许可使用的有效期为3年　到期要求继续使用绿色食品标志的企业须在许可使用期满前3个月重新申报。未重新申报的，视为自动放弃其使用权。中国绿色食品发展中心将责成绿色食品委托监督管理机构收回使用证书，并公告于众。

（7）标志使用单位应接受绿色食品各级管理部门的绿色食品知识培训及相关业务培训　为了提高绿色食品使用单位的管理水平和生产技术水平，规范生产单位严格按绿色食品生产操作规程生产（加工），确保绿色食品产品质量，生产单位应积极参加各级绿色食品管理部门的绿色食品知识培训及相关业务培训。参加人必须是生产技术人员或管理人员。

（8）标志使用单位应如实报告标志的使用情况　使用单位应按中国绿色食品发展中心及绿色食品委托管理机构的要求，定期报告标志的使用情况，包括许可使用标志产品的当年年产量、原料的供应情况、肥料的使用情况（肥料名称、施用量、施用次数）、主要病虫害及防治方法（使用农药的名称、使用时间、使用方法、次数、最后一次使用的时间）、添加剂及防腐剂的使用情况、产品的年销量、年出口量、产品的质量状况、价格（批发价、零售价）、防伪标签的使用情况及获得标志后企业所取得的效益等内容。绿色食品标志专职管理人员每年至少赴企业考察一次，并对以上内容进行核实，报中心备案。另外，使用单位不得自行改变生产条件、产品标准及工艺。如果由于不可抗拒的因素丧失了绿色食品生产条件，企业应在一个月内上报中国绿色食品发展中心，中心将根据具体的情况责令使用单位暂停使用绿色食品标志，等条件恢复后，再恢复其标志使用权。

（9）许可使用标志的产品不得粗制滥造、欺骗消费者　使用单位如不能稳定地保持产品质量，中心将根据有关规定取消其标志使用权。对于违反绿色食品生产操作规程、造成绿色食品产品质量下降的企业，绿色食品发展中心有权取消其标志使用权；对绿色食品形象造成严重影响的企业，绿色食品发展中心还将追究其经济责任。

(10) 出口产品使用绿色食品标志需取得许可方可使用　任何获得绿色食品标志国内使用权的企业，其出口产品使用绿色食品标志必须取得中国绿色食品发展中心的许可。

2. 绿色食品标志管理特征

(1) 绿色食品标志管理是一种质量管理　所谓管理，就是对组织所拥有的资源进行有效的计划、组织、指挥、协调和控制，以便达成既定组织目标的过程。管理是人类协调共同生产活动中各要素关系的过程。美国管理学家 Harold Koontz 认为"管理就是创造一种环境，使置身于其中的人们能在集体中一起工作，以完成预定的使命和目标"。绿色食品标志管理，是针对绿色食品工程的特征而采取的一种管理手段，其对象是全部的绿色食品和绿色食品生产企业；其目的是为绿色食品的生产者确定一个特定的生产环境，包括生产规范等，以及为绿色食品流通创造一个良好的市场环境，包括法律规则等；其结果是维护了这类特殊商品的生产、流通、消费秩序，保证了绿色食品应有的质量。因此，绿色食品标志管理，实际上是针对绿色食品的质量管理。

(2) 绿色食品标志管理是一种认证性质的管理　认证主要来自买方对卖方产品质量放心的客观需要。2003 年 9 月，中国国务院发布的《中华人民共和国产品质量认证管理条例》，对产品质量认证认可的概念作了如下表述："产品质量认证是指由认证机构证明产品、服务、管理体系符合相关技术规范、相关技术规范的强制性要求或者标准的合格评定活动。"由于绿色食品标志管理的对象是绿色食品，绿色食品认定和标志许可使用的依据是绿色食品标准，绿色食品标志管理的机构——中国绿色食品发展中心，独立处于绿色食品生产企业和采购企业之外的第三方公正地位，绿色食品标志管理的方式是认定合格的绿色食品，颁发绿色食品证书和绿色食品标志，并予以登记注册和公告，所以说绿色食品标志管理是一种质量认证性质的管理。

(3) 绿色食品标志管理是一种质量证明商标的管理　证明商标又称保护商标，是由对某种商品或服务具有检测和监督能力的组织所控制，而由以外的人使用在商品或服务上，用以证明商品或服务的原产地、原料、制造方法、质量、精确度或其他特定品质的商品商标或服务商标。证明商标与一般商标相比具有以下几个特点。

① 证明商标证明商品或服务具有某种特定品质，而一般商标表明商品或服务出自某一经营者。

② 证明商标的注册人需是依法成立，具有法人资格，对商品或服务的特定品质具有监控能力，一般商标的注册申请人只须是依法登记的经营者。

③ 证明商标的注册人不能在自己经营的商品或服务上使用该证明商标，一般商标的注册人可以在自己经营的商品或服务上使用自己的注册商标。

④ 证明商标经公告后的使用人可以作为利害关系人参与侵权诉讼，一般商标的被许可人不能参与侵权诉讼。

绿色食品标志是经中国绿色食品发展中心在国家工商行政管理局商标局注册的质量证明商标，用以证明无污染的、安全优质营养的食品。和其他商标一样，绿色食品标志具有商标所有的通性：专用性、限定性和保护地域性，受法律保护。

3. 绿色食品标志监督管理

绿色食品质量的保证，涉及国家利益，也涉及消费者利益，全社会都应该从这两方面利益出发，加强对绿色食品标志正确使用的监督管理。

绿色食品"由土地到餐桌"的每个环节的监督控制，构成了绿色食品质量监督体系。

对于所有取得绿色食品使用权的产品，都有多环节的监督网络对其进行监督。中国绿色食品发展中心对绿色食品整个生产环节（环境、规程、食品、商品）进行监督管理。定点的绿色食品环境监测机构负责环境质量的抽查检验，各省绿色食品委托管理机构标志专职管理人员监督种植、养殖、加工等操作规程的实施，定点绿色食品监测中心根据中心下达任务，对产品进行抽检，而市场中流通的绿色食品，更是在食品监测机构的监督下。此外，绿色食品标志监督管理的具体做法如下。

（1）年审制 中国绿色食品发展中心对绿色食品标志进行统一监督管理，并根据使用单位的生产条件、产品质量状况、标志使用情况、合同的履行情况、环境及产品的抽检（复检）结果及消费者的反映，对绿色食品标志使用证书实行年审。年审不合格者，取消产品的标志使用权，并公告于众。由各省绿色食品标志专职管理人员负责收回证书，并上报绿色食品发展中心。

（2）抽检 中国绿色食品发展中心根据对使用单位的年审情况，于每年初下达抽检任务，指定定点的环境监测机构、食品检测机构对使用标志的产品及其产地生态环境质量进行抽检。抽检不合格者，取消其标志使用权，并公告于众。

（3）标志专职管理人员的监督 绿色食品标志专职管理人员对所辖区域内的绿色食品生产企业，每年至少进行一次监督、考察。监督绿色食品生产企业种植、养殖、加工等规程的实施及标志许可使用合同的履行情况，并将监督、考察情况汇报绿色食品发展中心。

（4）消费者监督 使用单位应接受全部消费者的监督。为了鼓励消费者对绿色食品质量的监督，绿色食品发展中心除加大宣传力度，使消费者能认识绿色食品标志、了解绿色食品外，对消费者发现的不符合标准的绿色食品将责成生产企业进行经济赔偿，对举报者予以奖励，对有产品质量问题的企业进行查处。

4. 绿色食品标志的法律管理

法律管理是绿色食品标志管理的核心。运用法律手段保护绿色食品标志，对于维护绿色食品标志注册人的合法权益、维护绿色食品标志的整体形象、保障绿色食品工程的顺利实施、促进农业可持续发展，都具有积极的意义。

（1）绿色食品标志的法律保护 绿色食品标志属知识产权范畴。中国绿色食品发展中心、绿色食品委托管理机构及获得绿色食品标志使用权的企业须执行《中华人民共和国商标法》《中华人民共和国反不正当竞争法》《中华人民共和国产品质量法》《中华人民共和国消费者权益保护法》等诸多法律。

《中华人民共和国商标法》（以下简称《商标法》）是绿色食品标志必须执行且对标志予以最大力度保护的基本法律。《商标法》第三条规定："经商标局核准注册的商标为注册商标，商标注册人享有专用权，受法律保护。"

开发推广绿色食品是一项新工作，用法律保护绿色食品标志是实施绿色食品工程不可缺少的手段。为此，国家工商行政管理局和农业部联合发文《关于依法使用、保护"绿色食品"商标标志的通知》（工商标字〔1992〕第77号），为进一步加强绿色食品商标标志保护提供了有利条件。

依据上述法规，中国绿色食品发展中心制定了《绿色食品标志管理办法》，规定了绿色食品标准及申请操作程序。绿色食品企业必须严格执行。

（2）绿色食品标志商标侵权行为及假冒商标构成 根据《商标法》第五十二条及《中华人民共和国商标法实施细则》第四十一条规定，结合绿色食品标志的具体情况，有下列行为之一者，均属侵犯绿色食品标志商标专用权行为。

① 未经中国绿色食品发展中心许可，在中心注册的九大类商品或类似商品上使用与绿色食品标志相同或者近似的商标。具体来说，包括四种情况：在中心注册的九大类商品上使用绿色食品标志；在中心注册的九大类商品上使用类似绿色食品标志的商标；在与中心注册商品类似的商品上使用绿色食品标志；在类似商品上使用与绿色食品标志近似的商标。

② 销售明知是假冒绿色食品标志的商品。

③ 伪造、擅自制造绿色食品标志或销售伪造、擅自制造的绿色食品标志。

④ 给绿色食品标志专用权造成其他损害的行为。

假冒商标是指凡未经中国绿色食品发展中心同意，而故意在中心注册的九大类商品上使用与绿色食品标志相同或十分近似的商标的行为，也包括擅自制造或销售绿色食品标志的行为。假冒商标与商标侵权既有区别又有联系。商标侵权不一定就是假冒商标，但假冒商标必然构成商标侵权，而且是一种严重的侵权行为。一般来说，商标侵权大多是过失和无意的行为，而假冒商标则是故意行为。

在认定绿色食品标志侵权行为是否属于假冒商标时，不能简单地以侵权情节的轻重为依据，也不能以侵权获利或经营额的大小为准，只要行为人未经中国绿色食品发展中心许可，故意在中心注册的九大类商品上使用与绿色食品标志相同或十分近似的商标，就认为是假冒绿色食品商标标志。假冒绿色食品商标标志情节严重的，构成假冒商标罪。

(3) 绿色食品标志商标侵权案件及假冒商标的受理机关　根据《商标法》第五十三条和五十四条规定，工商行政管理局和人民法院都有权处理商标侵权案件。《中华人民共和国商标法实施细则》第四十二条规定："对侵犯注册商标专用权的企业或个人，任何人可以向侵权人所在地或者侵权行为地县级以上工商行政管理机关控告或者检举。"在绿色食品标志受到侵犯时，中国绿色食品发展中心、绿色食品委托管理机构可以根据自己的意愿，请求工商行政、管理机关查处，也可直接向人民法院起诉，被许可使用绿色食品标志的企业也可参与上述请求。工商行政管理机关和人民法院虽然都受理绿色食品标志侵权案件，但在具体处理过程中，也存在如下不同之处。

① 要求处理绿色食品标志侵权人的当事人不同。对侵犯绿色食品标志专用权的企业或个人，任何人都可以向工商行政管理机关控告和检举，即检举人可以是中国绿色食品发展中心，也可以是绿色食品委托管理机构，经公告的绿色食品标志使用人，也可以是普通消费者。但向人民法院起诉的检举人，必须是中国绿色食品发展中心注册人，同时绿色食品委托管理机构经公告的使用人也可参与上述请求。除此之外，其他人的起诉，人民法院不予受理。

② 人民法院受理的绿色食品标志商标侵权案件，必须有明确的被告。而工商行政管理机关则不同，只要当事人提供的事实存在，被告不一定需要明确。

假冒绿色食品标志是一种严重的商标侵权行为，任何人都可以向工商行政管理机关或检察机关控告或检举。向工商行政管理机关控告或检举的情况，工商行政管理机关按照一般商标侵权行为处理后，对于构成犯罪的案件，直接将责任人员移送检察机关追究其刑事责任。检察机关对控告、检举或工商行政管理机关移送的假冒绿色食品标志案件进行审查，认为犯罪事实需要追究刑事责任的，予以立案。经过侦查，向人民法院提起公诉，由人民法院依法作出裁决。

(4) 对绿色食品标志商标侵权行为及假冒绿色食品标志商标的处罚　对构成侵犯绿色食品标志商标专用权的行为，工商行政管理机关将责令侵权人立即停止侵权行为，封存或收缴绿色食品标识；消除现有商品和包装上的绿色食品标志；责令赔偿中国绿色食品发展中心的经济损失等。绿色食品标志商标专用权是中国绿色食品发展中心的一项民事权利，对于损害了中国绿色食品发展中心的信誉、损害了绿色食品整体形象的侵权行为，中国绿色食品发展中心（也可委托省绿色食品管理机构）可请求工商行政管理机关责令侵权人赔偿自己的损失。

对于假冒商标的处罚，《中华人民共和国刑法》第二百一十五条规定："伪造、擅自制造他人注册商标标识或者销售伪造、擅自制造的注册商标标识，情节严重的，处三年以下有期徒刑、拘役或者管制，并处或者单处罚金。"1993年2月22日，第七届全国人民代表大会常务委员会第十三次会议通过《全国人民代表大会常务委员会关于惩治假冒注册商标犯罪的补充规定》，其中第一、二条规定如下。

① 未经注册商标所有人许可，在同一种商品上使用与其注册商标相同的商标，违法所得数额较大或者有其他严重情节的，处三年以下有期徒刑或者拘役，可以并处或者单处罚金；违法所得数额巨大的，处三年以上、七年以下有期徒刑，并处罚金。

销售明知是假冒注册商标的商品，违法所得数额较大的，处三年以下有期徒刑，或者拘役，可以并处或单处罚金；违法所得数额巨大的，处三年以上、七年以下有期徒刑，并处罚金。

② 伪造、擅自制造他人注册商标标识或者销售伪造、擅自制造的注册商标标识，违法所得数额较大或其他情节严重的，依照第一条第一款的规定处罚。

第三节　绿色食品国家管理机构及职能

各类绿色食品管理服务机构是中国绿色食品产业发展的组织依托。其中中国绿色食品发展中心是组织和指导全国绿色食品产业发展的权威管理机构，也是绿色食品标志商标的所有者。

为了将分散的农户和企业组织发动起来进入绿色食品的管理和开发序列，中国绿色食品发展中心在全国构建了三个组织管理系统和一个协调组织，形成了高效的网络管理体系。

一是在全国各地委托了分支管理机构，协助和配合中国绿色食品发展中心开展绿色食品宣传、发动、指导、管理、服务工作。

二是委托全国各地有省级计量认证资格的环境监测机构负责绿色食品产地环境监测与评价。

三是委托区域性的食品质量监测机构负责绿色食品产品质量监测。绿色食品组织网络建设采取委托授权的方式，并使管理系统与监测系统分离，这样不仅保证了绿色食品监督工作的公正性，而且也增加了整个绿色食品开发管理体系的科学性。

同时还有一个具有一定协调能力的组织——中国绿色食品协会。中国绿色食品协作为全国性的专业协会，将为中国绿色食品事业的健康发展提供有效的综合服务和有力的社会支持。

一、中国绿色食品发展中心

中国绿色食品发展中心（China Green Food Development Center）是组织和指导全国绿色食品开发和管理工作的权威机构，1990年开始筹备并积极开展工作，1992年11月正式成立，隶属中华人民共和国农业部。

1. 中国绿色食品发展中心的基本宗旨

中国绿色食品发展中心的基本宗旨是组织和促进无污染的、安全、优质、营养类食品开发，保护和建设农业生态环境，提高农产品及其加工食品质量，推动国民经济和社会可持续发展。

2. 中国绿色食品发展中心的工作范围

中国绿色食品发展中心受农业部委托，制定发展绿色食品的政策、法规及规划，组织制定绿色食品标准，组织和指导全国绿色食品的开发和管理工作；专职管理绿色食品标志商标，审查、批准绿色食品标志产品；委托和协调地方绿色食品工作机构和环境及产品质量监测工作；组织开展绿色食品科研、技术推广、培训、宣传、信息服务、示范基地建设，以及对外经济技术交流与合作。

3. 中国绿色食品发展中心的机构设置和管理职能

中国绿色食品发展中心主要有办公室、认证审核处、标志管理处、质量监督处、科技标准处、计划财务处、市场信息处等机构。现将各机构的管理职能介绍如下。

（1）办公室　组织、协调、指导和监督地方绿色食品委托管理机构工作；组织和协调开展全国绿色食品系统的重大活动；开展信息传递、统计及咨询服务工作；承担绿色食品发展中心内部的管理和服务工作。

（2）认证审核处　负责拟定绿色食品认证制度，组织认证规范性和有效性的实施；组织和指导各地绿色食品管理机构开展认证有关工作，指导和规范认证检查员工作，负责认证检查员资格评定和考核管理工作；负责绿色食品产品申报材料的综合审核工作；负责绿色食品续展认证工作；负责认证认可工作；承担认证评审委员会秘书处的日常工作，负责组织认证评审工作。

（3）标志管理处　研究拟定绿色食品证明商标有关的政策、规定和管理办法；负责绿色食品证明商标的使用、注册、续展、变更管理；负责绿色食品投入品证明商标使用许可的管理工作；负责绿色食品证明商标使用许可合同的办理及绿色食品的颁证、公告工作；负责防伪标签委托印制、发放和使用的管理工作；负责拟定绿色食品认证和标志使用费标准，承担认证费和标志使用费的核定及企业履约合同的管理；负责绿色食品认证企业和产品技术档案资料的管理工作；负责绿色食品认证企业和产品数据的汇总统计工作，承担绿色食品发展的统计年报工作。

（4）质量监督处　负责研究拟订绿色食品产品质量监督管理的相关制度并组织实施；负责绿色食品产品质量监督管理，承担产品质量问题的查处工作；负责绿色食品生产企业规范用标的监察，承担不规范用标的查处工作；负责绿色食品市场秩序的维护管理，承担打击假冒伪劣绿色食品产品和违规侵权行为工作；负责绿色食品质量安全预警工作，承担绿色食品质量安全和规范用标突发事件应急处理工作；组织指导各地绿色食品管理机构、检测机构和监管员开展企业年度检查、质量抽查和标志市场监察工作，负责监管员资格评定、考核管理工作；负责绿色食品申诉、投诉和争议的处理工作，协调有机食品产品质量的监管工作。

（5）科技标准处　负责绿色食品和有机食品理论体系、技术支撑体系、发展战略的研究工作，组织编制绿色食品中、长期发展规划和实施方案；负责绿色食品标准体系建设工作，组织和指导各地绿色食品管理机构开展绿色食品生产技术操作规程的修订工作；负责绿色食品标准、操作规程和生产技术的推广应用工作；负责绿色食品的业务培训，承担绿色食品认证检查员和标志监管员的培训工作；负责绿色食品和协调有机食品科研课题和科技项目的组织实施工作；负责绿色食品基地的建设与管理工作；负责绿色食品检验监测体系的建设与管理工作；负责绿色食品专家咨询委员会的组织协调工作。

（6）计划财务处 负责绿色食品发展中心的日常财务工作；承担绿色食品各项费用的收缴及管理工作。

（7）市场信息处 负责绿色食品和有机食品品牌建设、市场培育、宣传工作和信息化的规划，研究拟订相关政策和制度并组织实施；指导和协调各地绿色食品、有机食品的市场建设和产品促销工作，负责绿色食品发展中心国内外展会的组织实施；负责绿色食品发展中心外事工作，组织开展对外交流与合作；负责绿色食品发展中心与信息媒体的沟通协作工作，承担绿色食品、有机食品信息的收集、整理与发布，编辑绿色食品宣传资料；负责中国绿色食品信息网和绿色食品认证管理信息系统的建设与管理工作。

二、绿色食品全国各地的委托管理机构

以商标标志委托管理的方式组织全国的绿色食品管理网络队伍，是绿色食品产业的一大特色。

绿色食品是改革开放和市场经济的产物，必须按市场规律办事。从市场宏观形势看，绿色食品的国际市场比国内市场成熟；国内沿海开放地区的市场需求比中西部欠发达地区的需求大；从消费人群结构分析，绿色食品的消费者明显偏重于高收入阶层和高知识阶层；从生产地的生态环境条件和开发产品的迫切性而言，北方地区优于南方地区等。绿色食品的管理形式，必须服从于其工作内容，如果不顾上述这些客观差异，而习惯地以一纸"红头命令""一刀切"地组建全国各地的管理机构，不仅收不到应有的工作效果，还会造成不必要的浪费。

中国绿色食品发展中心本着"谁有条件和积极性就委托谁"的原则，委托各地相应的机构管理绿色食品标志，不仅体现了因地制宜、因人制宜、因时制宜的求实态度，而且对绿色食品事业长期健康稳定地发展十分有益。这种委托管理的优点有如下几点。

① 变行政管理为法律管理。实施标志委托管理，被委托机构获得相应管理职能的同时，也承担了维护标志法律地位的严肃义务。因为此时的标志管理，实际是一种证明商标的管理，此时的被委托机构，形同商标注册人在地域上的延伸，被委托机构和绿色食品企业的关系犹如商标注册人和被使用许可人的关系，一切管理措施都得以《中华人民共和国商标法》为依据。也就是说，其管理行为已超越了行政管理的范围，被法律化、格式化了。这对于一个关系人民健康的崭新事业而言，意义极其深远。

② 充分体现自愿原则。因为所有的委托都是在自愿的基础上进行的，所以被委托机构的积极性和主动性成为事业发展的先天优势。对各被委托的机构而言，投身绿色食品事业是"我要干"，而不是"要我干"。另外，委托是在有条件和有选择的前提下进行的，从而在主观积极性的基础上又考虑了客观条件，尽可能做到内因与外因的有机结合。

③ 引入竞争机制。实施标志的委托管理，本身即意味着打破了"岗位终身制"。每一个被委托机构都可能因丧失了其工作条件或责任心而随时失去被委托的地位，每一个不在委托之列的机构都存在竞争获得委托的机会。因而，委托管理制引入了竞争机制，而竞争则可以带来生机，竞争才能加速发展。

④ 体现绿色食品的社会化特点。实施标志的委托管理，打破了行业界限和部门垄断，符合绿色食品质量控制"从土地到餐桌"一条龙的产业化特点，也体现了绿色食品"大家的事业大家办"的社会化特点，不仅有利于吸收各行业人士的关心和支持，而且有利于绿色食品在相关各行业的发展。从质量认证的角度看，实施委托管理的方式，符合认证、检查、监

现代绿色食品管理与生产技术

督相分离的原则，更充分地体现了绿色食品认证的科学性和公正性。

目前，中国绿色食品发展中心已在全国 30 多个省、市、自治区委托了绿色食品标志管理机构，形成了一支网络化的管理队伍。这些委托管理机构形成了区域性的分中心，对区域绿色食品发展起到重要作用；从宏观角度看，他们又是事业网络中必不可少的结点，承担着宣传发动、检查指导、信息传递等重要任务，对事业的兴衰成败起着非常重要的作用。这支队伍具有自己鲜明的特色：事业心强，有活力，不论所在单位是行政性的还是事业性的，均不受干扰，直接对委托人负责，对法律负责。现中国绿色食品管理机构主要有：北京市农业绿色食品办公室、天津市绿色食品办公室、河北省绿色食品办公室、山西省绿色食品办公室、内蒙古自治区绿色食品发展中心、辽宁省绿色食品办公室、大连市绿色食品办公室、吉林省绿色食品办公室、黑龙江省绿色食品发展中心、黑龙江省农垦绿色食品办公室、上海市绿色食品发展中心、江苏省绿色食品办公室、安徽省绿色食品办公室、浙江省绿色食品办公室、宁波市绿色食品办公室、江西省绿色食品发展中心、福建省绿色食品发展中心、山东省绿色食品办公室、青岛市绿色食品办公室、河南省绿色食品办公室、湖北省绿色食品办公室、湖南省绿色食品办公室、广东省绿色食品办公室、广西壮族自治区绿色食品办公室、四川省绿色食品办公室、贵州省绿色食品办公室、海南省绿色食品办公室、重庆市绿色食品发展中心、云南省绿色食品办公室、西藏自治区绿色食品办公室、陕西省绿色食品办公室、甘肃省绿色食品办公室、青海省绿色食品办公室、宁夏回族自治区绿色食品办公室、新疆维吾尔族自治区绿色食品发展中心、新疆兵团绿色食品办公室等。

三、绿色食品定点环境监测机构及其职能

各省绿色食品定点环境监测机构分别由各省绿色食品委托管理机构进行委托。绿色食品委托管理机构将监测机构的有关材料报中国绿色食品发展中心备案，经中国绿色食品发展中心对该监测单位的资格确认同意后，与被委托单位签定合同，并于每次任务下达的同时，下达委托书。

依据《绿色食品标志管理办法》及有关规定要求，定点的环境监测机构必须通过省级以上计量认证。委托时，要考虑该监测单位所能检测的项目、仪器设备、检测人员、检测能力、收费、服务质量以及对当地环境状况的掌握程度等因素。

绿色食品定点环境质量检测机构主要有：谱尼测试集团股份有限公司、农业部农业环境质量监督检验测试中心（北京）、农业部环境质量监督检验测试中心（天津）、农业部乳品质量监督检验测试中心、农业部农产品质量监督检验测试中心（太原）、农业部农产品质量安全监督检验测试中心（呼和浩特）、农业部农产品质量监督检验测试中心（沈阳）、中国科学院沈阳应用生态研究所农产品安全与环境质量检测中心、国土资源部长春矿产资源监督检测中心、黑龙江省华测检测技术有限公司、黑龙江出入境检验检疫局检验检疫技术中心、黑龙江省农垦环境监测佳木斯站、谱尼测试集团上海有限公司、农业部食品质量监督检验测试中心（上海）、扬州市农产品质量监督检测中心、常州市农畜水产品质量监督检验测试中心、农业部农产品及转基因产品质量安全监督检测测试中心（杭州）、国土资源部杭州矿产资源监督检测中心、国土资源部合肥矿产资源监督检测中心、安徽省公众检验研究院有限公司、漳州市农业检验检测中心、江西省农科院绿色食品环境监测中心、农业部食品质量监督检验测试中心（济南）、农业部农产品质量安全监督检验测试中心（青岛）、青岛谱尼测试有限公司、青岛海润农大检测有限公司、青岛市华测检测技术有限公司、农业部农产品质量安全检测中心（郑州）、南阳市农产品质量安全检测中心、农业部食品质量监督检验测试中心（武

汉）、湖北省农药及农产品质量安全监督检查站、国土资源部长沙矿产资源监督检测中心、湖南华科环境检测技术服务有限公司、湖南省农产品质量检验检测中心、农业部蔬菜水果质量监督检验测试中心（广州）、农业部食品质量监督检验测试中心（湛江）、广州市农业科学研究院农业环境与农产品检测中心、广西壮族自治区分析测试研究中心、农业部热带农产品质量监督检验测试中心、农业部农产品质量安全监督检验测试中心（重庆）、农业部肥料质量监督检验测试中心（成都）、贵州省分析测试研究院、云南兰硕环境信息咨询有限公司、农业部农业环境质量监督检验测试中心（西安）、国土资源部西安矿产资源监督检测中心、甘肃省分析测试中心、甘肃省信润达分析测试中心、国土资源部西宁矿产资源监督检测中心（原地质矿产部青海省中心实验室）、宁夏供销社农产品质量监督检验测试中心（宁夏四季鲜农产品质量检验检测有限公司）、农业部农产品质量监督检验测试中心（乌鲁木齐）、农业部食品质量监督检验测试中心（石河子）等。

绿色食品定点环境监测机构的主要职能是根据绿色食品委托管理机构的委托，按《绿色食品产地环境现状评价纲要》及有关规定对申报产品或产品原料产地进行环境监测与评价；根据中国绿色食品发展中心的抽检计划，对获得绿色食品标志的产品或产品原料产地环境进行抽检；根据中国绿色食品发展中心的安排，对提出仲裁监测申请的企业进行复检；根据中国绿色食品发展中心的布置，专题研究绿色食品环境监测与评价工作中的技术问题等。

四、绿色食品产品质量检测机构及其职能

绿色食品定点食品监测机构是中国绿色食品发展中心按照行政区划的划分、绿色食品在全国各地的发展情况、各地食品监测机构的监测能力、监测单位与中心的合作愿望等因素，由中国绿色食品发展中心直接委托的。

委托的定点食品监测机构首先应已通过国家级计量认证；其次是该单位被定为行业检测单位，有跨地域检测的资格，检测报告有权威性；该单位所在地区绿色食品事业发展较快，有必要建立定点食品监测机构；该单位对绿色食品有一定了解，有积极与绿色食品事业协作、为绿色食品发展贡献力量的要求。

中国绿色食品定点食品监测机构主要有：农业部蜂产品质量监督检验测试中心（北京）、谱尼测试集团股份有限公司、农业部蔬菜品质监督检验测试中心（北京）、农业部乳品质量监督检验测试中心、唐山市畜牧水产品质量检测中心、国家果类及农副加工产品质量监督检验中心（石家庄）、农业部农产品质量监督检验测试中心（太原）、农业部农产品质量安全监督检验测试中心（呼和浩特）、辽宁省分析科学研究院、中国科学院沈阳应用生态研究所农产品安全与环境质量检测中心、大连市产品质量检测研究院、国家农业深加工产品质量监督检测中心、黑龙江省华测检测技术有限公司、农业部谷物及制品质量监督检验测试中心（哈尔滨）、黑龙江出入境检验检疫局检验检疫技术中心齐齐哈尔分中心、黑龙江出入境检验检疫局检验检疫技术中心、黑龙江省农垦环境监测佳木斯站、上海市农药研究所有限公司、谱尼测试集团上海有限公司、农业部食品质量监督检验测试中心（上海）、扬州市农产品质量监督检测中心、常州市农畜水产品质量监督检测中心、农业部畜禽产品质量安全监督检验测试中心（南京）、农业部茶叶质量监督检验测试中心、农业部稻米及制品质量监督检验测试中心、农业部农产品及转基因产品质量安全监督检验测试中心（杭州）、国土资源部合肥矿产资源监督检测中心、芜湖市农产品食品检测中心、安徽省公众检验研究院有限公司、漳州市农业检验检测中心、农业部肉及肉制品质量监督检验测试中心、农业部食品质量监督检验测试中心（济南）、山东省农副产品质量监督检验中心（高青）、农业部果品及苗木质量

监督检验测试中心（烟台）、农业部动物及动物产品卫生质量监督检验测试中心、青岛谱尼测试有限公司、青岛海润农大检测有限公司、青岛市华测检测技术有限公司、农业部农产品质量安全检测中心（郑州）、农业部果品及苗木质量监督检验测试中心（郑州）、农业部食品质量监督检验测试中心（武汉）、湖北省农药及农产品质量安全监督检查站、湖南省农产品质量检验检测中心、湖南省食品测试分析中心、农业部蔬菜水果质量监督检验测试中心（广州）、农业部食品质量监督检验测试中心（湛江）、广州市农业科学研究院农业环境与农产品检测中心、华测检测认证集团股份有限公司、农业部亚热带果品蔬菜质量监督检验测试中心、农业部热带农产品质量监督检验测试中心、农业部农产品质量安全监督检验测试中心（重庆）、农业部食品质量监督检验测试中心（成都）、贵阳市农产品质量安全监督检验测试中心、农业部农产品质量监督检验测试中心（昆明）、农业部农产品质量监督检验测试中心（拉萨）、甘肃省分析测试中心、甘肃省信润达分析测试中心、农业部农产品质量安全监督检验测试中心（银川）、农业部枸杞产品质量监督检验测试中心、宁夏供销社农产品质量监督检验测试中心（宁夏四季鲜农产品质量检验检测有限公司）、农业部农产品质量监督检验测试中心（乌鲁木齐）、新疆维吾尔族自治区分析测试研究院、农业部食品质量监督检验测试中心（石河子）等。

绿色食品定点食品监测机构的职能是按照绿色食品产品标准对申报产品进行监督检验；根据中国绿色食品发展中心的抽检计划，对获得绿色食品标志使用权的产品进行年度抽检；根据中国绿色食品发展中心的安排，对检验结果提出仲裁要求的产品进行复检；根据中国绿色食品发展中心的布置，专题研究绿色食品质量控制有关问题；有计划地引进、翻译国际上有关标准，研究和制定中国绿色食品的有关产品标准。

五、中国绿色食品协会

中国绿色食品协会（China Green Food Association）是经中华人民共和国民政部、农业部批准注册，由中国从事和热心于绿色食品管理、科研、教育、生产、储运、销售、监测、咨询等活动的单位和个人自愿组成的全国性专业协会。

中国绿色食品协会的宗旨是遵守国家宪法、法律、法规和国家政策，遵守社会道德风尚，以经济建设为中心，致力于促进中国绿色食品事业的发展。

中国绿色食品协会的主要职能是推动绿色食品开发的横向经济联合，协调绿色食品科研、生产、储运、销售、监测等方面的关系，组织绿色食品事业理论研究、人员培训、社会监督、信息咨询、科技推广与服务，并成为政府与绿色食品企、事业单位之间的桥梁和纽带。为绿色食品事业的健康稳步发展和产业的加速建设提供有效的综合服务和有力的社会支持。

中国绿色食品协会也将为广大会员以及社会各界积极创造广泛交流、真诚合作、共同发展的良好机遇与环境，同时也希望社会各界对协会给予关心和支持，共同为绿色食品事业的发展做出贡献。

第四节　绿色食品生产基地认证与管理

一、认定和建设绿色食品基地的目的和意义

根据市场经济发展的规律，任何一项新兴的产业要想实现较高的经济效益，必然走规模

经营之道。随着绿色食品事业的发展，越来越多的绿色食品生产企业要求其主要原料来自绿色食品基地。为了促进绿色食品的开发向专业化、规模化、系列化发展，形成产供销一体化、种养加工一条龙的经营格局，确保绿色食品产品的质量和信誉。中国绿色食品发展中心根据特定的标准认定具有一定生产规模、生产设施条件及技术保证措施的食品生产企业或生产区域（以下统称生产单位）为绿色食品基地。

绿色食品基地的建设源于消费者的需求和企业开发产品的需要；而基地生产的原料和产品又进一步吸引着消费者和生产企业。绿色食品原料基地不是孤立存在的，像北京市的城郊农业模式，生产粮食、水果、蔬菜的区域性很强，发展一个点（基地），可以带动一个面，推动区域（县域）农业经济的发展。

建设绿色食品基地，可以以绿色食品龙头企业带基地、基地连农户，最终实现分散的、千家万户的小生产，通过产业化、基地和龙头企业，使优质农产品和高附加值的产品进入市场。

建设绿色食品基地有利于保护生态环境，促进绿色食品事业快速、健康地发展；有利于绿色食品龙头企业的发展壮大，使之在农业产业化进程中发挥主导作用；而且也有利于加快新产品的开发。在基地建设规模化、专业化的同时，拓宽绿色食品种类、加大新产品开发力度、形成产品系列化，有利于促进开发、生产、加工、销售为一体的产业格局，以整体优势开拓市场。

同时，基地建设的规模决定着绿色食品生产的规模，绿色食品企业要降低成本，提高产品质量，增强市场竞争力，就必须重视规模经济与规模效益。实现规模化经营的主要制约因素之一是配套基地建设滞后，规模过小、原料供给相对不足。如果没有基地的相应发展，盲目扩大绿色食品生产只能导致随意采购原料，产品质量无法得到保证。

绿色食品特定的生产方式和特殊的管理要求，决定了必须建立配套的绿色食品原料生产基地。只有确认原料的产地环境符合绿色食品标准，才能对原料生产的全过程实施有效的管理和控制，才能稳定地达到绿色食品产品质量标准的要求。

二、绿色食品基地标准

1. 绿色食品基地的类型

按产品类别不同，绿色食品基地可以分为以下三种。

① 绿色食品初级农产品生产基地。

② 绿色食品加工产品基地。

③ 绿色食品综合生产基地。

2. 绿色食品初级农产品生产基地的条件

① 绿色食品须为该单位的主导产品，绿色食品产量要达到表2-1中所列的生产规模。

② 必须具有专门的绿色食品管理机构和生产服务体系，由专管机构负责绿色食品生产计划和规程的制定、生产技术的指导和咨询、产品收购和销售、生产资料的供应等服务体系的建立和完善，并对绿色食品的生产实施起监督作用。

a. 绿色食品种植单位须制订绿色食品作物生产计划、病虫害和杂草防治措施及农药使用计划、施肥及轮作计划（轮作面积为检测面积乘上轮作年限）、仓库卫生措施等。

b. 绿色食品养殖单位必须制订养殖计划、疫病防治措施、饲料检验措施（含饮用水）、畜舍清洁措施等。

c. 生产单位还必须建立严格的档案制度（详细记录绿色食品生产情况、生产资料购买使用情况、病虫害发生处置情况等）及检测制度。

表 2-1 绿色食品生产规模一览表

产品类别	生产规模	说明
粮食 大豆类	2 万亩①以上	因地域、产品差异,该类生产规模可适当调整
蔬菜	大田 1000 亩以上(或保护地 200 亩以上)	
水果	5000 亩以上	
茶叶	5000 亩以上	
杂粮	1000 亩以上	
蛋鸡	年存栏 15 万只以上	
蛋鸭	年存栏 5 万只以上	
肉鸡	年屠宰加工 150 万只以上	
肉鸭	年屠宰加工 50 万只以上	
奶牛	成年奶牛存栏数 400 头以上	每头年产奶 400kg 以上的牛为奶牛
肉牛	年出栏 2000 头以上	
猪	年出栏 5000 头以上	
羊	年出栏 5000 头以上	
水产养殖	粗养面积 1 万亩以上,或精养面积 500 亩以上,或网箱养殖面积 1000m² 以上	精养面积包括苗种池、养成池

① 1 亩≈667m²。

③ 专管机构内必须根据需要设立若干名绿色食品专管生产技术推广员,承担相应的专业技术工作。技术推广员必须接受有关绿色食品知识的培训,熟悉绿色食品生产的标准,经考核取得证书后,才能上岗。

④ 基地中直接从事绿色食品生产的人员必须经过绿色食品有关知识的培训。

⑤ 产地必须具备良好的生态环境,并采取行之有效的环境保护措施,使该环境持续稳定在良好的状态下。

⑥ 必须具备较完善的生产设施,保证稳定的生产规模,具有抵御一般自然灾害的能力。

3. 绿色食品加工生产基地的条件

① 绿色食品加工品必须为该单位的主导产品,其产量或产值占该单位总产量或总产值的 60% 以上。

② 必须具备专门的绿色食品加工生产管理机构,负责原料供应、加工生产规程和产品销售,并制定出相应的技术措施和规章制度。

③ 从事绿色食品加工管理的人员及直接从事加工生产的人员必须经过绿色食品知识培训。

④ 企业必须有相应的技术措施和保障管理制度,以及具有行之有效的环境保护措施。

4. 绿色食品综合生产基地的条件

同时具备绿色食品初级产品、绿色食品加工产品、绿色食品初级农产品基地及绿色食品加工生产基地条件的基地,则具有绿色食品综合生产基地的条件。

三、绿色食品基地的申报

(1) 绿色食品基地的申报程序 凡符合基地标准的绿色食品生产单位均可申请作为绿色食品基地。其申请程序如下:

① 申请人应向所在省（直辖市、自治区）的绿色食品委托管理机构领取《绿色食品基地申请书》，按要求填写后，报当地绿色食品管理机构。

② 申请人组织本单位直接从事绿色食品管理、生产的人员参加培训，人员须经上级机构考核、确认。

③ 由省级（直辖市、自治区）绿色食品委托管理机构派专职管理人员赴申报基地单位实地考察，核实生产规模、管理、环境及质量控制情况，写出正式考察报告。

④ 以上材料一式两份，由省级（直辖市、自治区）绿色食品委托管理机构初审后，写出推荐意见，上报中国绿色食品发展中心审核。

⑤ 中国绿色食品发展中心根据需要，派专人赴申请材料合格的单位实地考察。由中国绿色食品发展中心与符合绿色食品基地标准的申请人签定《绿色食品基地协议书》，然后向其颁发"绿色食品基地建设通知书"。

⑥ 申请单位按基地实施细则要求，进一步完善管理体系、生产服务体系和制度，实施一年后，由中心和省级（直辖市、自治区）绿色食品委托管理机构认证人员（详见《基地管理细则》）对基地进行评估和确认。

⑦ 给符合要求的单位颁发正式的绿色食品基地证书和铭牌，同时公告于众。对不合格的单位，适当延长建设期时间。

(2) 绿色食品基地申报材料　绿色食品基地申报需要以下材料。

① 申请人向所在省级绿色食品管理机构提交建设绿色食品基地的申请报告。

② 省级绿色食品管理机构到申报绿色食品基地进行实地考察，并写出考察报告。

③ 申请人应提交绿色食品证书及有关基地建设的材料。

④ 申请人应制定绿色食品生产操作规程。

⑤ 申请人应有基地建设示意图，并明确区分绿色食品地块与非绿色食品地块。

⑥ 申请人应有农作物地块轮作计划和基地管理规程。

⑦ 申请人应有专职管理机构和人员组成名单。

⑧ 申请人应有专职技术管理人员及培训合格证书。

⑨ 申请人应建立各种档案制度（基地种植户名录、田间生产管理档案、原料收购记录、贮藏记录、销售记录、生资购买及使用记录等）。

⑩ 申请人应有各项检查管理制度等。

四、绿色食品基地的管理

1. 绿色食品基地生产管理

(1) 统一管理　基地生产者要接受各级绿色食品管理机构的统一管理。在省级绿色食品委托机构的指导下，结合当地实际情况，制定出适合基地绿色食品生产的操作规程。

(2) 生产要求　以初级农产品基地为例，初级农产品（包括畜禽产品、水产品）生产的要求如下。

① 基地范围内的绿色食品生产地块（含倒茬地块）与非绿色食品生产地应明确区分并绘出示意图，且进行地块统一编号。

② 基地生产者在绿色食品生产前，应按作物种类、养殖对象分别建立种植栽培方案、养殖计划、基地管理档案等材料，并提交基地管理机构。

(3) 建立基地管理档案，以供生产逆向追踪监控

① 作物栽培管理档案内容。a. 生产地块编号及所在地；b. 作物名称、品种名及栽培面

积；c. 播种或定植时间；d. 生产过程中土壤耕作、施肥等使用的农资名称、农资用量及使用时间；e. 为防治病虫草害，所使用的农药及植物生长激素名称及使用时间；f. 生产过程中，除 d 和 e 的规定外，所使用的农资名称、用量、使用时间及目的；g. 收获记录：每次收获的日期和产量。

② 畜、禽饲养管理档案内容。a. 饲养场编号及所在地；b. 畜禽种类、品种及各生产阶段养殖数量；c. 入场日期；d. 饲料来源、名称、配方及用量；e. 饲料添加剂名称、用量、使用时间；f. 饲养方式（日喂次数、饲喂方法）；g. 为消毒和防病所使用药剂的种类、用量、时间；h. 出场日期、数量。

③ 水产养殖管理档案内容。a. 养殖池编号及所在地；b. 水面面积；c. 清塘时间、方法、药物用量；d. 放养时间、品种、数量；e. 注、排水的时间、水量；f. 施肥（包括基肥、追肥）名称、数量及时间；g. 投饵料名称、配方（包括添加剂成分）、来源、时间、数量；h. 为防治疫病使用药品的名称、数量及时间；i. 捕捞时间、产量。

2. 绿色食品基地生产资料管理

生产资料的正确使用与否是影响绿色食品产品质量的重要因素之一。各生产基地应建立和完善生产资料服务体系，加强对农药、肥料、添加剂等生产资料的管理，实行统一购置和供应。基地必须使用经中国绿色食品发展中心认可、推荐的农药、肥料、添加剂等生产资料。

生产资料应设立专门的贮藏库，并按省级绿色食品委托管理机构统一印发的表格记录如下内容。

① 种类、品名。

② 入库时间、数量、生产厂、购入单位、有效期、入库批号。

③ 出库时间、批号、数量。

④ 领用人。

3. 绿色食品基地销售、收购和储存管理

以绿色食品初级农产品基地为例，绿色食品基地的销售、收购和贮存管理应包括如下内容。

(1) 销售记录　基地生产者分散销售的少量产品，应分别做如下销售记录，并定期提交基地管理机构。

① 产品名称及品种名称。

② 产品生产地块编号及面积。

③ 销售时间、数量。

④ 销售对象、方式。

(2) 收购记录　大宗产品应由专管机构统一收购，或指定收购厂家。收购者要做如下记录。

① 产品名称、品种。

② 地块号、种植面积。

③ 交售时间、数量。

④ 交售人或单位。

⑤ 收购经手人。

(3) 贮存记录　绿色食品产品的储存应与非绿色食品分开，不同种类、品种分别贮放。并做管理记录。

① 贮存库号及所在地。

② 入库种类、品种、来源、时间及数量。

③ 出库时间、数量及去向。

④ 防虫、鼠措施，使用农药的时间、名称、数量。

4. 生产基地绿色食品标志管理

(1) 绿色食品标志在基地的使用范围

① 基地内生产的绿色食品产品。

② 基地建筑物内、外挂贴性装潢。

③ 广告、宣传品、办公用品、运输工具、小礼物等。

绿色食品标志不得用于限定范围以外的商品上。

(2) 绿色食品标志在基地的使用期限 绿色食品基地自批准之日起有效期为 6 年。绿色食品基地必须严格履行《绿色食品基地协议》，基地到期须在有效期满前半年内重新申报，逾期未将重新申报的材料递交中国绿色食品发展中心的，视为自动放弃使用"绿色食品基地"名称。

(3) 基地必须严格履行《绿色食品基地协议》 按协议要求，在使用范围内规范使用绿色食品标志。

(4) 严格遵守绿色食品标准 严格按照绿色食品标准的要求进行生产、加工绿色食品，主动接受绿色食品主管部门的监督、检查，配合监督检查的同时要做好自查，以保证绿色食品产品质量。

5. 绿色食品基地监督管理

① 各绿色食品基地管理机构和省级绿色食品委托管理部门，不定期对基地生产者的生产及销售记录进行监督检查、核定。发现不符合绿色食品生产要求时，要督促改正，以保证质量，情节严重且不及时改正者，取消基地生产者的资格。

② 在绿色食品基地有效期内，中国绿色食品发展中心及其省级委托管理机构对其标志使用及生产条件、生产资料等进行监督、检查。检查不合格的限期整改，整改后仍不合格的，自中国绿色食品发展中心撤销其绿色食品基地名称，在本使用期限内不再受理其申请。自动放弃或被撤销绿色食品基地名称的，由中国绿色食品发展中心收回证书和铭牌，并公告于众。

③ 对于擅自将绿色食品标志使用在基地未许可使用标志的产品上，或将绿色食品基地证书及铭牌转让给其他单位或个人的情况，中国绿色食品发展中心和省绿色食品委托管理机构及广大消费者都可以请求当地工商行政管理部门依法处理。

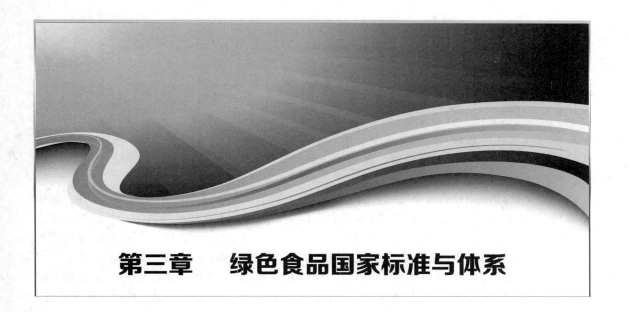

第三章　绿色食品国家标准与体系

第一节　标准化概述

　　绿色食品质量标准体系不仅是对绿色食品产品质量、产地环境质量、生产操作规程、生产资料使用等指标进行规定，更重要的是对绿色食品生产者、管理者的行为进行规定。绿色食品标准对每一种绿色食品产品生产者的生产活动都作了技术性规定，通过规范生产者的技术行为，达到开发绿色食品的目的。因此，绿色食品标准不仅是用来评价、衡量绿色食品产品的技术性尺度，也是评定、监督与纠正绿色食品生产者、管理者技术行为的尺度，具有规范绿色食品生产活动的功能。

一、标准的含义和作用

　　我国国家标准《标准化工作指南 第 1 部分：标准化和相关活动的通用术语》（GB/T 20000.1—2014）中对"标准"给出了如下定义："为了在一定范围内获得最佳秩序，经协商一致制定并由公认机构批准，共同使用的或重复使用的一种规范性文件。"

　　标准是一种特殊的文件，是人们对科学、技术和经济领域中重复出现的事物和概念，结合生产实践，经过论证、优化，由有关各方充分协调后为各方共同遵守的技术性文件，它是随着科学技术的发展和生产经验的总结而产生和发展的。可以说，每项标准都是某个领域科学技术的高度浓缩与概括，是某项生产技术长期经验高纯度的结晶。通过标准，对重复性事物作出统一规定，借以规范人们的工作、生活、生产行为。就生产而言，任何产品都是按照一定的标准生产的，任何技术都是依据一定的标准操作的。离开了标准，就没有衡量质量的尺度，产品和技术的质量就会因为没有比较的基准而无从谈起。

　　市场经济的本质是竞争，竞争的核心是质量，质量的关键在于能否满足用户的需求。产品质量的优劣、合格与否是相对于一定的标准而言的，标准便是质量的"格"，是质量的"规矩"。因此，可以说"没有标准就没有质量"；同时，"质量是执行标准的结果"。产品若没有了质量，在市场经济的竞争中注定将以失败告终。反之，遵循标准、按标准生产和管理，就能够提升产品的质量，提高产品在市场经济中的竞争力。

二、标准化的含义和目的

在《标准化工作指南 第 1 部分：标准化和相关活动的通用术语》（GB/T 20000.1—2014）中，"标准化"的定义是："为了在既定范围内获得最佳秩序、促进共同效益，对现实问题或潜在问题确立共同使用和重复使用的条款以及编制、发布和应用文件的活动。"定义中的所谓"既定范围"，包括经济、技术、科学及管理等社会活动的各个领域，即涉及人类生活和生产活动的各个方面。

标准化的过程是对重复事物和概念通过制定、发布和实施标准，达到统一的过程。标准是标准化活动的核心，通过制定、发布和实施标准，达到对重复性事物的统一。例如，生产绿色食品大米是一项重复性事物，要使千家万户在千差万别的土壤和千变万化的气候条件下，生产活动达到统一，唯一的办法是通过制定、发布和实施标准，统一按标准行事。

标准化活动的目的是"获得最佳秩序和促进共同效益"。所谓"最佳秩序"是指在一定范围、一定条件下，"秩序"井然有序，获得最合理的结果。秩序包括生产秩序、技术秩序、经济秩序、管理秩序等。所谓"共同效益"是指给全社会带来效果和利益。标准化不但会给某个企业、某个单位或局部带来效益，而且会为全社会带来效益。

标准化的重要作用还在于与国际接轨，消除贸易中的技术壁垒，利用标准保护民族产业，维护自己的利益。

三、标准的分级

《中华人民共和国标准化法》（以下简称《标准化法》）将我国的标准分为国家标准、行业标准、地方标准和企业标准，共 4 级。

《标准化法》第六条指出："对需要在全国范围内统一的技术要求，应制定国家标准，国家标准由国务院标准化行政主管部门负责组织制定。"

对没有国家标准而又需要在全国某个行业范围内统一的技术要求，可以制定行业标准。行业标准由国务院有关行政主管部门负责组织制定，并报国务院标准化行政主管部门备案。

对没有国家标准和行业标准而又需要在省、自治区、直辖市范围内统一的产品的安全、卫生要求，可以制定地方标准。地方标准由省、自治区、直辖市标准化行政主管部门负责组织制定，并报国务院标准化行政主管部门和国务院有关行政部门备案。

企业标准是由企业对自己范围内需要协调统一的技术要求、管理要求和工作要求所制定的标准。企业的产品标准须报当地政府标准化行政主管部门和有关行政主管部门备案。

以上 4 级标准之间的关系是：国家标准高于行业标准，在国家标准公布之后，相关的行业标准即行废止。在公布国家标准或者行业标准之后，相关的地方标准即行废止。对已有国家标准、行业标准或地方标准的，国家鼓励企业制定严于国家标准、行业标准或地方标准要求的企业标准，在企业内部使用。

四、标准的分类

标准从法律效力上又可分为强制性标准和推荐性标准。《标准化法》第七条规定："保障人体健康、人身及财产安全的标准和法律、行政法规规定强制执行的标准是强制性标准，其他标准是推荐性标准。"国家质量技术监督检验检疫总局依据《标准化法》作出具体规定，其中要求食品卫生标准、兽药标准、环境质量标准一般划分为强制性标准。下列标准属于强制性标准。

① 药品、食品卫生、兽药、农药和劳动卫生标准。

② 产品生产、贮运和使用中的安全及劳动安全标准。

③ 工业建设的质量、安全、卫生等标准。

④ 环境保护和环境质量方面的标准。

⑤ 有关国计民生方面的重要产品标准等。

强制性标准是具有一定的法律属性、在一定范围内通过法律或行政法规等手段强制执行的标准。例如《中华人民共和国农业部关于国家明令禁止使用的农药和在蔬菜、果树、茶叶、中草药材上不得使用和限制使用的农药》《农业转基因生物安全管理条例》等均属于强制性标准，制定这类法规或法则的目的是为了保障人体健康和动植物、微生物安全，保护生态环境，因此有必要强制执行。

另外，《中华人民共和国产品质量法》第十四条规定，国家参照国际先进的产品标准和技术要求，推行产品质量认证制度。企业根据自愿原则可以向国务院产品质量监督部门认可的或者国务院产品质量监督部门授权的部门认可的认证机构申请产品质量认证。经认证合格的，由认证机构颁发产品质量认证证书，准许企业在产品或其包装上使用产品质量认证标志。可见，企业根据国家有关法律、法规进行产品质量认证，来提高产品质量，促进国际贸易。作为认证用的产品标准，不管是强制性标准还是推荐性标准，对已实行认证的企业就有强制执行性质，企业生产的产品就必须符合该产品标准。当消费者发现购买的有认证标志的产品不符合有关标准时，可以依法要求生产企业赔偿损失。

推荐标准又称自愿性标准，不具有强制性。任何单位和个人均有权决定是否采用，不构成经济或法律方面的责任。然而，推荐性标准一经接受并采用，或各方商定同意纳入经济合同中，就成为各方必须共同遵守的技术依据，具有法律上的约束性。此外，推荐性标准虽是推荐执行，但是执行与否其结果却有很大差异。例如，农业行业标准《绿色食品 产地环境质量》（NY/T 391—2013）是推荐性标准，执行与不执行这类标准关系到产地是否被认定用于生产绿色食品，所生产出来的产品质量能否获得认证。再如，绿色食品《生产操作规程》和《养殖技术规范》都属于推荐性标准，只有执行这类标准，生产出来的产品才有可能经认证成为绿色食品。

企业标准只对本企业是强制性的，对其他企业无约束力。

第二节　绿色食品标准制定

一、绿色食品标准的概念

绿色食品标准是应用科学技术原理，结合绿色食品生产实践，借鉴国内外相关标准制定的，在绿色食品生产中必须遵循、绿色食品认证时必须依据的技术性文件。它既是绿色食品生产者的生产技术规范，也是绿色食品认证的基础和质量保证前提。绿色食品标准是国家的行业标准，是绿色食品生产企业必须遵照执行的标准。对经认证的绿色食品生产企业来说是强制性标准，必须严格执行。

绿色食品标准分为两个技术等级，即 AA 级绿色食品标准和 A 级绿色食品标准。AA 级绿色食品标准要求，生产地的环境质量符合《绿色食品 产地环境质量》，生产过程中不使用化学合成的农药、肥料、食品添加剂、饲料添加剂、兽药及有害环境和人体健康的生产资料，而是通过使用有机肥、种植绿肥、作物轮作、生物或物理方法等技术，培肥土壤、控制病虫草害、保护或提高产品品质，从而保证食品质量符合绿色食品产品标准的要求。在AA级绿色食品生产中禁止使用基因工程技术。A级绿色食品标准要求，生产地的环境质量符合《绿色食品 产地环境质量标准》，生产过程中严格按绿色食品生产资料使用准则和生产操作规程要求，限量使用限定的化学合成生产资料，并积极采用生物学技术和物理方法，保证产品质量符合绿色食品产品标准的要求。

二、制定绿色食品标准的依据

从标准化角度看，要想提高产品质量，首先必须有一个高水平的质量标准。标准是打开市场的关键，产品要靠它所贯彻执行的标准获取通往市场的"通行证"。标准和质量是市场经济体制下关系到商品生产和流通的两个最基本、最活跃的要素。积极采用国际标准和国外先进标准，有利于提高产品质量，增强我国产品在国际市场中的竞争能力，促进企业的技术改造，提高经济效益。我国加入世界贸易组织后，采用国际标准已成为必然趋势。绿色食品所面临的是国内和国际两个市场，根据两个市场的需求水平差异和绿色食品生产技术条件，我国分别制定了AA级和A级绿色食品标准。

制定AA级绿色食品标准的依据是：以我国相关法律法规、标准为基础，参照GB/T 24000～ISO 14000环境管理系列标准、有机农业运动国际联盟（IFOAM）、有机农业和食品加工基本标准、联合国食品法典委员会（CAC）标准、欧盟关于有机农业及其有关农产品和食品条例（第2092/91）、美国日本等国家的有机农业标准，结合我国绿色食品生产技术科技攻关成果，达到国际标准和国外先进标准水平，达到与国外有机食品标准接轨和互相认可的目的。

制定A级绿色食品标准的依据是：以我国国家标准为基础，部分参照国际标准和国外先进标准，能被绿色食品生产企业普遍接受，综合技术水平优于国内执行标准。

三、制定绿色食品标准的基本原则

绿色食品标准从发展经济和保护生态环境相结合的角度规范绿色食品生产者的经济行为。在保证食品产量的前提下，最大限度地通过促进生物循环、合理配置和节约资源，减少经济行为对生态环境的不良影响和提高食品质量，维护和改善人类生存和发展的环境。

为此，制定绿色食品标准的基本原则确定为如下几点。

① 生产优质、营养、对人畜安全的食品及饲料，保证获得一定产量和经济效益，兼顾生产者和消费者双方的利益。

② 保证生产地域内环境质量不断提高，有利于水土资源保持，有利于生物自然循环和生物多样性的保持。

③ 有利于节省资源，其中包括要求使用可更新资源、可自然降解和回收利用材料，减少长途运输，避免过度包装等。

④ 有利于先进的科学技术的应用，以保证及时利用最新科技成果为发展绿色食品服务。

⑤ 有关标准的技术要求能够被验证。有关标准要求采用的检验方法和评价方法不能是非标准方法，必须是国际、国家标准或技术上能保证再现的实验方法。

⑥ 绿色食品的综合技术指标不低于国际标准或国外先进标准的水平。生产技术标准要有很强的可操作性，便于生产者接受。

⑦ 严格控制使用基因工程技术。在AA级绿色食品生产中禁止使用基因工程品种和产品。

四、绿色食品标准的作用

（1）绿色食品标准是绿色食品质量认证和质量体系认证的基础　质量认证是指由可以充分信任的第三方证实某一经鉴定的产品或服务符合特定标准或其他技术规范的活动。质量体系认证是指由可以充分信任的第三方证实某一经鉴定的产品生产企业，其生产技术和管理水平符合特定的标准。由于绿色食品认证实行产前、产中、产后全过程质量控制，同时包含了质量认证和质量体系认证，因此，无论是绿色食品质量认证还是质量体系认证，都必须有适宜的标准作为依据，否则就不具备开展认证活动的基本条件。

（2）绿色食品标准是开展绿色食品生产和管理活动的技术、行为规范　绿色食品标准不仅是对绿色食品产品质量、产地环境质量、生产资料不良反应的指标规定，更重要的是对绿色食品生产者、管理者的行为规范，是评定、监督与纠正绿色食品生产者、管理者技术行为的尺度，具有规范绿色食品生产活动的功能。

（3）绿色食品标准是推广先进生产技术、提高农业及食品加工生产水平的指导性技术文件　绿色食品标准不仅要求产品质量达到绿色食品产品标准的要求，而且为产品达标提供了先进的生产方式和生产技术指导。如在作物生产上，为替代化肥、保证产量，提供了一套根据土壤肥力情况，将有机肥、微生物肥、无机（矿质）肥和其他肥料配合施用的比例、数量和方法；为保证绿色食品无污染、安全的卫生品质，提供了一套经济、有效的杀灭致病菌、降解硝酸盐的有机肥处理方法；为减少化学农药的喷施，提供了一套从整体生态系统出发的病虫草害综合防治技术。在食品加工上，为保证食品不受二次污染，提出了一套非化学控制害虫的方法和食品添加剂使用准则；为保证食品加工生产不污染环境，提出了一套排放处理措施，从而促使绿色食品生产者应用先进技术，提高生产技术水平。

（4）绿色食品标准是维护绿色食品生产者和消费者利益的技术和法律依据　绿色食品标准作为质量认证依据的标准，对接受认证的生产企业来说，属强制执行标准，企业生产的绿色食品产品和采用的生产技术都必须符合绿色食品标准要求，当消费者对某企业生产的绿色食品提出异议或依法起诉时，绿色食品标准就成为裁决的技术、法律依据。同时，国家工商行政管理部门，也将依据绿色食品标准打击假冒绿色食品产品的行为，保护绿色食品生产者和消费者的利益。

（5）绿色食品标准是提高我国农产品及食品质量、促进产品出口创汇的技术目标依据　一个高水平的质量标准是生产出高质量产品的前提。我国绿色食品标准就是以我国国家标准为基础，参照国际标准和国外先进标准制定的、既符合我国国情又具有国际先进水平的标准。对我国大多数食品生产企业来讲，要达到绿色食品标准有一定的难度，但只要进行技术改造，改善经营管理，提高企业素质，一些生产企业生产的食品质量完全能够达到国际市场要求的标准。而目前国际市场对绿色食品的需求远远大于生产，这就为达到绿色食品标准的产品提供了广阔的市场。

绿色食品标准为我国开展可持续农产品及有机农产品平等贸易提供了技术保障依据，为我国农业，特别是生态农业、可持续农业在对外开放过程中提高自我保护、自我发展能力创造了条件。

五、绿色食品管理体系的特点

中国的绿色食品管理体系由四个基本部分组成：质量标准体系、全程质量控制措施、网络化组织系统、科学规范化管理方式。

（1）严密的质量标准体系　绿色食品产地环境质量标准、生产技术标准、产品标准、产品包装标准和贮藏、运输标准构成了绿色食品一个完整的质量标准体系。

（2）全程质量控制措施　绿色食品为了保证产品的整体质量，生产实施"从土地到餐桌"的全程质量控制。在绿色食品开发过程中，生产前由定点环境检测机构对绿色食品产地环境质量进行监测和评价，以保证生产地域没有遭受污染；生产过程中，由委托管理机构派检查员检查生产者是否按照绿色食品生产技术标准进行生产，检查生产企业生产资料的购买、使用情况，以证明生产行为对产品质量和产地环境质量是有益的；产品由定点产品监测机构对最终产品进行监测，确保最终产品质量安全。

（3）科学、规范的管理方式　中国绿色食品实行统一、规范的标志管理，即通过对合乎绿色食品特定标准的产品发放绿色食品的标志，用以证明产品的特定身份以及与一般同类产品的区别。从形式上看，绿色食品标志管理是一种质量认证行为，但绿色食品标志是在国家工商行政管理局注册的一个商标，受《中华人民共和国商标法》严格保护，在具体运作上完全按商标性质处理。因此，绿色食品在认定的过程中是质量认证行为，在认定后是商标管理行为，也就是说，绿色食品标志管理实现了质量认证和商标管理的结合。实现这个结合既使得绿色食品的认定具备产品质量认证的严格性和权威性，又具备商标使用的法律地位。实施绿色食品标志管理不仅可以最大限度地保护广大消费者的权益，而且还可以有效地规范企业的生产和流通行为；不但可以有效地促进企业提高生产状况，生产优质产品，争创名牌，开拓市场，而且极大地促进了绿色食品产业化发展。从另一个角度来看，绿色食品标志的商标注册和规范使用，使绿色食品具有了可识别性。其经济学意义在于：一方面，可识别性使绿色食品再生产过程的内在价值得以体现；另一方面，可识别性使绿色食品再生产过程的内在特征外在化，从而为绿色食品逐步发展成为相对独立的产业创造了条件。

（4）高效的组织网络系统　为了将分散的农户和企业组织发动起来进入绿色食品的管理和开发序列，中国绿色食品发展中心构建了三个组织管理系统，并形成了高效的网络：一是中国绿色食品发展中心在全国各地委托了分支管理机构，协助和配合开展绿色食品宣传、发动、指导、管理、服务工作；二是绿色食品产地环境由中国绿色食品发展中心委托全国各地有省级计量认证资格的环境监测机构负责监测与评价；三是委托区域性的食品质量监测机构负责绿色食品产品质量监测。绿色食品组织网络建设采取委托授权的方式，并使管理系统与监测系统分离，这样不仅保证了绿色食品监督工作的公正性，而且也增加了整个绿色食品开发管理体系的科学性。

第三节　绿色食品标准体系的构成

绿色食品标准体系以全程质量控制为核心，包括绿色食品产地环境质量标准、绿色食品生产技术标准、绿色食品产品标准、绿色食品包装标签标准、绿色食品贮藏运输标准以及其他相关标准等六个部分，它们构成了绿色食品完整的质量控制体系，见图3-1。

一、绿色食品产地环境质量标准

制定绿色食品产地环境质量标准，即《绿色食品 产地环境质量》（NY/T 391—2013）的目的：一是强调绿色食品必须产自良好的生态环境地域，以保证绿色食品最终产品的无污染、安全性；二是促进对绿色食品产地环境的保护和改善。

《绿色食品 产地环境质量》规定了产地的空气质量标准、农田灌溉水质标准、渔业水质

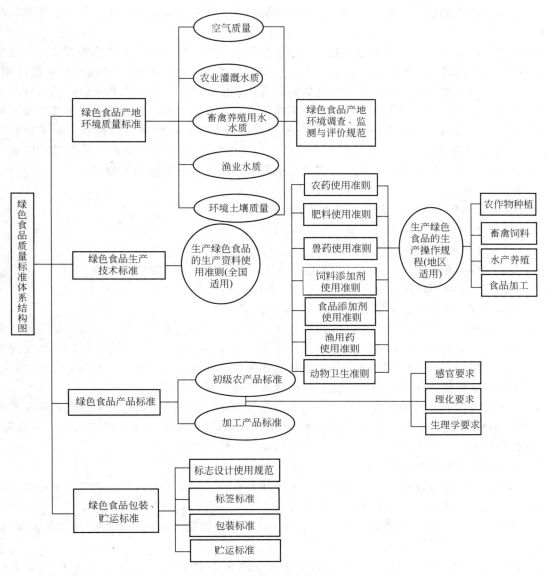

图 3-1　绿色食品质量标准体系框架

标准、畜禽养殖用水水质标准和土壤环境质量标准的各项指标以及浓度限值、监测和评价方法。提出了绿色食品产地土壤肥力分级和土壤质量综合评价的方法。对于一个给定的污染物，在全国范围内其标准是统一的，必要时可增设项目，适用于绿色食品（AA级和A级）生产的农田、菜地、果园、牧场、养殖场和加工厂。

此外，配套了《绿色食品 产地环境调查、监测与评价规范》（NY/T 1054—2013）。《绿色食品 产地环境调查、监测与评价规范》规定了绿色食品产地环境调查、环境质量监测和环境质量现状评价的原则、内容和方法，为科学、正确地评价绿色食品产地环境质量提供了依据。

二、绿色食品生产技术标准

绿色食品生产过程的控制是绿色食品质量控制的关键环节。绿色食品生产技术标准是绿色食品标准体系的核心，它包括绿色食品生产资料使用准则和绿色食品生产技术操作规程两部分。

绿色食品生产资料使用准则是对生产绿色食品过程中物质投入的一个原则性规定，它包括生产绿色食品的农药、肥料、食品添加剂、饲料添加剂、兽药和水产养殖药的使用准则，对允许、限制和禁止使用的生产资料及其使用方法、使用剂量、使用次数和休药期等作出了明确规定。例如，生产绿色食品的农药使用准则规定，在 AA 级绿色食品生产中禁止使用有机合成的化学农药，但允许使用生物源农药和矿物源农药中的硫制剂、铜制剂和矿物油乳剂，在 A 级绿色食品生产中对化学合成农药只允许限量使用限定的品种。下面是中国绿色食品发展中心组织有关部门和专家制定的主要绿色食品生产资料使用准则。

《绿色食品 肥料使用准则》（NY/T 394—2013）

《绿色食品 农药使用准则》（NY/T 393—2013）

《绿色食品 食品添加剂使用准则》（NY/T 392—2013）

《绿色食品 兽药使用准则》（NY/T 472—2013）

《绿色食品 畜禽饲料及饲料添加剂使用准则》（NY/T 471—2010）

《绿色食品 渔药使用准则》（NY/T 755—2013）

《绿色食品 畜禽卫生防疫准则》（NY/T 473—2016）

以上准则规定了生产绿色食品准用、禁用和限制性使用的生产资料，从而为截断生产中的污染源、保证产地和产品不受污染提供了保证。在这些准则中，对允许、限制和禁止使用的物资及其使用方法、使用剂量、使用次数、休药期等作出了明确规定。准则是绿色食品生产、认证、监督检查的主要依据，也是绿色食品质量信誉的保证。

绿色食品生产技术操作规程是以上述准则为依据，按作物、畜牧种类和不同农业区域的生产特性分别制定的、用于指导绿色食品的生产活动和规范绿色食品生产技术的技术规定，包括农产品种植、畜禽饲养、水产养殖和食品加工等技术操作规程。

1. 种植业生产操作规程

种植业生产操作规程是指农作物的整地播种、施肥、浇水、喷药及收获等五个环节中必须遵守的规定，其主要内容如下。

① 植保方面，农药的使用在种类、剂量、时间和残留量方面都必须符合《绿色食品 农药使用准则》。

② 作物栽培方面，肥料的使用必须符合《绿色食品 肥料使用准则》，有机肥的施用量必须达到保持或增加土壤有机质含量的程度。

③ 品种选育方面，选育尽可能适应当地土壤和气候条件，并对病虫草害有较强抵抗力的高品质优良品种。

④ 在耕作制度方面，尽可能采用生态学原理，保持物种的多样性，减少化学物质的投入。

根据绿色食品生产的特殊要求，参考国际有机农业的有关规定，结合我国国情和客观条件，农业部制定了《绿色食品 肥料使用准则》。

《绿色食品 肥料使用准则》规定了生产绿色食品允许使用的肥料有七大类，共 26 种。根据绿色食品的分级标准，相应规定了肥料的两级使用准则。

《绿色食品 肥料使用准则》的特点可以概括为如下两点。

① 有明确的制定原则。保护和促进作物的生长及其品质的提高，不会导致作物产生与积累有害物质，不影响人体健康；有足够数量的有机物物质返回土壤，以保持或增加土壤肥

力及生物活性；对生态环境无不良影响。

②有明确的实施措施。明确规定在 AA 级绿色食品生产中除可使用农家肥料、有机肥料、微生物肥料外，不使用其他化学合成肥料，明确农家肥是绿色食品的主要养分来源等原则。在 A 级绿色食品生产过程中除了可以使用 AA 级绿色食品生产规定的肥料外，还可将有机-无机复合肥料、无机肥料作为辅助肥料使用，用来补充农家肥料、有机肥料、微生物肥料所含养分的不足，也可根据土壤障碍因素，选用土壤调理剂改良土壤。

2. 畜牧业生产操作规程

畜牧业生产操作规程是指在畜禽选种、饲养、防治疫病等环节的具体操作规定，其主要内容如下。

① 选择饲养适应当地生长条件、抗逆性强的优良品种。

② 主要饲料原料应来源于无公害区域内的草场、农区、绿色食品种植基地和绿色食品加工副产品。

③ 饲料添加剂的使用必须符合《绿色食品 畜禽饲料及添加剂使用准则》，畜禽房舍消毒用药及畜禽疾病防治用药必须符合《绿色食品 兽药使用准则》。

④ 采用生态防病及其他无公害技术。

3. 水产养殖业生产操作规程

水产养殖过程中的绿色食品生产操作规程，其主要内容如下。

① 养殖用水必须达到绿色食品要求的水质标准。

② 选择饲养适应当地生长条件、抗逆性强的优良品种。

③ 鲜活饵料和人工配合饲料的原料应来源于无公害生产区域。

④ 人工配合饲料的添加剂使用必须符合《绿色食品 畜禽饲料及添加剂使用准则》。

⑤ 疾病防治用药必须符合《绿色食品 渔药使用准则》。

⑥ 采用生态防病及其他无公害技术。

4. 食品加工业绿色食品生产操作规程

食品加工过程中的绿色食品生产操作规程，其主要内容如下。

① 加工区环境卫生必须达到绿色食品生产要求。

② 加工用水必须符合绿色食品加工用水标准。

③ 加工原料主要来源于绿色食品产地。

④ 加工所用设备及产品包装材料的选用必须具备安全、无污染条件。

⑤ 在食品加工过程中，食品添加剂的使用必须符合《绿色食品 食品添加剂使用准则》。

绿色食品生产技术规程的最大优点是把食品生产以最终产品（即检验合格或不合格）为主要基础的控制观念，转变为生产环境下鉴别并控制住潜在危害的预防性方法，它为生产者提供了一个比传统最终产品检验更为安全的产品控制方法，是绿色食品质量保证体系的核心。

三、绿色食品产品标准

绿色食品产品标准是衡量最终产品质量的尺度，是树立绿色食品形象的主要标志，也反映了绿色食品生产、管理和质量控制的先进水平，突出了绿色食品产品无污染、安全的卫生品质。

绿色食品产品标准是在国家标准的基础上，参照国外先进标准或国际标准制定的。在检测项目和指标上，严于国家标准，主要表现在对农药残留、重金属和有害微生物的检测项目种类多、指标严。对严于国家执行标准的项目及其指标都有文献性的科学依据或理论指导，并进行了科学试验。

绿色食品产品抽样必须按照《绿色食品　产品抽样准则》（NY/T 896—2015）进行。绿色食品产品检验必须符合《绿色食品　产品检验规则》（NY/T 1055—2015）的要求。

四、绿色食品包装标签标准

《绿色食品　包装通用准则》（NY/T 658—2015）规定了绿色食品包装须遵循的原则，包括包装材料选用的范围、种类及包装上的标识内容等。要求产品包装从原料、产品制造、使用到回收和废弃的整个过程都应有利于食品安全和环境保护，包括：包装材料的安全、牢固性，节省资源、能源，减少或避免废弃物产生，易回收循环利用，可降解等具体要求和内容。

绿色食品产品标签，除要求符合国家《食品标签通用标准》外，还要求符合《绿色食品商标标志设计使用规范手册》的要求。取得绿色食品标志使用资格的单位，应将绿色食品标志用于产品的内、外包装。《绿色食品商标标志设计使用规范手册》对绿色食品标志的标准图形、标准字体、图形与字体的规范组合、标准色泽、广告用语及用于食品系列化包装的标准图形、编号规范均作了具体规定，同时列举了应用示例。

五、绿色食品贮藏、运输标准

《绿色食品　贮藏运输准则》（NY/T 1056—2006）规定了绿色食品贮藏、运输的要求，对绿色食品贮藏、运输的条件、方法、时间作出规定，以保证绿色食品在贮藏、运输过程中不遭受污染、不改变品质，并有利于环保和节能。

六、绿色食品其他相关标准

绿色食品其他相关标准包括《绿色食品推荐肥料标准》《绿色食品推荐农药标准》《绿色食品推荐食品添加剂标准》和《绿色食品生产基地认定标准》等，此类标准不是绿色食品质量控制的必需标准，而是促进绿色食品质量控制管理的辅助性标准。

以上标准对绿色食品的产前、产中、产后全程质量控制技术和指标作了明确规定，既保证了绿色食品无污染、安全、优质、营养的品质，又保护了产地环境和合理利用资源，以实现绿色食品的可持续生产，从而构成了一个完整的、科学的标准体系。绿色食品的开发并非自然农业、传统农业的回归，不是简单的不允许使用化肥、食品添加剂，认定其是否是绿色食品必须同时具备以下 4 个条件：①产品或产品原料产地必须符合绿色食品生态环境质量标准；②农作物种植、畜禽饲养、水产养殖及食品加工必须符合绿色食品生产操作规程；③产品必须符合绿色食品质量和卫生标准；④产品的包装、贮运必须符合绿色食品包装、贮运标准。

综上所述，绿色食品标准体系的特点可以概括为如下几点。

（1）制定科学性　绿色食品标准是中国绿色食品发展中心、中国农科院等国内权威技术机构的上百位专家，经过上千次试验、检测和查阅了国内外现行标准而制定的，绿色食品产品标准已作为农业部行业标准颁发。

（2）内容系统性　绿色食品标准体系由产地环境质量标准、生产过程标准（包括生产资料使用准则和生产操作规程）、产品标准、包装标签标准、贮藏运输标准等相关标准组成，对绿色食品生产全过程质量控制技术和指标作了全面的规定。

(3) 指标严格性 绿色食品标准对产品的感观性状、理化性状、生物性状等的要求都严于或等同于现行的国家标准。如大气质量采用国家一级标准，农残限量仅为有关国家和国际标准的 1/2。

(4) 实行全过程质量控制 要求对绿色食品生产、管理和认证进行"从土地到餐桌"的全过程质量控制和行为规范，既要求保证产品质量和环境质量，又要求规范生产操作和管理行为。

(5) 融入了可持续发展的技术内容 绿色食品标准从发展经济与保护生态环境相结合的角度规范生产者的经济行为。在保证产品产量的前提下，最大限度地通过促进生物循环、合理配置资源，减少经济行为对生态环境的不良影响和提高食品质量，维护和改善人类生存和发展的环境。

(6) 有利于农产品国际贸易发展 AA 级绿色食品标准的制度完全符合国际有机农业运动联盟（IFOAM）的标准框架和基本要求，并充分考虑了欧盟、美国、日本等国家的有机农业及其农产品管理条例或法案要求。A 级绿色食品标准的制定也较多地采纳了联合国食品法典委员会（CAC）标准内容和欧盟标准，便于与国际相关标准接轨。

绿色食品标准体系是对中国绿色食品开发实践活动的高度技术理论的总结，是现代科技成果与绿色食品生产经验相结合的产物。同时，也是指导绿色食品事业健康发展的技术理论基础。我们不仅要在绿色食品的开发工作中运用它，而且要在绿色食品的开发实践中应用新的科学技术来丰富和完善它，才能保持绿色食品的生产、管理在农业及食品工业领域内的先进性。

第四章　种植业绿色食品生产技术

　　绿色食品生产过程可概括为"以维护和建设产地优良生态环境为基础，以产出安全、优质产品和保障环境为目标，达到人与自然协调，实现生态环境效益、经济效益和社会效益相互促进的农、林、牧、渔、工（加工）综合发展的、施行标准化生产的新型农业生产模式"。种植业绿色食品生产技术着重围绕控制化学物质的投入，减少对产品和环境的污染，减少资源消耗、加强农业生态系统中物质的多层次利用，形成持续、综合的生产能力，使农业生态系统达到良好生态循环的状态。

第一节　绿色食品的栽培技术

　　绿色食品的栽培技术是在对产地环境条件综合评价的基础上，以优良品种为中心，协调运用水、肥、气、热等因素，采用先进的耕作、栽培技术，建立良好的立地生存条件，使作物（林木、果树、药用作物）生长健壮、抗性提高、病虫减少，减免农药、化肥的残留，实现产品和环境的无污染。其技术体系包括播种、施肥、整地、浇水、管理、喷药、收获、保存等各个生产环节。

一、绿色食品种植的宏观要求

　　① 根据资源的合理利用、生产力合理布局和宜农则农等土地适宜性原则，实行农、林、牧、副、渔综合发展。充分利用农村剩余的劳动力资源开展劳动密集、技术密集的多种经营、多路生产，除生产普通农产品外还生产名、优、特、新、奇、绿的创汇产品，特别是绿色食品，以增加农民收入。

　　② 根据最小水土流失原则，在 15°以上的坡地禁止开荒种地；在砂石裸露地禁止开沙荒、石荒，应退耕还林、还草；在陡坡地修筑梯田；坡地进行横坡打垄、带状沟垄围田；力争降低跑水、跑土、跑肥。

　　③ 根据最大绿色覆盖原则，禁止盲目开荒，盲目毁林开荒、毁草开荒以及开碱荒、开沙荒，要把绿野还给大地。

　　④ 根据用地与养地结合原则，推广生态农业，精耕细作，施有机肥，种植绿肥，以肥

改土、耕作改土和水利改土，改造占 2/3 面积的大面积中、低产田，创造高产、稳产农田，以保证绿色食品生产的高产、稳产。

⑤ 根据农业整体性原则，实行良种、良土、良肥、良管和良策配套，发挥协同效应。

⑥ 根据资源利用与环境保护协调、持续发展原则，保护基本农田不被肆意侵占，保护林地、保护湿地，不搞以破坏资源和污染环境为代价的、不可持续的农业生产。特别是不能过量使用化肥、农药与农膜，污染气、水、土、环境与农产品。

⑦ 保护草原，禁开草原，防止牧地超载、过度放牧、破坏草场，而要实行"草库伦"、轮牧、混种、补种优质牧草，保护黄金草原。

⑧ 为了保护绿色食品生产环境，在实现天然林保护工程和三北防护林工程的基础上，大造农田防护林、水土保持林、防风林、护岸林、固沙林、薪炭林、生物排水林，作为绿色屏障，造缓冲带、造林带、林网、林海，还要保护害虫的天敌。

⑨ 根据水田的环境效应，在有防洪、除涝、灌溉、排水工程等的保证下，适度发展水田，并实施平地方田化、洼地条田化和农田林网化的规范化、现代化栽培。

⑩ 大型国营农、牧、林场，应在环境教育和自然保护中起模范带头作用。

二、绿色食品种植生产的技术措施

1. 良种选育

优良品种在绿色食品生产中起着举足轻重的作用。绿色食品种植生产中由于要求不用或限用化肥和农药，可能会带来一定程度的减产和减收，因此引用高产、优质、抗逆性、抗病性、高光效的优良品种，不仅可以抵御自然灾害的侵袭，而且可弥补上述减产带来的损失。

(1) 良种繁育　加速良种繁育是迅速推广良种、提高生产水平的重要步骤。种子生产基地至关重要，县级绿色食品生产基地要抓好种子田和良种繁育体系的建设，应根据本地生态条件、栽培习惯、技术力量，采用多种繁育方式以加速良种的繁育工作。良种应是纯度高、杂质少、籽粒饱满、生活力强的种子，要健全防杂保纯制度，采取有效的措施防止良种混杂退化，并有计划地做好去杂选优、良种提纯复壮工作。

(2) 良种引种　种植从外地或国外引进的新作物、新的优良品种，供当地生产、推广和应用。引种是丰富当地作物种类、解决当地品种长期种植有可能退化的有效途径。引种时要有明确的目标，要根据当地生产中迫切需要解决的问题，有计划、有目的、有组织地进行，避免重复引种，减少浪费。引种还要根据当地的气候条件、土壤性状等，选择适宜当地生产的品种。最好针对当地病虫害的发生规律、主要病虫害的类型，选用高抗、多抗的优良品种。引种时严格做好品种检疫工作，特别注意防止带有当地检疫对象的种子进入，以防止危险性病虫草害的扩散传播。AA 级绿色食品生产基地严格禁止引进转基因品种。

2. 培育壮苗

(1) 种子处理

① 机械处理：通过机械设备除去种子中夹带的草籽、秕粒等。

② 物理处理：温汤浸种、热水烫种、干热处理等。热水处理可杀死种子表面的病菌，如用 40～50℃ 温水浸泡种子；另外，也可选择晒种的方式，播种前选晴天连续晒种两天。

AA 级绿色食品严禁使用化学物质处理种子。在必须进行种子处理时，要使用规定允许的物质和材料，如各种植物或动物制剂、微生物活化剂、细菌接种、菌根以及物理方法处理种子。

（2）苗期管理

① 种子发芽期注意保温、保湿，使其尽快出苗。齐苗后撒掉地面铺盖的地膜，撒0.5cm 厚的潮细土，防止种子带帽出土及促进根系生长。第 1 片真叶显露后，重点是控制较低的苗床温度和湿度，防止胚轴徒长。叶菜类苗期应适时浇水，及时间苗。

② 幼苗期四叶前完成分苗工作，促进根系生长，分苗前 3～5 天要适当降温炼苗，分苗后提高温度 2～3℃促进缓苗。

③ 定植前炼苗。定植前 10 天左右，给苗床浇一次透水；定植前 5～7 天通风、降温、炼苗，以适应定植后的环境。根据种植作物的生长习性，及时进行中耕、培土、摘叶、清沟排水与遮阳覆盖等。

3. 合理进行土壤耕作

合理耕作也是绿色食品种植生产最主要的增产、保产措施。土壤耕作是通过农业机械和机具作用于土壤，调整土壤下垫面和耕作层、土壤团块和土粒位移和变形，调节土壤的水、肥、气、热状况，为作物提供适宜的土壤环境。

（1）土壤耕作的宏观作用

① 翻转土层，疏松土壤并掩埋地面的根茬、杂草种子、有机肥和绿肥等；有利于杂草、残茬的腐沤和有机肥的保存与分解，使下层土壤熟化。

② 混合土层，使有机肥、绿肥与耕层混合成一体，使土壤营养物质均匀一致。

③ 平整土地，可提高其他农事操作的质量。

④ 开沟起垄，使垄台沥水，垄沟蓄水，防风蚀、抗倒伏。

⑤ 压紧表土，有利于土壤减少水分蒸发；使播种深度一致，使种苗与土密接。

（2）土壤耕作的微观作用 通过机械力，调整耕层结构，有利于有机物的分解及微生物生命活动；有利于养分的有效性；宜耕层结构有利于保土、保水、保肥和保墒、散墒，防止风蚀和水蚀；创造虚实并举的宜耕、适种条件。

耕作项目包括翻、耙、压、松、耢、中耕和免耕等。耕作方法，旱田耕作中有平翻耕法（又称翻地、犁地和耕地）、深松耕法（浅翻深松、垄沟深松）、少耕和免耕耕法以及平整土地、耙地、耢地、中耕、旋耕、垄作等；水田耕作中有翻、耙、耢（耖）、旋耕、深松、免耕等。绿色食品生产根据各耕作措施的作用原理，按作物生长对土壤的要求，灵活地加以利用。

4. 合理实行轮作

轮作是一项使土地用养结合、促进持续增产的措施。

（1）轮作可以调节土壤养分和水分的供应 轮作是因为不同作物对所需的养分种类、数量和时期各有不同。例如稻、麦等禾谷类作物对氮、磷、硅的吸收量大，对钙的吸收量较小；豆类作物对氮、磷、钙的吸收量大，对硅的吸收量较小。不同作物对水分的要求也不同，利用对水分适应性不同的作物轮作，能充分合理地利用全年的自然降水和土壤中储积的水分。

（2）轮作能改善土壤的物理化学性状 由于不同作物根系分布深浅不一，遗留于土壤中的茎秆、残茬、根系和落叶不同，对土壤中养分的补充数量和质量有较大差异，从而影响土壤的理化性状。通过轮作可以相互补充养分，从而改善土壤的物理化学性状。

（3）轮作还可减轻病、虫、杂草的危害 不同作物上病虫杂草的种类和发生数量有很大的差异，病虫杂草的发生与土壤有很大的关系，杂草的根系长在土壤中，种子也掉落在土壤里，通过不同作物的不同生育期可以抑制某些杂草的生长。不少作物有伴生的杂草，如稻田的稗草、麦田的看麦娘、豆类上的菟丝子，通过轮作管理措施的不同，就可控制这些杂草的产生。有些害虫食性较窄，作物轮作后切断了食物源，不利于这些害虫找到寄主。

绿色食品生产应将轮作列入种植制度，根据不同作物进行合理安排，特别是一年生的农田、菜地，更要注意轮作的品种搭配，避免有相同的病虫害发生。

5. 提高复种指数

在同一块地上，一年内种植 2 季或 2 季以上作物的叫复种。在自然条件许可的情况下，绿色食品种植业生产应充分利用农田时间和空间，科学合理地提高复种指数。采取复种方式时，要根据当地的气候条件因地制宜、因时制宜。如日平均气温在 10℃ 以上的、日期在 180～250 天范围内的地区，大田粮食作物可实行一年两熟制；250 天以上的可实行一年三熟制；少于 180 天的只能一年一作。但粮食作物如能与生育期短的蔬菜、饲料作物搭配，在有效积温较少的地区仍能很好地提高复种指数。

复种作物的选择与配置要充分考虑到前茬给后作、复种作物给主作物创造良好的耕作层及土壤肥力条件。例如前茬为豆科植物时，豆科植物对地力要求不高，本身具有根瘤菌可以固定空气中的氮素，收获后其根系和根瘤菌残留于土壤中，既可保留较多的氮素，其根瘤菌在土壤中仍可以起固氮作用，为后作提供氮肥。绿肥可以利用主作物收获后的季节间隙或土地间隙生长，绿肥生育期较短、生长量大，地上部分可作饲料或直接作肥料，地下部分可翻埋入土，为主作物提供绿肥。复种时同期或前、后期的作物不应有共同寄主的主要病虫害，否则会造成交叉感染。一般来说，不同科的植物病虫害种类差异较大，复种时可减少相互为害。

6. 合理间作套种

间作套种是充分利用土地和阳光的一种好方法。尤其是多年生的经济作物，在幼龄期往往土地空隙大，间作生育期短的作物不仅可充分利用土地、增加生产量，还可以减少土地的裸露，保水保肥，熟化土壤；高大的作物下间作矮小的作物也可以充分利用土地和阳光。中国农村有很多传统的间作套种技术，如茶树和果树幼龄期间种豆科植物或红薯、花生；梨树、桃树下间作黄花菜；橡胶树与茶树间作等。

在间作套种时要注意作物群体间的优势互补，使之形成良好的田间生态环境。如玉米间作马铃薯，这是因为玉米秆高、根深，需氮多，而马铃薯株矮、根浅，需磷、钾多，玉米喜光、高温，马铃薯较耐阴凉，间作在一起可利用各自所需的生态环境。选择间作物时可考虑株高一高一低，株型一大一小，根系一深一浅，生长期一长一短，收获期一早一晚的作物相互搭配。但应注意优先保证主作物的生长。

间作套种时还应注意病虫害的发生情况。间作得当可以抑制或减轻病虫害的发生；间作不合理有可能引起病虫害的相互感染，甚至猖獗发生。如高、矮秆作物间作，由于改善了田间通风透气状况，能减轻玉米叶斑病、小麦白粉病的发生；玉米间作菜豆，由于增加了天敌，有可能抑制危害菜豆的叶蝉；而如果果树间作茶叶，两者均为多年生阔叶植物，有很多相同的病虫害，如蓑蛾、刺蛾等多食性害虫会相互侵害，同时果树经常用药，药水会滴落在茶树上，造成茶叶上有农药残留。

7. 肥水管理

(1) 施肥原则 绿色食品种植生产的施肥原则：以有机肥为主，辅以其他肥料；以多元素复合肥为主，单元素肥料为辅；以施基肥为主，追肥为辅；有机肥须经无害化处理并充分腐熟后使用。尽量控制化肥的施用，如确实需要，可以有限度、有选择地施用部分化肥，但应注意遵守以下原则：禁止使用硝态氮肥。化肥必须与有机肥配合施用，有机氮与无机氮比例为 2：1；少用叶面肥；最后一次追施化肥应在收获前 20 天时进行，改撒施为冲施，可使用专用冲施肥。

（2）施肥措施

① 控氮施肥。控制氮肥施用量是控制叶菜类蔬菜硝酸盐含量超标的关键技术。

② 平衡施肥。绿色叶菜类蔬菜的整个生长期需要较多的氮肥，但适当增施磷、钾肥有利于植株抗性的提高。

③ 重视化肥的科学施用。一是禁止施用硝态氮肥；二是控制化肥用量；三是要深施、早施。

④ 施肥因地、因苗、因季节而异。不同的地质、不同的苗情、不同的季节，施肥种类、方法要有所不同。低肥菜地可施氮肥和有机肥以培肥地力。叶菜类蔬菜苗期施氮肥利于蔬菜早发快长。夏、秋季节气温高，硝酸盐还原酶活性高，不利于硝酸盐的积累，可适量施用氮肥。绿色食品种植生产中肥料的使用可详见本章第二节。

⑤ 科学浇水尽量采用地下灌溉，有条件的地方可利用喷灌和滴灌等技术，以节约用水，降低土壤和空气湿度，减轻病虫害。

8. 病虫草害防治

（1）绿色食品种植生产中的病虫害防治原则　坚持预防为主、"综合防治"方针，优先采用农业防治、物理防治、生物防治，配合科学合理地使用化学农药防治。不得使用国家明令禁止的高毒、高残留、高生物富集、高三致（即致畸、致突变、致癌）农药及其混配农药。

（2）绿色食品种植生产中的合理用药原则　一是针对不同的防治对象，选择不同的农药；二是加强对病虫害发生的预测、预报，选择合理的施药时间；三是选择正确的施药方法；四是农药的合理混配和轮流使用；五是掌握施药剂量，提高质量；六是使用农药要结合其他有关的防治方法。

（3）防治措施

① 物理防治

a. 设施防护。保护设施的通风口或门窗处罩上防虫网，夏季覆盖塑料薄膜、防虫网和遮阳网，可避雨、遮阳、防病虫侵入。

b. 诱杀。利用害虫的趋避性进行防治。悬挂黄色粘虫板或黄色机油板诱杀蚜虫、粉虱及斑潜蝇等，糖醋液诱杀夜蛾科害虫，性诱剂诱杀小菜蛾、菜青虫等。

② 生物防治

a. 利用天敌昆虫。如用赤眼蜂防治菜青虫、小菜蛾、斜纹夜蛾、菜螟、棉铃虫等鳞翅目害虫，草蛉可捕食蚜虫。

b. 微生物防治。苏云金杆菌、白僵菌、绿僵菌可防治小菜蛾、菜青虫。

c. 生物药剂防治。农用抗生素可防治霜霉病，植物源农药如印楝素、黎芦碱醇溶液可减轻小菜蛾、甜菜夜蛾、粉虱的危害等，苦参碱、苦株、烟碱等对多种菜虫都有一定的防治作用。

③ 化学防治　种植的绿色食品在病害流行、虫害爆发时可以把使用化学农药防治作为措施之一，要注意科学合理用药，既要防治病虫危害，又要减少污染，把产品中的农药残留量控制在允许的范围内。

a. 正确选用药剂。根据病虫害种类、农药性质，采用不同的杀菌剂和杀虫剂来防治，做到对症下药。所有使用的农药都必须经过农业部登记，不要使用未登记和没有生产许可证的农药，特别是假冒伪劣农药。

b. 禁止使用高毒、高残留农药。

c. 选择高效、低毒、低残留的农药。

d. 掌握施药时机。根据病虫害的发生规律，找出薄弱环节，根据病虫害预报，及时施药。

e. 看天气施药。一般在无风的晴天进行，因为气温对药效有一定的影响。

f. 严格遵守农药安全使用准则。严格掌握安全间隔期；严格按规定施药；遵守农药安全操作规程。

④ 农业综合防治

a. 选用抗病品种，做好种子消毒处理。

b. 播期提前或推迟，避开病虫发生高峰期。

c. 改革耕作制度、合理轮作换茬和间作套种。

d. 深耕晒垡。

e. 合理密植，肥促水控。

(4) 除草技术　禁止使用除草剂，一般采用人工或机械方法除草，主要在叶菜类蔬菜植物生长的前期，及时清除杂草幼苗。在使用含有杂草的有机肥时应使其完全腐熟，从而杀死杂草种子，减少菜田中的杂草种子数量。

第二节　绿色食品生产的肥料使用技术

合理使用肥料是生产绿色食品的重要环节，绿色食品生产中使用肥料时，必须将肥料限制在不对环境和作物产生不良后果、不使产品中有害物质残留积累到人体健康的限度内，满足作物对营养元素的需求并使足够数量的有机物返回土壤中，增加生物体系的生物循环，以保持和增加土壤有机物的含量及生物活性，从而达到减少污染、提高土壤供肥能力的目的，最终使作物达到高产、优质、高效的要求，并形成一个良性生态循环。

一、绿色食品种植生产允许使用的肥料种类及其特点

1. 允许使用的肥料种类

(1) 有机肥　有机肥料是指来源于植物和动物、以提供植物养分和改良土壤为主要功效的含碳物料。通常将可为农业利用的各种天然的有机物质，包括就地积制或直接耕埋的自然肥、多种粪便排泄物、部分垃圾统称为有机肥。有机肥主要为农家肥料，是一切含有有机质的肥料的总称。

根据其来源及积制的方法，大致可分为以下几种。

① 粪尿类：人粪尿，家畜、家禽排泄物，厩肥，海鸟粪及蚕沙等。

② 秸秆类：各种植物的秸秆、残体等通过沤制或沼气发酵而制得。

③ 绿肥：利用栽培或野生鲜植物沤制或直接翻压入土。

④ 杂肥：泥炭、腐殖酸、泥土、草木炭、海肥、河塘泥水或污泥，以及某些工业废渣等。

⑤ 生物肥：靠现代化工艺生产出的有益微生物制剂（菌肥）及生长调节剂等。

(2) 化肥　化学肥料是利用化学方法合成或将矿石直接加工精制而成。可用于绿色食品种植生产的化肥有尿素及其他含氮复合肥（禁止使用硝态氮）；必要时可使用无机矿质肥料：矿物磷肥、煅烧磷酸盐（钙铵磷肥、钙镁磷肥、脱氟磷肥）；碱性土壤可使用粉状硫肥；酸性土壤使用石灰石。也可使用矿物钾肥、矿质磷肥等以及以铜、铁、锌、锰、硼等微量元素

为主配制的微量元素肥料。

(3) 微生物肥料 微生物肥料是指用特定微生物菌种培养生产、具有活性微生物的制剂。它无毒无害、不污染环境。通过特定微生物的生命活力能增加植物的营养或产生植物生长激素，促进植物生长。根据微生物肥料改善植物营养元素的不同，可分以下几个类别。

① 根瘤菌肥料：能在豆科植物根上形成根瘤，可同化空气中的氮气，改善豆科植物氮素营养，有花生、大豆、绿豆等根瘤菌剂。

② 固氮菌肥料：能在土壤中和许多作物根际固定空气中的氮气，为作物提供氮素营养；又能分泌激素刺激作物生长，有自生固氮菌、联合固氮菌等。

③ 磷细菌肥料：能把土壤中难溶性的磷转化为作物可以利用的有效磷，改善作物磷素营养。有磷细菌、解磷真菌、菌根菌等。

④ 硅酸盐细菌肥料：能对土壤中云母、长石等含钾的铝硅酸盐及磷灰石进行分解，释放出钾、磷与其他灰分元素，改善植物的营养条件。有硅酸盐细菌、其他解钾微生物等。

⑤ 复合菌肥料：含有上述两种以上有益的微生物，它们之间互不拮抗，且能提高作物一种或几种营养元素的供应水平，并含有生理活性物质。

(4) 腐殖酸类肥料 腐殖酸类肥料是指泥炭、褐煤、风化煤等含有腐殖酸类物质的肥料。

(5) 半有机肥料 指由有机和无机物质混合或化合制成的肥料。包括：经无害化处理后的畜禽粪便，加入适量的锌、锰、硼、钼等微量元素制成的肥料；发酵废液干燥复合肥料，即以发酵工业废液干燥得到的物质为原料，配合种植蘑菇或养禽用的废弃混合物制成的肥料。

(6) 无机矿质肥料 指矿质经物理或化学工业方式制成、养分是无机盐形式的肥料。包括矿物钾肥和硫酸钾、矿物磷肥、煅烧磷酸盐、石灰石（限在酸性土壤中使用）。

(7) 叶面肥料 喷施于植物叶片并能被其吸收利用的肥料。可含有少量天然的植物生长调节剂，但不含有化学合成的植物生长调节剂。如微量元素肥料和植物生长调节剂。

2. 肥料的使用特点

(1) 有机肥的特点 有机肥种类繁多、营养全面、来源广泛，便于就地取材、就地积制。它具有如下特点。

① 全面性。植物所需的各种营养元素，有机肥都有，而且元素比例适宜。

② 缓效性。各种有机物必须通过微生物分解成无机元素后，才能被植物吸收利用，分解需要一段时间。因此，施有机肥后表现出肥效迟缓、平稳、后劲大等特点，不会出现烧籽、烧苗等现象。

③ 持久性。有机肥的肥效比较缓慢，当季不能用完时，下季仍可继续使用，养分损失少，残留量高，有较长的持久性。从总体肥效来看，往往优于同当量的化肥。

④ 改良品质。使用有机肥，在提高作物产量的同时，可以大大改善农产品质量，提高产品的耐储性，如每公顷施用345kg氮素化肥时，白菜干烧心病的发病率比低氮区高出4～7倍。而在施厩肥的区则发病率极低，甚至不发病，储存4个月后的结果一致。有机质在分解时，生成许多结构复杂、带有多种功能基的复杂有机物，可以大量络合或螯合多种金属离子，降低了重金属离子活性，减少了作物对它们的吸收量，使生产出来的农产品更具安全性。

⑤ 改良土壤。施入土壤的有机质，在微生物及土壤酶的作用下，其分解物能够增加土壤团聚作用。而且形成的团聚体水稳定性较高，可改善植物根系的土壤环境，使土壤与肥料

易于相融，三相（固相、液相、气相）比例更加协调。

⑥ 降低病虫的危害。土壤微生物多需要有机营养，施入有机肥后，土壤中的微生物活性大大增加。另外，有机肥带入的大量腐生型微生物，可以将残留在土壤中的植物病害孢子、虫卵等腐烂消灭掉。在一定程度上减轻了田间病虫草害的发生，还可以降解施入土壤的多种农药，提高产品质量。

（2）化学肥料的特性

① 肥效快。大部分化肥是水溶性和弱酸溶性的，易被作物吸收利用，能及时供应作物所需要的养分，但后劲持续时间不长。

② 肥分单一。除复合肥外，所含养分一般只含"三要素"中的一种，所以化肥又称单质肥或不完全性肥料。

③ 养分含量高。如尿素含氮 45%～46%，硫酸铵含氮 20%～21%，0.5kg 硫酸铵可抵得上 15～20kg 人粪尿的含氮量。

④ 不含有机质。不能直接改良土壤，只能单纯地供给作物养分。

⑤ 具有一定的酸碱性。如硫酸铵为化学酸性、生理酸性肥料；碳酸氢铵为化学碱性、生理中性肥料；硝酸铵为化学中性、生理碱性肥料；尿素为化学中性、生理中性肥料。

缺点：用化学过程削弱生物过程，使土壤板结，降低生物活性。产生盐类聚积危害，即在降水不多或干旱地区，特别是温室、大棚等无自然降水和排水条件下，易发生次生盐渍化。离子之害，即钠、氯、镁、铵、重碳酸、碳酸根、硝酸根、亚硝酸根等离子的高浓度致害。气体之害，即在温室、大棚等封闭条件下，氨溶在薄膜水滴上后 pH 值可达 9～10，亚硝酸的水滴 pH<5，导致酸性与碱性危害。酸化之害，即水解的氢离子可代换钾、钙、铵等离子，被淋溶后酸性化。浓度之害，即化肥用量过大，土壤溶液浓度过高，电导率加大，渗透压增加，影响对水分的吸收。尿素之害，即尿素浓度加大时，它不被土壤粒子所吸附，易于流失，又易于转化为碳酸铵，使 pH 值增高，而氨易变成气体而飞逸或伤害根系；还易于硝化产生硝酸离子，反硝化产生亚硝酸离子，通过食物链进入人体从而致癌；有使土壤有机质暴减，从而降低土壤肥力的副作用；严重地污染大气、水质和土壤，成为环境公害。

（3）微生物肥料的特点

① 提高土壤肥力，减少化肥用量。这是微生物肥料的主要功效。例如各种自生、联合或共生的固氮微生物肥料，可以增加土壤中的氮素来源。多种分解磷、钾矿物的微生物，如一些芽孢杆菌、假单胞菌，可以将土壤中难溶的磷、钾溶解出来，转变为作物能吸收利用的磷、钾元素。由于微生物肥料可以提高土壤中的养分含量，所以在相同地力水平的土壤上施用微生物肥料，可以减少化肥的用量，并且获得等效的增产效果。

② 固定大气氮素供作物利用。微生物肥料中最重要的品种之一是根瘤菌肥。根瘤菌可侵染豆科植物的根部形成根瘤，就可以利用豆科寄主植物提供的能量将空气中的氮转化成氨，进而转化成谷氨酰胺和谷氨酸类等植物能吸收利用的优质氮素，供给豆科植物。根瘤一生中向豆科植物寄主提供的氮素占其一生需要量的 30%～80%，即根瘤菌在根瘤中的生命活动给豆科植物寄主制造和提供了氮素营养来源。

③ 提高农作物吸收营养的能力。VA 菌根是一种土壤真菌，它可与 20 多万种植物根系共生，用 VA 菌根的孢子或浸染 VA 菌根的根组织制成的接种剂接种作物后，其分泌的低分子量有机酸溶解土壤中的难溶性养分，通过萌发的菌丝扩大养分吸收面积，供给植物更多的营养。其中以对磷的吸收最为明显，对在土壤中活动性差、移动缓慢的元素（锌、铜、钙等）也有加强吸收的作用。

④ 分泌生长刺激素。微生物肥料中的一些菌种还可以分泌一些生长刺激素、维生素等，如固氮菌等能够产生多种维生素类物质（生长素、环己六醇、盐酸、泛酸、吡多醇、硫胺素等），以刺激和调节作物生长，使植物生长健壮、营养状况得到改善。

⑤ 增强植物抗病和抗旱能力。有些微生物肥料的菌种接种后，由于在作物根部大量生长繁殖，成为作物根际的优势菌，除了它们自身的作用外，还因为它们的生长、繁殖及产生的抗生素抑制或减少了病原微生物的繁殖机会，有的还有拮抗病原微生物的作用，起到了减轻作物病害的功效。菌根真菌则由于在作物根部的大量生长，其菌丝除了吸收有益于作物的营养元素外，还有增加水分吸收、利于提高作物抗旱能力的功效。

(4) 腐殖酸类肥料的特点　其结构与土壤腐殖质相似。它能促进作物生长发育、提早成熟、增加产量、改善品质。

二、绿色食品生产中肥料使用的基本原则

1. 生产 AA 级绿色食品的肥料使用原则

① 必须选用"AA 级绿色食品生产允许使用的肥料种类"中的肥料种类，禁止使用任何化学合成肥料。

② 禁止使用城市垃圾和污泥、医院的粪便垃圾和含有害物质（如毒气、病原微生物、重金属等）的产业垃圾。

③ 各地可因地制宜采用秸秆还田、过腹还田、直接翻压还田、覆盖还田等形式。

④ 利用覆盖、翻压、堆沤等方式合理利用绿肥。绿肥应在盛花期翻压，翻埋深度为l5cm 左右，盖土要严，翻后耙匀。压青后 15～20 天才能进行播种或移苗。

⑤ 腐熟的沼气液、残渣及人畜粪尿可用作追肥。严禁施用未腐熟的人粪尿。

⑥ 饼肥优先用于水果、蔬菜等，禁止施用未腐熟的饼肥。

⑦ 叶面肥料的质量应符合 GB/T 17419 或 GB/T 17420。按使用说明，在作物生长期内，喷施两次或三次。

⑧ 微生物肥料可用于拌种，也可作基肥和追肥使用。使用时应严格按照使用说明书的要求操作。微生物肥料中有效活菌的数量应符合 NY 884—2012 中的相关技术指标。

⑨ 选用无机（矿质）肥料中的煅烧磷酸盐、硫酸钾时，其质量应分别符合规定的技术要求。

2. A 级绿色食品的肥料使用原则

① 必须选用"A 级绿色食品生产允许使用的肥料种类"中的肥料种类。如"A 级绿色食品生产允许使用的肥料种类"中的肥料种类不能满足生产需要，允许按"A 级绿色食品的肥料使用原则"中 2 和 3 的要求使用化学肥料（氮、磷、钾）。但禁止使用硝态氮肥。

② 化肥必须与有机肥配合施用，有机氮与无机氮之比不超过 1：1，例如施优质厩肥1000kg 加尿素 10kg（厩肥作基肥、尿素可作基肥和追肥用）。对叶菜类最后一次追肥必须在收获前 30 天时进行。

③ 化肥也可与有机肥、复合微生物肥配合施用。厩肥 1000kg，加尿素 5～10kg 或磷酸二铵 20kg，复合微生物肥料 60kg（厩肥作基肥，尿素、磷酸二铵和微生物肥料作基肥和追肥用）。最后一次追肥必须在收获前 30 天时进行。

④ 城市生活垃圾一定要经过无害化处理，质量达到 GB 8172 中的技术要求才能使用。每年每亩（1 亩 ≈ 667m²）农田限制用量，黏性土壤不超过 3000kg，沙质土壤不超过 2000kg。

⑤ 秸秆还田。同"AA级绿色食品生产允许使用的肥料种类"中的3条款，还允许用少量氮素化肥调节碳氮比。

⑥ 其他使用原则，与"AA级绿色食品生产允许使用的肥料种类"中的4～9条款的要求相同。

3. 其他规定

① 生产绿色食品的农家肥料无论采用何种原料（包括人畜禽粪尿、秸秆、杂草、泥炭等）制作堆肥，必须高温发酵，以杀灭各种寄生虫卵和病原菌、杂草种子，使之达到无害化卫生标准。农家肥料，原则上就地生产、就地使用，但不能混进电池、塑料等有害、有毒物质。外来农家肥料应确认符合要求后才能使用。商品肥料及新型肥料必须通过国家有关部门的登记认证及生产许可，质量指标应达到国家有关标准的要求。

② 因施肥造成土壤污染、水源污染，或影响农作物生长、农产品达不到卫生标准时，要停止使用该肥料，并向专门管理机构报告。用其生产的食品也不能继续使用绿色食品标志。

三、绿色食品种植业生产中肥料使用技术

1. 有机肥的施用技术

以作基肥施用为主，生育期长的作物可以作中期埋施，有些秸秆可以作表面覆盖施用。有机肥应经充分沤制再使用，尽量翻埋到土壤里，以促进分解。

(1) 粪尿类有机肥的施用 粪尿肥是人和动物的排泄物，大多带有恶臭、致病菌及各种虫卵等。因此，粪尿类有机肥必须经过较长时间的堆沤、腐熟才能使用。

① 人粪尿的施用。人粪尿是人粪和人尿的混合物，是一种养分含量高、易腐熟、肥效快、增产效果好的优质有机肥料，俗称精肥、细肥。人粪尿适用于各种作物，特别是对叶菜类植物（如白菜、菠菜、甘蓝等）的效果更为显著。由于人粪尿中含有氯离子，对忌氯作物如烟草、红薯、马铃薯等不宜多施。人粪尿适宜于各种土壤，作基肥或作追肥都可以。在旱地作基肥时，无论是泼施、条施或穴施，施后均应盖土，避免氮肥损失，防止烧伤种子或幼苗。作追肥施用时，应根据作物发育阶段、土壤性质和气候条件，注意分次施用，充分发挥肥效。水田施用时应先排水，把人粪尿泼入田中，并结合中耕，施肥后2～3天再灌水。由于人粪尿是含有机质、磷、钾较少而富含氮素的速效肥料，必须配合其他有机肥料（如堆肥、厩肥等）和磷、钾肥料施用。

② 家畜粪尿的施用。家畜粪尿是指家畜（猪、马、牛、羊）的排泄物。家畜粪尿的成分因家畜的种类、大小和饲料的不同而异。一般家畜粪富含有机质和氮、磷，其中以羊粪含量最高，猪粪、马粪次之，牛粪最少；家畜尿富含氮、钾。就肥料本身而言，家畜尿容易分解，如粪、尿分别储存的，尿宜作追肥，粪宜作基肥。但猪的粪、尿通常是混合储存，猪粪碳氮比较小，分解较快，因此，猪粪尿不仅可作基肥，也可作追肥。羊粪、马粪的分解比牛粪快，但分解时发热高，会消耗土壤水分，故不能作种肥或追肥，更不能集中施用，以防烧坏种子和幼苗。从土融性质来看，家畜粪尿和厩肥首先应施用在肥力水平低的土壤中。此外，沙质土壤通透性好，厩肥施用后易分解，对当季作物增产显著，但后效期较短。在冷浸田、阴坡地，宜施用热性肥，如羊粪、马粪，可起到改良土壤和促进幼苗生长的作用。

③ 家禽粪的施用。家禽粪包括鸡粪、鸭粪、鹅粪、鸽粪等。禽粪的养分含量与性质不同于牲畜粪尿，家禽的粪尿是混合排出的，不能分存。家禽是杂食性动物，以虫、谷、菜、草、鱼等为食，饮水较少，故禽粪中的各种养分含量比各种牲畜粪尿都高。在各种禽粪中，

以鸽粪的养分含量最高，其次为鸡粪，鸭粪和鹅粪的含量较低。禽粪中不仅养分含量高，所含氮素形态以尿素态氮为主，虽不能直接被作物吸收利用，但容易分解转化成铵态氮，是一种易腐熟的有机肥料。禽粪在发酵分解过程中产生的热量较高，属于热性肥料。

禽粪适用于各种作物和土壤，不仅能增加作物的产量，而且还能改善农产品的品质，是生产绿色食品的理想肥料。因其分解快，宜作追肥施用，如作基肥可与其他有机肥料混合施用。粗制的禽粪有机肥每公顷用量不超过 3～4t，精加工的商品有机肥每公顷用量 5～10t，并多用于蔬菜等作物。

（2）堆沤肥的施用　厩肥、堆肥、沤肥、沼气肥统称为堆沤肥，是中国农业生产中施用量最多的有机肥料。

①厩肥的施用。厩肥是畜禽粪尿与垫料或有机添加料混合堆沤腐解而成的有机肥料。厩肥的积制方法有两种，圈内和圈外腐解法。一般堆沤 2～3 个月，可达半腐熟状态；3～5 个月可完全腐熟。厩肥的原料和腐熟程度决定厩肥的性质和施用：腐熟程度较差的厩肥可作基肥，不宜作种肥、追肥；完全腐熟的厩肥基本是速效的，可用作种肥、追肥；半腐熟的厩肥深施于沙质土壤上；腐熟好的厩肥宜施于黏质土壤上。从作物种类来看，玉米、马铃薯、油菜、萝卜、麻、红薯等作物可施用半腐熟的厩肥，这类作物生育期长，厩肥在作物生长中被陆续分解。蔬菜等生育期短的作物宜施用腐熟肥。水稻对肥料的利用率低，应施用腐熟的厩肥或粪肥。特别是早稻田一定要施用腐熟肥，否则，肥料在田中分解慢，还可以产生有毒物质，影响秧苗生长。

②堆肥的施用。堆肥是利用作物秸秆、落叶、杂草、泥土及人粪尿、家畜粪尿等各种有机物混合堆积腐熟而成的肥料。堆肥的养分因原料、堆积时间等不同而有异。其组成与厩肥相似，富含有机质，氮、磷、钾含量较为均衡，是对各种作物、各种土壤都适宜的完全肥料。堆肥是迟效肥料，作基肥时需配合一些速效肥施用。腐熟良好的堆肥也可作追肥施用。生育期较长的作物（如玉米、棉花、水稻等）可用半腐熟的堆肥，蔬菜等宜用腐熟的堆肥。沙性土壤宜用半腐熟的堆肥，黏性土应施用腐熟度高的堆肥。施用方法可条施、穴施。大量施用要做到与土壤充分混合，使土肥相融。

③沤肥的施用。沤肥是以作物秸秆、青草、树叶、绿肥等植物残体为主要原料，混合人畜粪尿、泥土，在常温、淹水的条件下沤制而成的肥料。由于沤肥在缺氧条件下进行，养分不易挥发，形成的速效养分多被泥土吸附而不易流失，肥效长而稳定。沤肥在南方多雨地区较普遍，主要品种有凼肥（中国南方一些地区把垃圾、树叶、杂草、粪尿等放在坑里沤制成的肥料）、草塘泥。沤肥是兼有迟效和速效的良好有机肥，它的肥效与猪粪、牛粪相似，肥效较持久，故沤肥多作基肥施用。

④沼气肥的施用。沼气肥的液体部分中含有较多的氨态氮和有效钾，还含有少量腐殖酸和其他可溶性含氮有机化合物。沼气发酵过的熟料，一般呈半流体状态，可作追肥和基肥用。用于旱土时最好沟施，及时盖土。

（3）秸秆类有机肥的施用　秸秆是农作物的副产品，含有较多的营养元素，既可作积制堆沤肥，也可作为有机肥料直接施用。秸秆类有机肥可以采用三种方法还田：一是机械化碾碎，将各种秸秆用机械铡断、粉碎，再施用到农田中；二是"过腹还田"，将有些秸秆做成发酵饲料，喂饲家畜，生产粪肥再还田；三是做成堆肥、沤肥，经过较长时间的堆沤，使其充分腐烂后再施用到农田。

（4）绿肥的施用　绿肥养分全、肥效高。常用的冬季绿肥有紫云英、苕子、草木犀、黄花苜蓿、肥田萝卜、油菜、蚕豆、豌豆，夏季绿肥有田菁、怪麻、绿豆、豇豆，多年生绿肥有紫花苜蓿、紫穗槐、沙打旺，水生绿肥有满江红、水花生、水葫芦、水浮莲等。利用绿肥制造堆肥和沤肥，由于其碳氮比低，促进了微生物的分解，可加速腐烂，提高堆肥和沤肥的质量。如紫云英压青要在鲜草产量和养分含量最高时进行。压青过早，虽植株幼嫩、容易分解，但产量和养分含量低；压青过迟，植株老化、不易分解。当紫云英盛开两盘花、开始第三盘花、下部开始结荚时翻沤最适宜。南方稻田翻压绿肥可适当配施石灰。

（5）饼肥的施用　饼肥是高质量的有机肥料，可作追肥和基肥，施用前先进行粉碎。作基肥时稍作发酵即可施用，在播种前或移栽前1~2周施入土中继续分解。作追肥时必须先进行充分腐熟，施用时不要与种子或植株直接接触，以免发酵产生的高温伤害种子或幼苗。饼肥还可与堆肥、厩肥混合堆沤或者拌在沤肥中沤烂后再施用。

（6）其他有机肥的施用

① 泥炭腐殖酸肥料。泥炭是在高温、通气不良和积水条件下，由死亡的湿生植物经不完全分解累积而成。这类肥料虽然养分少、有效性低，但疏松多孔、吸收性强，可起到改良土壤的作用。这类肥料不宜直接施入农田，可以与菌肥、绿肥、厩肥共同发酵后使用，效果最好。

② 动物性废弃物。即宰杀动物的下脚料、脏器和鱼粉、鸟粪等。根据不同来源，又可分为高氮物质和高磷物质。高氮物质包括干血、肉渣、鱼粉、蹄角等，易于分解腐化，腐熟的肥料性质与化肥相似。高磷物质包括鸟粪、兽角粉等，其磷的有效性低于水溶磷矿粉，在酸性土壤中的使用效果较好。

（7）绿色食品生产中使用有机肥的注意事项

① 所有选用的有机肥种类，应符合《绿色食品 肥料使用准则》（以下简称《准则》）中的有关内容要求。

② 除秸秆还田外，其他多数有机肥应作无害化处理和腐熟后使用，以防止污染土壤和农产品。其腐熟标准按《准则》中的规定执行。

③ 对于一些成分不清楚的、较为复杂的城镇垃圾要慎用。用前应按《准则》中城镇垃圾农用控制标准进行监测评价，不合格者禁止用在绿色食品生产田中。为保证肥料的质量，应有专门部门对使用的肥料进行经常性营养成分检测，同时对一些重金属含量进行检测，以保证在绿色食品生产中使用高效、无污染的优质有机肥。

④ 有机肥可与化肥配合施用，有机氮与无机氮之比以1∶1为宜。

⑤ 除在病虫害发生特别严重的地块外，尽可能避免选择烧灰还田的做法。

⑥ 生产绿色食品的有机肥料，原则上就地积造、就地生产、就地使用。外来有机肥应在确认符合标准后才能使用；商品肥料及新型肥料必须通过国家有关部门的登记认证及生产许可，确认达到绿色食品肥料要求后才能使用。

⑦ 因施肥而造成对土壤、水源的污染，或影响作物正常生长、农产品质量不达标者，要停止这些肥料的施用，并及时向中国绿色食品发展中心及省绿色食品办报告，生产的绿色食品也不能继续使用绿色食品标志。

总之，在绿色食品生产中应用的肥料种类、数量、质量、方法等，都必须严格按照《准则》中的有关规定执行，以保证绿色食品的质量。

2. 无机肥料（包括化学肥料和矿质肥料）的施用

化学肥料是利用化学方法合成或将矿石直接加工精制而成的肥料。生产AA级绿色食品时禁止使用任何化学合成肥料，但在必要的情况下允许使用无机（矿质）肥料，如矿物钾肥、矿物磷肥、煅烧磷酸盐、石灰、石膏等，或使用有机肥与无机肥通过机械混合或化学反应而成的肥料。生产A级绿色食品时可以允许限定（品种）、限量地使用化学肥料，允许使用有机肥中掺含一定比例的化学肥料（硝态氮肥除外）。因此，生产绿色食品需要使用化肥的时候，选用的肥料品种必须达到产品标准及绿色食品生产对肥料规定的卫生标准，使用技术也应严格按照准则执行。要科学施用化肥，科学施肥的方法很多，如有机肥与化肥配合施用、化肥与农家肥混合堆沤、平衡施肥、氮肥深施、测土施肥等。

3. 微生物肥的施用

(1) 根瘤菌肥料 根瘤菌肥料是推广最早、效果显著的一种高效菌肥，可使豆科植物增产并提高土壤中的氮素含量。豆科植物从根瘤菌中得到的氮素营养占其一生中所需氮素营养的 30%～80%。中国目前生产根瘤菌肥料使用的菌种有花生根瘤菌（*Bradyrhizobium* sp. *Arachis hypogaea*）、大豆根瘤菌（*B. japonicum* 或 *Sinorhizobium fredii*）、华癸根瘤菌（*Mesorhizobium huakuii*）、苕子、蚕豆、豌豆根瘤菌（*Rhizobium leguminosarum* bv. *viceae*）、苜蓿根瘤菌（*S. meliloti*）、菜豆根瘤菌（*Rhizobium leguminosarum* bv. *phaseol*）、沙打旺根瘤菌〔*Rhizobium* sp. (*astraglas*)〕等。

根瘤菌肥料常用的剂型主要有粉剂（系草炭、蛭石或其他载体）、液剂、种衣剂 3 种剂型及少数冻干剂。

根瘤菌剂主要用于拌种。其方法是先将菌剂（用量 100～250g/亩）用 250～500g 水调成糊状物，然后将供试作物种子拌入、拌匀，并立即播种，随即覆土。在拌种和播种过程中，勿与农药接触，不要在阳光下曝晒。为了使根瘤菌在土壤中能较快地浸染作物，必须提供足够的磷和中性条件。当土壤 pH 值在 5.2 时，施入的根瘤菌将有 65% 死亡；如果土壤 pH 值小于 4.5，则根瘤菌难以在土壤中存活。因此，对于酸性土壤，在作物种子和根瘤菌剂拌和后，再与泥浆、钙镁磷肥或者石灰等物质拌和，形成丸衣，以利于根瘤菌在土壤中存活。为了提高根瘤菌剂的固氮效果，可用 0.1% 稀土化合物吸附根瘤菌，它能增强根瘤菌的存活率和对寄主作物的浸染结瘤能力，其增产效果高于一般根瘤菌剂。

(2) 磷细菌肥料 磷细菌肥料是一类促使土壤中不能被作物利用的有机态或无机态磷化物转化为有效磷，从而改善作物的磷素营养、促使作物增产的菌肥。磷细菌是可将不溶性磷化物转化为有效磷的某些腐生性细菌的总称。按其对磷的转化作用又分为两类：一类是通过细菌产生的酸使不溶性磷矿物溶解为可溶性的磷酸盐，称为无机磷细菌（分解磷酸三钙的细菌），如氧化硫硫杆菌（*Thiobacillus thiooxidans*）；另一类是通过某些细菌，如巨大芽孢杆菌（*Bacillium megatherrium*）和蜡状芽孢杆菌（*Bacillus cerus*）等产生的一些酸类物质，使土壤中难溶性磷素和磷酸铁、磷酸铝以及有机磷酸盐矿化，形成作物能够吸收利用的可溶性磷，供作物吸收利用，称为有机磷细菌（如分解卵磷脂类的细菌）。

磷细菌肥料可用于各种作物，可作种肥、基肥或追肥，一般用量为 0.5～1.5kg/亩。在实际应用中，宜用在缺磷而有机质较丰富的土壤中，若与磷矿粉混合施用，效果更显著。如果能结合堆肥使用，即在堆肥中先接入解磷微生物，发挥其分解作用，然后再将堆肥翻入土壤，效果更好。一般使用磷细菌肥料的增产效果在 10% 左右。

(3) 钾细菌肥料 钾细菌肥料又称生物钾肥、硅酸盐菌肥，是由人工选育的高效硅酸盐细菌经过工业发酵而成的一种生物肥料。目前已知芽孢杆菌属的一些种如胶质芽孢杆菌（*Bacillus mucilaginosus*）和环状芽孢杆菌（*B. circulans*）等，具有分解正长石、磷灰石，并释放磷、钾矿物中磷、钾元素的作用。生物钾肥的施用，缓解了中国钾肥供应的矛盾，改善了土壤大面积缺钾的状况，促进农业增产，提高了农产品品质。硅酸盐细菌在其生命活动过程中，产生多种生物活性物质，如 HM8841 硅酸盐细菌培养液中含有大量赤霉素（GA3）和细胞分裂素类物质，这些物质可以刺激植物生长发育，同时还可产生抗生素物质，增强植株抗寒、抗旱、抵御病虫害、防早衰、防倒伏的能力，硅酸盐细菌死亡后的菌体物质及其降解物有营养作用。

钾细菌肥料可作基肥、种肥、追肥或用来蘸根，其中以基肥施用的效果最好。作基肥时沟施和条施用量为3～4kg/亩，施用后覆土。若与有机肥料混施，效果更好。保水、保肥较差的土壤，不利于菌剂发挥作用。钾细菌肥料充分发挥作用需要一定的水分。在无灌溉条件下的旱地、岗坡、丘陵地土壤，遇干旱少雨年份，钾细菌肥料中活的硅酸盐细菌不能正常生存，施用钾细菌肥料一般采用局部接种的方法，即施用的菌体细胞在种子或作物根系周围发挥作用。如拌种、蘸根、穴施等都是局部接种的施用技术。但也有的采用基施的方法进行分散接种。

（4）抗生菌肥　抗生菌肥是根据抗生菌生长的要求，利用有机肥料、农副产品以及肥土等配料混合培养而成的，其中包含活的抗生菌及其分泌物质抗生素和刺激素。目前我国作为肥料推广的只有5406抗生菌肥料，它是以细黄链霉菌（*Streptomyces tingyangensis*）为菌种生产的。5406抗生菌肥料具有成本低、肥效高、抗病害、促生长、堆制方法简易、用料就地取材、水田旱地均可使用、对作物无害等优点。5406抗生菌可产生2种抗生素，其中一种能杀灭真菌，另外一种可杀灭细菌。因此，抗生菌肥料能防止水稻烂秧、棉花、小麦烂种，并能减轻水稻纹枯病、白叶枯病、稻瘟病、棉花苗期根腐病、黄萎病、甘薯黑斑病、小麦锈病等的危害。5406抗生菌也能分泌激素物质，且该物质能促进作物生根、发芽和早熟，还能增加叶肉中叶绿素的含量，以及提高酶活性等。同时，5406抗生菌在繁殖中产生有机酸，能将土壤中难溶性磷转化为有效磷，促进作物吸收利用。5406抗生菌肥料可用来浸种或拌种，作基肥或追肥。抗生菌肥料的增产效果，水稻为10%，玉米为10%～20%，蔬菜为20%～30%。

（5）微生物肥料施用的注意事项

① 微生物肥料产品应该有生产许可证号、产品质量检验证，符合国家或行业的标准，包装和标签应完整，使用说明要清楚、明确。

② 微生物肥料的产品种类与使用的农作物应相符。

③ 要在其产品有效期内使用。这里所指的有效期是指在某一时间之前，超过有效期后杂菌数量大大增加，特定微生物数量下降，不能保证其有效菌数。

④ 贮存温度要合适。通常要求微生物肥料产品的贮存温度不超过20℃为宜，4～10℃最佳，开袋后应在短时期内尽快用完。

⑤ 应严格按照使用说明书的要求使用。尽量避免阳光直射，拌种后也不宜存放较长时间，应随拌随用。

⑥ 微生物肥料的配置禁忌。微生物肥料的使用一般应注意避免与造成其特定微生物死亡或降低作用的物质合用、混用。例如一些杀虫剂、杀菌剂要通过试验，证明它们对微生物无杀灭作用后才可合用或混用。不能合用、混用的物质应分开使用。

⑦ 在中、低肥力水平的地区使用效果较好，在高肥力地区使用效果较差。另外应考虑土壤的pH值、作物的种类。最好的办法是在本地区推广使用某一微生物肥料品种前，先进行广泛的试验，切不可盲目引进、盲目推广。

⑧ 微生物肥料（菌剂）中有效活菌的数量应符合液体≥2.0亿个/g（mL），固体剂型≥0.20亿个/g（mL），复合菌剂中每一种有效菌的数量不得少于0.01亿个/g（mL）；无害化技术指标应达到粪大肠菌群数≤100个/g（mL），蛔虫死亡率≥95%，砷≤15mg/kg，镉≤3mg/kg，铅≤50mg/kg，铬≤150mg/kg，汞≤2mg/kg。

第三节　绿色食品生产的农药使用技术

一、绿色食品生产中允许使用的农药种类

1. 生物源农药

生物源农药指直接利用生物活体或生物代谢过程中产生的具有生物活性的物质或从生物体提取的物质作为防治病虫草鼠害的农药。提倡在绿色食品种植生产中合理地广泛使用。

(1) 微生物源农药

① 农用抗生素。防治真菌病害的有灭瘟素、春雷霉素、多抗霉素（多氧霉素）、井冈霉素、农抗 120；防治螨类的有浏阳霉素、华光霉素。

② 活体微生物农药。包括真菌剂，如绿僵菌、鲁保一号；细菌剂，如苏云金杆菌、乳状芽孢杆菌、"5406"、菜丰宁 B1；线虫，如昆虫病原线虫；病虫，如微孢子原虫；病毒，如核多角体病毒、颗粒体病毒。

(2) 动物源农药　包括昆虫信息素（或昆虫外激素），如性信息素；活体制剂，如寄生性、捕食性的天敌动物。

(3) 植物源农药　包括杀虫剂，如除虫菊素、鱼藤酮、烟碱、植物油乳剂；杀菌剂，如大蒜素；拒避剂，如印楝素、苦楝、川Ｉ楝素；增效剂，如芝麻素。

2. 矿物源农药

矿物源农药指有效成分源于矿物的无机化合物和石油类农药。

(1) 无机杀螨杀菌剂　包括硫制剂，如硫悬浮剂、可湿性硫、石硫合剂；铜制剂，如硫酸铜、王铜、氢氧化铜、波尔多液。

(2) 矿物油乳剂　包括石油乳剂，如煤油乳剂、润滑油乳剂。

3. 有机合成农药

有机合成农药是由人工研制合成，并由有机化学工业生产的、商品化的一类农药，包括杀虫杀螨剂、杀菌剂、除草剂，在绿色农业生产上限量使用。

二、绿色食品生产中农药使用原则

1. 绿色食品生产中农药选择的基本原则

① 优先使用植物源农药、动物源农药和微生物源农药。

② 在矿物源农药中允许使用硫制剂、铜制剂。

③ 允许使用对作物、天敌、环境安全的农药。

④ 严格禁止使用剧毒、高毒、高残留或者具有三致（致癌、致畸、致突变）的农药。在绿色食品生产中要禁止使用以下剧毒、高毒和高残留的农药：杀虫脒、甲胺磷、氧化乐果、甲基 1605 和 1059、久效磷、苏化 203、西力生、赛力散、甲基硫环磷、涕灭威、溴甲烷、六六六、DDT、五氯酚钠、敌枯双、三氯杀螨醇、氟乙酰胺、二溴氯丙烷等。

⑤ 如生产中必须使用，允许生产基地有限度地使用部分有机合成化学农药，并严格按照"可限制使用的化学农药"中所列出的执行。

⑥ 应选用"可限制使用的化学农药"中列出的低毒农药和个别中等毒性农药。如需使用"可限制使用的化学农药"中未列出的农药新品种，须报经有关部门审批。

⑦ 从严掌握各种农药在农产品和土壤中的最终残留，避免对人和后茬作物产生不良

影响。

⑧ 最后一次施药距采收间隔天数不得少于"可限制使用的化学农药"中规定的日期。

⑨ 每种有机合成农药在一种作物的生长期内只允许使用一次。

⑩ 在使用混配有机合成化学农药的各种生物源农药时，混配的化学农药只允许选用"可限制使用的化学农药"中列出的品种。

⑪ 严格控制各种遗传工程微生物制剂的使用。

⑫ 应用植物油型农药助剂技术，以减少农药使用剂量。

2. 绿色食品生产中农药使用准则

(1) AA 级绿色食品农药使用准则

① 允许使用植物源杀虫剂、杀菌剂、拒避剂、增效剂，如除虫菊素、鱼藤酮、大蒜素、苦楝素、川楝素、印楝素、芝麻素等。

② 允许释放寄生性、捕食性天敌昆虫，如赤眼蜂、瓢虫、捕食螨、各类天敌蜘蛛及昆虫病原线虫等。

③ 允许在有捕捉害虫设施的条件下使用昆虫外激素，如信息素，或其他。

④ 允许使用矿物油乳剂、植物油乳剂、矿物源农药中的硫制剂和铜制剂。

⑤ 允许有限量地使用活体微生物农药，如真菌制剂、细菌制剂、病毒制剂、放线菌、拮抗菌剂、昆虫病原线虫等。

⑥ 允许有限量地使用农业抗生素，如春雷霉素、多抗霉素、井冈霉素、农抗 120 等对真菌病害进行防治。

⑦ 禁止使用有机合成化学杀虫剂、杀菌剂、杀螨剂、除草剂和植物生长调节剂。禁止生物源农药中混配有机合成化学农药的各种制剂。

(2) A 级绿色食品农药使用准则 允许使用植物源、动物源和微生物源农药。在矿物源农药中，允许使用硫制剂和铜制剂。严格禁止使用剧毒、高毒、高残留和致癌、致畸、致突变的农药。

各类除草剂和有机合成植物生长调节剂，虽未列出禁用原因，但却不能用于绿色蔬菜的生产中。若绿色蔬菜生产中的确需要，可在生产基地有限度地使用部分有机合成化学农药，但必须严格按照规定的方法使用。若选用新研制生产的化学农药，应报经中国绿色食品发展中心审批。在绿色食品生产中还要严格控制各种遗传工程微生物制剂的使用。

三、绿色食品种植生产中农药使用技术

1. 选购合格的农药

① 看农药的"三证"是否齐全，即农药标签上是否有准产证号、产品标准编号、农药登记证号。如缺少三证，就说明不是合格产品，不能购买。

② 看生产日期。正规产品均标有生产日期。一般乳油制剂保质期 2 年、水剂 1 年、粉剂 3 年。未标明生产日期的产品或过期产品不要购买。

③ 看农药的外观。如乳剂有无分层结晶，粉剂是否吸潮结块。好的乳油为均匀透明状态。如乳油出现分层或结晶现象，说明乳化剂已破坏，药瓶底层是原药，使用这种药液会使作物产生药害。粉剂如受潮吸湿结块，说明该粉剂药性可能被分解，药效可能下降，不要购买。

④ 看药瓶标签是否完好，瓶盖是否密封，有无破损。如标签不清、密封不好，也不要购买。

⑤ 购买农药要留好发票、说明书和包装物，待农药使用后无不良后果，再行妥善处理。

2. 农药施用基本方法

根据目前农药加工的剂型种类不同，施药方法也不尽相同，目前常用的方法有以下10种。

(1) 喷粉法 利用机械所产生的风力将低浓度或用细土稀释好的农药粉剂吹送到作物和防治对象表面上，要求喷撒均匀、周到，使农作物和病虫草的体表上覆盖一层极薄的粉药。

(2) 喷雾法 将乳油、乳粉、胶悬剂、可溶性粉剂、水剂和可湿性粉剂等农药制剂，兑入一定量的水混合调制后，即成均匀的乳状液、溶液和悬浮液等，利用喷雾器使药液形成微小的雾滴。近年来，超低容量喷雾技术在农业生产中推广应用，喷药液向低容量趋势发展，节约用水、节省人力，符合节本增效原则。

(3) 毒饵法 毒饵主要是用于防治危害农作物的幼苗并在地面活动的地下害虫。如小地老虎以及家蝇、家鼠等卫生害虫。将该类害虫、鼠类喜食的饵料和农药拌和，诱其取食，以达到毒杀目的。

(4) 种子处理法 种子处理有拌种、浸渍、浸种和闷种4种方法。

(5) 土壤处理法 将药剂撒在土地或绿肥作物上，随后翻耕入土，或用药剂在植株根部开沟撒施或灌浇，以杀死或抑制土壤中的病虫害。

(6) 熏蒸法 利用药剂产生的有毒气体，在密闭的条件下，用来消灭仓储粮棉中的麦蛾、豆象、谷盗、红铃虫等。

(7) 熏烟法 利用烟剂农药产生的烟来防治有害生物，适用于防治虫害和病害。有时鼠害防治也可采用此法，但不能用于杂草防治。

(8) 施粒法 抛撒颗粒状农药，粒剂的颗粒粗大，撒施时受气流的影响很小，容易落地而且基本上不发生漂移现象，特别适用于地面、水田和土壤施药。撒施可采用多种方法，如徒手抛撒（低毒药剂）、人力操作的撒粒器抛撒、机动撒粒机抛撒、土壤施粒机施药等。

(9) 飞机施药法 用飞机将农药液剂、粉剂、颗粒剂、毒饵等均匀地撒施在目标区域内的施药方法，也称航空施药法。

(10) 种子包衣技术 它是在种子上包上一层杀虫剂或杀菌剂等外衣，以保护种子及其后的生长发育不受病虫的侵害。

3. 科学合理施用农药

中国农药使用准则国家标准中对农药的品种（有效成分）、剂型、常用药量、最高药量、施药方法、最多使用次数、最后一次施药与收获的间隔天数（安全间隔期）实施说明和最高残留限量都作了具体规定。要针对病虫草害发生的种类和情况，选用合适的农药品种、剂型和有效成分。要根据规定适量用药，不能随意加大用药量。施药次数多少对作物产品和环境的公害影响很大，不能随意增加施药次数。生产绿色食品都应尽可能减少农药使用的次数。遵守农药使用的安全间隔期，是保证产品中农药残留量低于最大允许残留量的重要措施，应严格遵守。作物产品的采收期，一定要超过农药的安全间隔期，切记在作物，尤其是瓜果、蔬菜采收前不可任意施药。科学合理用药的目标是经济、安全、有效，其具体要求是用药量省、施药质量高、防治效果好、对环境及人畜安全。

(1) 对症下药 按农药防治对象对症下药。防治虫害就用杀虫剂，防治病害就用杀菌剂，防除杂草就用除草剂。农药类别确定后，还要适当选择农药品种，要针对防治对象，选用最合适的农药品种和施药方法。

（2）**适时施药** 掌握病、虫、草在不同生育阶段的活动特性，做好监测预报，适时施药，可以收到事半功倍的效果。同一种害虫，由于生育期不同，对药剂的敏感程度也不同，有时相差几倍甚至几十倍，一般以三龄为分界线，三龄以前耐药力小，三龄后耐药力就大多了。在防治病害时，要及早发现、及早施药，因为大多数杀菌剂是以保护作用为主，用药不及时易造成不必要的损失。

（3）**适量配药** 无论使用哪种农药，都应根据防治对象、生育期和施药方法的不同，严格遵守其使用浓度、单位面积上的用药量和施药次数。

（4）**轮换交替用药** 一种有机合成农药在一种作物的生长期内只允许使用一次。避免多年重复使用同一种药剂，通过轮换使用及混用来避免或延缓抗药性的产生。

（5）**安全用药** 施药过程中必须采取安全措施，保障环境及人畜安全。用药期按照农业部制定的《农药合理使用准则》中不同作物的安全采摘间隔期的有关规定执行。

4. 提高农药施用效果

农药施用效果不仅与农药性能有关，而且与施用技术有很大的关系。

（1）**喷雾水量要充足，喷药要均匀周到** 喷头片孔径 1.3～1.7mm 的工农 16 型喷雾器喷雾，喷水量杀虫用 50～75kg/亩，防病用 75～100kg/亩。适合使用超低容量喷雾技术的要用超低容量喷雾。为把农药有效地施用到作物及有害生物靶标上防治病虫草害，人们采取了多种手段，发展了多种多样的施药技术。

① 低容量喷雾技术。目前中国在病虫草害防治中普遍采用大容量、大雾滴喷雾技术，雾滴平均粒径在 200μm 以上，每公顷施用农药量在 600～900kg，农药流失浪费现象严重。通过喷头技术的改进，使雾滴变细，增加覆盖面积，降低喷药液量，每公顷农药量在 30～300kg，不但节水省力，可提高功效近 10 倍，节省农药用量 20%～30%。

② 静电喷雾技术。通过高压静电发生装置使雾滴带电喷施的方法，药液雾滴在叶片表面的沉积量显著增加，可将农药的有效利用率提高到 90%。

③ 气流辅助喷雾技术。传统液力式喷头的一个不足之处是对众多叶片穿透性差。过去认为在没有风的条件下喷雾可以避免雾滴飘移，但现在认为，当作物植株冠层内的空气流动速度在 1～5m/s 时，更有利于农药雾滴在生物靶标上沉积。气流辅助是用气流的运动把农药吹送到作物株冠层，可以增强农药雾滴对作物株冠层叶片的穿透性，可以增加农药雾滴在植株叶片上的沉积量。采用侧流式风机及在喷雾过程中把果树罩起来的隧道式喷雾机，其农药的有效利用率可高达 90% 以上，但机具造价昂贵。大田喷杆式喷雾机具上安装上"袖套"，用气流强迫农药雾滴进入作物冠层，可以增加雾滴在靶标上的沉积分布，避免小雾滴飘移。机动背负气力式喷雾机采用小型柴油机为动力，用气流把农药液雾化并吹送出去，有效喷幅在 8m 以上，作业效率很高，适合于小型地块田间作业。

（2）**防治稻田害虫的田间要有薄水** 如防治稻飞虱和稻螟虫等害虫时，田里有水，害虫危害水稻的部位就升高一些，增加了农药接触害虫的机会。此外，喷撒的农药落在田水里，害虫转株时跌落在田中，接触有药的田水会中毒而死。一些内吸性农药在田水中被稻根吸收或渗进稻株的茎叶里，并传输到稻株各部位；害虫吃后被杀死。因此，施药时田里有水能显著提高防治效果。

（3）**对准害虫的危害部位施药** 不同的害虫，危害作物的部位不同，对准害虫的危害部位施药，也能提高防治效果。如稻飞虱，主要群集危害稻株中、下部位，喷药时应压低喷雾器头，让药液喷到水稻中、下部。

（4）**高温、高湿天气不施药** 在盛夏，中午太阳下的温度高达 40～50℃，很容易使喷出的农药挥发，不仅减少了作物上的农药量，使防治效果下降，而且，人吸入挥发的农药气体后，也容易中毒。在高湿情况下，作物表皮的气孔大量开放，施药后容易产生药害，也不宜施药。每天下午3点以后至傍晚是叶片吸水力最强的时间，这时施药（尤其是内吸剂）效果最好。

5. 农药混合施用技术

（1）农药混合施用的特点

① 可以防治农作物上同时发生的几种虫害、病害、草害或者病、虫、草都能兼治。

② 对已经产生抗药性的害虫可以获得很好的防治效果，对还没有产生抗性的害虫，又可起到防止或延缓的作用。

③ 有些杀虫剂和杀菌剂的混合可以改进药剂的性能，提高药剂的防治效果。

④ 可以延长药剂的残效期。当乳油和其他剂型混用时，只要乳油不被破坏，一般都能延长药剂的残效期。

⑤ 可以取长补短，发挥药剂特长。

⑥ 可以节省药剂用量，降低防治成本，一般可降低用药量20%～30%。此外，还能简化防治程序，节约用药。

（2）农药的复配施用技术 农药复配混用虽然可以产生很大的经济效益，但切不可任意组合。对此应抱有严肃的科学态度，采用严格的复配混用方法。

目前农药复配混用有2种方法：一种是农药厂把两种以上的农药原药混配加工，制成不同的制剂，实行商品化生产，投放到市场上；另一种是防治人员根据当时、当地有害生物防治的实际需要，把两种以上的农药在防治现场现混现用。

现在农药混合的主要类型有：杀虫剂加增效剂、杀虫剂加杀虫剂、杀菌剂加杀菌剂、除草剂加除草剂、杀虫剂加杀菌剂等。

生产复配制剂也应当像研制一种原药品种一样，必须按照增效性研究、复配工艺研究、复配制剂理化性研究、联合毒性研究、药效试验、分析方法研究和成本分析等程序开展研究，获得肯定的结果以后，方可成为商品，投放到市场上。田间现混现用，也应当坚持先试验后混用的原则。否则，不仅起不到增效作用，还可能产生增加毒性、增加有害生物的抗药性等不良作用。

（3）农药混合施用应注意的问题

① 要明确农药混合使用的目的。农药混合使用主要应达到增效、兼治和扩大防治范围的目的，如不能达到上述目的，就不应混用。否则就会造成浪费，收不到应有的效果，甚至还会造成药害。

② 农药混合后不应发生不良的化学和物理变化。如混合后不被分解，乳油不被破坏，悬浮液不产生絮聚或大量沉淀的现象。

③ 混合后的混合药液（药粉），对作物不应出现药害现象，如出现药害，就不能相互混合使用。各种农药相互混合后发生了化学或物理变化，对作物造成药害，这在无机农药的混用中是比较常见的，尤其应注意。

④ 药剂混合后，应该是提高了混合药液的药效，至少不应降低药效，也就是说，混配后要增效。

⑤ 药剂混合后，其混合液的急性毒性一般不能高于各自原来的毒性，也就是说不能增毒。否则，就不能混用。

四、农药残留量及其危害

农药残留是指农药使用后残存在生物体、农副产品和环境中的微量农药原体、有毒代谢物、降解物和杂质的总称。残存的数量叫做残留量，以每千克样品中有多少毫克表示。农药残留是使用化学农药所不可避免的现象，直接关系到人们的身体健康和生态安全。施用农药后，特别是在苗期施用农药，大部分残留在作物体上，既可黏附在作物表面，也可以渗透到植物表皮蜡质层或组织内部，甚至进入输导组织，转运到各器官。在农药的转运过程中，有的受到外界作用或通过植物体内系统酶的分解，逐渐消失。但对于稳定性高的农药，这种分解速度很慢，即使作物收获后，产品中也常带有微量残留，危害人、畜健康。因此，对于多种农药应在施药后间隔一段时间，达到安全残留量标准后才能收获作物。否则，残留农药的残毒对人、畜会产生直接毒害作用。对作物的污染程度，主要取决于农药本身的性质、剂型、用量、施药方式，以及作物品种特性、外界条件等多种因素。如对 20 多种农药在 60 多种植物上残留试验的调查结果表明，农药剂量相同时，在作物表面上的原始积累依下列顺序递减：牧草叶用植物＞饲料作物＞豆类＞谷类＞水果类。从施药方法上来看，以种子处理或颗粒剂施入土壤中产生的残效期最长，喷雾（粉）的方法较短。前一种方法延长农药的药效，减少对天敌的杀伤作用，但必须要尽可能提前使用，以避免农产品的残留量超标。从剂型上来看，乳剂、油剂不易消失，粉剂最易消失，可湿性粉剂在二者之间。但作物上残留农药的量，主要取决于农药本身的理化性质。如有机磷、氨基甲酸类农药的性质不稳定，易在植物体内分解代谢，残留毒性问题不突出；而像有剧毒性质的内吸剂有机氮农药，如呋喃丹，在作物体内不易分解，在常规农业中限制用于种子处理或苗期施药。对那些毒性大、性质稳定的农药，如西力生、赛力散、六六六、DDT，已禁止生产和使用。这类化学性质稳定或稳定性强的农药，在植物体内及环境中很难分解，半衰期（农药施用后残留量达原药量 1/2 的时间）较长，并能在食物链中不断得到浓缩富集，在人、畜体内累积，造成危害。对于一些本身毒性小但其分解后的产物毒性大、可能产生"三致"的农药，也被列入禁用之列。农药残留的危害主要是对农副产品和环境两个方面。

(1) 对农副产品的危害 在农作物、果树、牧草、蔬菜上违规施药，造成农药在其农副产品中过量残留，若长期食用超过允许残留量的农副产品，就会影响人体健康，甚至发生慢性中毒现象。

(2) 对环境的危害 残留在土壤中的农药，可被作物根系吸收，继而残留在作物中；也可被雨水或灌溉水带入河流或渗入地下水。如涕灭威、克百威等高毒农药在水中溶解度较大，容易被雨水淋溶而污染地下水，因此，在地下水位高的地方要慎用此类农药。残存在土壤中的农药，还可能对后茬作物造成药害。如阿特拉津、磺酰脲和咪唑啉酮类除草剂在土壤中残留时间很长，容易对后茬敏感作物造成药害。

因此，限制农药的残留量，制定农药残留允许标准，是农药使用和管理的有效措施。

五、农药安全间隔期

安全间隔期是指在粮食、果树、蔬菜、烟草等作物上最后一次施用农药后至采收或食用所需要间隔的时间。该间隔期一般是根据农药本身毒性的高低和在作物中残留时间的长短确定的。其目的在于使农副产品中农药的残留量不超过规定的残留限量，保证人畜食用的安全。因此，在采收和食用农产品时，一定要严格按照安全间隔期进行，尤其是喷洒过杀虫剂的果菜，更要注意间隔时间。一般常用杀虫剂在蔬菜上的安全间隔期不能少于 3～7 天，在果树上的安全间隔期不能少于 20～30 天，在水稻上的安全间隔期不能少于 10～30 天。不同农药品种在不同具体作物上的安全间隔期应按照农业部制定的《农药合理使用准则》中有关规定执行。

六、农作物药害、防治及补救措施

1. 农作物药害与防治

农作物药害是指因使用农药不当而引起作物反映出各种病态，包括作物体内生理变化异常、生长停滞、植株变态，甚至死亡等一系列症状。农作物药害依不同症状可分为以下几种类型：斑点、黄化、畸形、枯萎、停滞生长、不孕、脱落、劣果。

引起作物药害的原因多种多样，但最根本的原因是人为因素。对施药技术掌握不够，盲目乱用以致错用农药，或随意提高使用剂量或浓度，在不适宜的作物生育期用药，或使用喷过除草剂后未清洗干净的喷雾器喷施杀虫、杀菌剂，都可造成作物药害。因此，防止药害发生的关键在于科学、正确掌握农药的使用方法，具体要做到如下几点。

(1) 新农药要坚持做到先试验后应用 对以前没有使用过的农药产品，需做适用性和适应性试验，因为地区之间的气候条件、土壤质地、耕作状况、作物品种等不同，这将影响到农药的使用量，尤其是除草剂，北方和南方的用药量相差较大。

(2) 严格掌握农药使用技术

① 选用对口农药。②准确配制农药浓度，称准剂量。③掌握好施药时期。④采用恰当的施药方法。⑤保证施药质量：作物药害与施药质量密切相关，要提高施药质量，在配制农药时要搅拌均匀，拌土时要把农药与土充分混匀后再撒施。喷药时要注意农药溶解均匀后再喷洒，对已分层或沉淀的农药不要使用，以免影响药效或产生药害。

(3) 抓好施药后的避害措施

① 彻底清洗喷雾器，特别是施用某些除草剂后，应彻底清洗喷雾器，以免下次用于防治病虫害时，残余的除草剂对敏感作物产生药害。②妥善处理喷雾余液。施药结束后剩余的药液不可乱倒，以防产生药害。③搞好水浆管理。水田使用除草剂后，要按照药剂的特性做好排灌工作。如施用恶草灵的稻田，要防止大水淹苗产生药害。而丁草胺则要求施药后，保持稻田 3～5cm 水层 5～6 天，这样才能更好地发挥药效和减少药害发生。旱地施用除草剂后，要开好排水沟，特别是盐碱地，更要沟渠配套，排水畅通，达到雨过田干的要求。切不可出现雨后积水现象，以免发生药害。

2. 农作物发生药害后可采取的补救措施

在施用农药后的 1 周内，应经常查看作物生长情况，特别是对施用除草剂和植物生长调节剂的田块，更要仔细检查，以便及早发现药害，及早采取应急措施补救。常用的药害补救措施有以下几种。

(1) 喷水淋洗 如属叶面和植株喷洒后引起的药害，且发现及时，可迅速用大量清水喷洒受害叶面，反复喷洒 2～3 次，并增施磷、钾肥，中耕松土，促进根系发育，以增强作物恢复能力。

(2) 施肥补救 对叶面药斑、叶缘枯焦或植株黄化等症状的药害，可增施肥料，促进植株恢复生长，减轻药害程度。

(3) 排灌补救 对一些除草剂引起的药害，适当排灌可减轻药害程度。

(4) 激素补救 对于抑制或干扰植物生长的除草剂，在发生药害后，可喷洒赤霉素等激素类植物生长调节剂，缓解药害程度。作物产生药害之后，要根据农药种类和作物受害程度，采取综合性补救措施，才能更有效地减少危害，但要避免采取加重药害的措施。

第四节　绿色食品生产中的病虫草害生态控制技术

绿色食品生产中，作物的生长发育会遇到各种病、虫、杂草的危害。要保证作物高产优质，就必须对病、虫、杂草进行有效的防治，其中生态控制技术是绿色食品生产中病、虫、草害防治的重点之一，这对于减少农药污染、生态环境保护与中国农业的可持续发展具有重要的意义。

绿色食品生产中病、虫、草害的生态控制技术，是以农作物及其农田生态系统为研究对象，以景观生态学、群落生态学以及化学生态学为理论指导，综合考虑作物区划、品种布局、间作、套作、轮作等耕作栽培技术和生物防治、抗性品种的选育和利用等植保措施以及水肥管理等农事操作，从生态学角度，探讨农田生态系统中不同生物间相互关系、相互作用和相互制约的内在机制，充分发挥自然控制因素的生态调控作用，创造有利于作物生长和有益生物繁殖，而不利于有害生物发生、发展的农田生态环境，将有害生物持续控制在经济危害水平之下。绿色食品是以生态农业技术为基础，以现代化农业技术为突破口的新型农业产业，生态控制病虫害代表着现代化农业的发展方向及趋势，也符合目前世界范围内提倡的绿色农业的要求，但目前还缺乏详细的理论支持和完善的技术体系。

一、生物防治技术

生物防治是指利用有害生物的天敌，对有害生物进行调节、控制，将农业生产的经济损失减少到最低限度的一种方法。有害生物是指植物的病、虫、草、鼠等，其天敌有益虫、益鸟、益菌等。生物防治领域在不断扩大，近 20 年来，由于病虫防治新技术的不断发展，如利用昆虫不育性（辐射不育、化学不育、遗传不育）及昆虫内外激素、噬菌体、内疗素和植物抗性等在病虫害防治方面的进展，从而扩大了生物防治的领域。所以生物防治分为狭义的生物防治和广义的生物防治。狭义的生物防治，或传统的生物防治，是直接利用天敌来控制病、虫、草害的科学；广义的生物防治，是利用生物有机体或其天然（无毒）产物来控制病、虫、草害的科学，还包括一些农业措施，如物理防治、调动天敌、调节环境及抗性育种等。

1. 植物病害的生物防治

植物病害与 4 方面因素有关，即病原物、寄主；环境条件，如温、湿、光等；生物环境因素（指非病原菌微生物）；植物体本身的抗性（品种、生长时期等）。这些因素的变化、平衡会影响植物病害的发展或不发展、轻与重。

在自然条件下，病原微生物与许多种非病原微生物之间存在着拮抗、竞争关系。生物防治技术就是把自然状态下与病原微生物存在拮抗或竞争关系的极少量微生物，通过人工筛选、培养、繁殖后，再用到作物上，增大拮抗菌的种群量，或是将拮抗菌中起作用的有效成分分离出来，工业化大批量生产，作为农药使用，达到防治病害的目的。前者称微生物农药，后者为农药抗生素。这就是对植物病害生物防治的基本原理。

（1）植物病害拮抗微生物　用于防治植物病害的微生物主要有细菌、真菌、放线菌、病毒等。

① 细菌。已发现有 20 多个属具有与病原微生物拮抗的作用。应用细菌防治害虫最成功的案例，是澳大利亚用土壤中分离出来的放射土壤杆菌 K84 菌株防治桃树等果树及林木冠

瘿病，其防治效果达90％以上。先后在澳大利亚、法国、美国、意大利、新西兰、葡萄牙等10多个国家大面积推广应用成功，被誉为植物病害生物防治的里程碑。中国引进并取得成功的菌种主要有土壤杆菌、假单胞杆菌、芽孢杆菌等。该微生物具有繁殖快、生长周期短、成本低的优点，与病原菌有共同的生态适应性，可以从中提取抗生素。

a. 土壤杆菌。国外最典型的成功先例，是澳大利亚利用从土壤中分离得到的放射土壤杆菌K84菌株，对桃树等果树的林木矮瘦防治效果达90％以上。中国曾引进且自己分离了该菌种，用于杨树、葡萄等的矮瘦病防治，取得了较理想的效果。

b. 假单胞杆菌（*Pseudomonas* spp.）。假单胞杆菌有8个种，其中荧光假单胞菌（*P. fluorescens*）和恶臭假单胞菌（*P. putida*）与植物病害防治有关。

荧光假单胞菌对多种植物的病害具有防治作用。它首先在植物根际定殖，然后靠嗜铁素对铁离子的竞争和抗生素的拮抗作用抑制病原菌的生长发育，保护植物体免受病菌危害。荧光菌在根际的定殖能力与它同根系分泌物的凝集能力有关，与它在根表的短期不可逆吸附也有一定关系。从镰刀菌（*Fusarium* spp.）抑病土壤中分离出来的恶臭假单胞菌等能将诱病土壤转变为抑病土壤，能抑制镰刀菌厚垣孢子的萌发。近年来，利用荧光假单胞菌防治植物病害的例子越来越多，如防治棉花立枯病、棉花粹倒病、小麦根腐病、烟草黑胫病以及水稻鞘腐病等，表明利用一种微生物防治植物病害是完全可行的。

c. 芽孢杆菌。目前研究较多的是枯草芽孢杆菌（*Bacillus subtilis*），其次是蜡质芽孢杆菌（*Bacillus cereus*）。1995年，江苏省农科院植保所通过筛选大量土壤拮抗微生物而获得一种土壤枯草芽孢杆菌拮抗菌B-916，其生物发酵液能有效地控制水稻纹枯病和稻曲病。河南省农业科学院植物保护研究所从郑州苹果园中分离得到枯草芽孢杆菌拮抗菌B-903，其代谢产生的抗菌物质对多种植物病原真菌，尤其对多种镰刀菌引起的土传病害有强抑制作用，显示了良好的潜在应用前景。王雅平等从丝瓜根际分离到一种枯草芽孢杆菌TG26，活菌体及其发酵粗蛋白对包括水稻稻瘟病菌、玉米小斑病菌、小麦赤霉病菌等13种病原真菌及烟草青枯病原细菌等有很好的抑制作用。1993年，西南农业大学从水稻稻株上分离获得一株蜡质芽孢杆菌R2，其对水稻纹枯病菌的拮抗性和防病效果良好。

② 真菌。真菌的数量很多，现筛选出的真菌，主要有重寄生真菌、低毒力真菌等，主要包括木霉菌和食线虫真菌。

a. 木霉菌（*Trichoderma* sp.）。木霉是一类较理想的生防益菌，分布广泛，易分离和培养，可在许多基物上迅速生长，对多种病原菌有拮抗作用，是目前研究和应用最多的一类生防菌。目前有关报道认为木霉生防机制有竞争、抗生和重寄生三方面。目前涉及的木霉种有哈茨木霉、康氏木霉和哈马木霉。

ⅰ. 哈茨木霉（*Trichoderma harzianum*）。李良于1977年从水稻叶面分离得到哈茨木霉（即木霉82），经拮抗作用测定，发现其对白绢病菌（*Sclerotium rolfsii*）菌丝有很强的溶解作用，对菌核有寄生作用。徐同等采用平板对峙法测定，发现哈茨木霉T82菌株对白绢病菌、立枯丝核菌（*Rhizoctonia solani*）、瓜果腐霉（*Pythium aphanidermatum*）、刺腐霉（*P. spinosum*）和尖孢镰刀菌（*Fusarium axysporum*）有较强的拮抗作用。

ⅱ. 康氏木霉（*Trichoderma koningii*）。路炳声分离到一株康氏木霉，其对棉花立枯菌的抑制作用很强。木霉与麦麸等原料混合制成菌剂，经田间小区试验得出其对棉苗立枯病情指数减轻了63.4％。

ⅲ. 哈马木霉（*Trichoderma hamatum*）。唐文华等从北京田园土中分离得到一株哈马木霉，其对小麦纹枯病有较好的防治效果。

b. 食线虫真菌。食线虫真菌主要包括捕食线虫真菌、内寄生真菌、产毒素杀线虫真菌和定殖于固着性线虫、卵、雌虫、胞囊的机会病原真菌4大类。目前全世界报道的食线虫真菌类有400多种，中国报道的种类有163种。刘杏忠在东北用淡紫拟青霉（*Pacilomyces lilacinus*）防治大豆胞囊线虫，推广12000hm^2，平均防效达60%。张克勤等从云南筛选出一株厚垣孢轮枝霉（*Verticillium chlamydosporium*）ZK7，推广5000hm^2，对烟草根结线虫的防效平均达60%左右。

③放线菌。放线菌用于生物防治有许多成功的实例。中国在20世纪50年代时从苜蓿根系获得5406放线菌，试验后用于防治棉花病害、水稻烂种、小麦烂种等多种病害，取得显著效果。农用链霉素是放线菌的代谢物，直接应用链霉素的优点是可以与大量培养结合起来，进行土法生产，以及使用后可以不断繁殖，从而提高了防治效果和持效期；主要缺点是链霉素生长较慢，不容易在群体上占据优势。

④病毒。其原理是利用交叉保护防治病毒及用真菌传带病毒防治真菌。比较典型的例子是在巴西用高压枪将弱毒的柑橘速衰病毒接种在柑橘苗上，使其本身产生抗体，从而有效地保护近亿株的柑橘苗免遭柑橘速衰病毒的危害。中国也曾用该方法，用番茄花叶病毒弱毒株N11、N14大面积防治花叶病毒。目前应用成功的例子多限于一些经济价值高的作物上，农田应用的较少。

（2）农用抗生素　抗生素是生物（包括微生物、植物、动物）在其生命活动过程中所产生的次级代谢物，能在低微浓度下有选择地抑制或影响其他的生物机能。中国的农用抗生素研究起步于20世纪50年代，经过几十年的研究，取得了很大的成就，开发和应用了井冈霉素、农抗120、内疗素、公主岭霉素、多效霉素、春雷霉素、多抗霉素、中生菌素等抗生素。

①井冈霉素。井冈霉素产生菌是从中国井冈山的土壤中分离出来的吸水链霉菌（*Streptomyces hygrospinosus*）的一个变种，于20世纪70年代开发成功，经久不衰，至今仍是防治水稻纹枯病的当家品种，使用面积达2000万公顷，并在原有水剂基础上，开发出高含量的可溶性粉剂，使用面积有进一步的增加。井冈霉素具有以下特点：药效高，施药量为45～75g/hm^{2}时可达到90%以上的防治效果；持效长，一次用药能保持14～28天的防治效果；有治疗作用，水稻发病后治疗效果尤为明显；增产效果显著，平均每公顷增产550.5kg。

②农抗120。120抗生素的产生菌是刺孢吸水链霉菌北京变种（*Streptomyces hygrospinosus beijingensis*），是从北京的土壤中分离获得的。该抗生素的主要组分为下黑霉素（harimycin），其次是潮霉素B（hygromycin B）和星霉素（asteromycin）。农抗120对瓜、菜枯萎病、小麦白粉病、小麦锈病、水稻纹枯病、番茄早疫病、番茄晚疫病等均有很好的疗效，防治效果均在70%～90%。

③内疗素。内疗素的产生菌是刺孢吸水链霉菌（*Streptomyces hygrospinosus*），是从海南岛的土壤中分离获得的。1～10mg/L的内疗素即能抑制多种致病真菌的生长，但对多种细菌没有抑制效能。内疗素防治谷子黑穗病的平均防效达95%以上。此外，内疗素也能有效地防治红麻炭疽病、甘薯黑斑病、橡胶白粉病、白菜霜霉病等。

④多效霉素。多效霉素的产生菌是不吸水链霉菌白灰变种（*Streptomyces ahygroscopicus* var. *incanus*），是从中国广西的土壤中分离得到的。它含有B、C、D、ES等多种抗生素，对多种植物病原真菌、细菌和线虫等均有抑制和杀伤作用，因其有效成分多、防治范围广，故称为多效霉素。多效霉素对橡胶溃疡病有很好的防治效果，防效为80%～90%。对红麻炭疽病、苹果树腐烂病、柑橘树流胶病、水稻纹枯病、黄瓜霜霉病、甘薯线虫病等均有

良好的防治效果。

⑤ 公主岭霉素。公主岭霉素的产生菌是不吸水链霉菌（*Streptomyces ahygroscopicus*）公主岭变种，是从中国吉林公主岭的土壤中分离得到的。公主岭霉素的主要成分为脱水放线酮、异放线酮、奈良霉素-B、制霉菌素和苯甲酸等五种。其中以放线酮类活性较高，其次是制霉菌素，苯甲酸活性最低。公主岭霉素对种子表面带菌的小麦光腥黑穗病、高粱散黑穗病和坚黑穗病、谷子和糜子黑穗病等的防病效果一般在95%以上，同时对土壤传染的高粱和玉米丝黑穗病也有一定的防治效果。

⑥ 春雷霉素。春雷霉素是中国科学院微生物所1964年从江西省太和县的土壤中分离得到的一株金色放线菌产生的抗生素。春雷霉素对稻瘟病菌、绿依杆菌和少数枯草芽孢杆菌有很强的抑制作用。防治稻瘟病的使用浓度为40mg/L。

⑦ 多抗霉素。多抗霉素是中国科学院微生物所1967年从安徽合肥市郊区菜园土壤中分离到的一株放线菌产生的抗生素。多抗霉素具有广泛的抗真菌谱，能用来防治烟草赤星病、番茄灰霉病、黄瓜霜霉病等多种病害。

⑧ 中生菌素。中生菌素产生菌是中国农科院生物防治所从海南的土壤中分离得到的。中生菌素各组分均为左旋化合物，属于N-糖苷类抗生素，是一种多组分碱性水溶性物质。各组分均对革兰氏阳性细菌、革兰氏阴性细菌、分枝杆菌、酵母菌及丝状真菌有抗菌作用。中生菌素对水稻白叶枯病、大白菜软腐病、十字花科黑腐病、十字花科角斑病有良好的防效，喷药两次防效达80%以上。

此外，在我国农业上推广应用的抗生素还有武夷霉素、浏阳霉素、庆丰霉素、科生霉素、农抗101、农抗11874、农抗86-1等。

总之，病害生物防治主要用于防治土传病害，也用于防治叶部病害和采后贮藏病害。由于生物防治效果不够稳定，适用范围较狭窄，生物防菌地理适应性较低，生物防制剂的生产、运输、贮存又要求较严格的条件，其防治效益低于化学防治，现在还主要用作辅助防治措施。

2. 作物虫害的生物防治

(1) 以虫治虫 以虫治虫是有害生物防治中最早使用的技术。它主要是根据生态学原理，通过引入和人工大量繁殖害虫的天敌，用寄生或捕食的方法进行害虫防治。要达到以虫治虫的效果，就应注意保护和利用好当地自然的天敌昆虫，也可通过人工繁殖和释放天敌昆虫或从外地引进外来天敌昆虫等。

① 益虫的类群。益虫的种类按其作用方式可分为寄生性天敌、捕食性天敌两大类。

a. 寄生性天敌。寄生性天敌昆虫种类繁多，占全世界已定名昆虫种类的15%，归属于5目91科。多数寄生蜂集中于5个目，即膜翅目（寄生蜂）、双翅目（寄生蝇）、捻翅目、鞘翅目和鳞翅目。其中寄生性膜翅目昆虫即寄生蜂是一类十分重要的天敌，不论在害虫生物防治利用的天敌种类方面，还是在害虫自然控制上所起的作用方面，都是首屈一指的。在害虫生物防治上成功利用的寄生蜂，其主要种类有：赤眼蜂、平腹小蜂、金小蜂、姬小蜂、缨小蜂、螯蜂、广腹细蜂、蚜小蜂、跳小蜂、姬蜂、绒茧蜂、蚜茧蜂、黑卵蜂等。

b. 捕食性天敌。包括昆虫类、蜘蛛类及捕食螨类。捕食性天敌昆虫类群众多，分别属于14目、167科（常利用、效果较好的有8目、15科），其中鞘翅目（步甲科、虎甲科、瓢甲科、萤甲科等）、脉翅目（草蛉科、蚁蛉科）、膜翅目（胡蜂科、土蜂科、泥蜂科等）、双翅目（长吻芒科、食蚜芒科、食蚜蝇科）、半翅目（猎蝽科）的种类在害虫生物防治上是重要的，而蜻蜓目、螳螂目和脉翅目的全部种类均是捕食性的天敌。目前研究较多或利用面积较大的有澳洲瓢虫、大红瓢虫、孟氏隐唇瓢虫、七星瓢虫、龟纹瓢虫、异色瓢虫、深点食螨瓢虫、中华草蛉、大草蛉、晋草蛉、亚非草蛉等。

捕食螨类范围广泛，种类繁多，主要有 9 个科，即植绥螨科、囊螨科、镰螯螨科、吸螨科、绒螨科、赤螨科、大赤螨科、肉食螨科和长须螨科。其中以植绥螨科和长须螨科的种类报道较多，包括植绥螨科的西方盲走螨、智利小植绥螨、尼氏钝绥螨、纽氏钝绥螨；长须螨科的具瘤长须螨，并已进行繁殖利用。

中国稻田蜘蛛资源十分丰富，约 120 种，它们分布在稻株上、中、下三层，有布网的，也有不结网过游猎生活的，捕食飞虱、叶蝉、螟虫、纵卷叶螟、稻苞虫等。病害发生量最大的稻田蜘蛛主要是分布在稻株中、下层的环纹狼蛛、拟水狼蛛、草间小黑蛛、八斑球腹蛛等，常占蜘蛛总量的 80％左右，是控制费虱、叶蝉的重要天敌。棉田蜘蛛 130 余种，常见的有 25 种以上，常年以草间小黑蛛、T-纹豹蛛和三突花蛛最多，是控制棉田害虫的优势种群。

② 益虫的保护利用。保护和利用本地自然天敌昆虫较易实施，但由于各种因素的干扰，常不能充分发挥其抑制害虫的作用。可通过改善或创造有利的环境条件，促进天敌繁殖发展，以充分发挥其防治的潜力。直接保护天敌的方法比较简单，如将稻区采得的稻螟虫卵块放于寄生蜂保护器内，保护卵寄生蜂羽化，再飞回田间，可提高螟虫卵的寄生率。又如对捕食蚜虫的七星瓢虫实行室内保护，降低其越冬死亡率，翌年再释放到田间。在果园、茶园行间铺盖稻草，以保护天敌越冬越夏。间接保护天敌的方法是应用农业技术措施保证天敌昆虫有足够的营养，减少死亡率，提高寄生率，增加天敌数量，以及尽量减少化学农药的使用或选择对天敌杀伤力弱的无公害生物制剂，避免对天敌的杀伤作用。

③ 益虫的繁殖和释放。大量繁殖与散放天敌昆虫是利用本地天敌的一种方法。通过大量繁殖与散放可以增加天敌的数量，特别是在害虫发生危害的前期，天敌的数量往往较少，不足以控制害虫的发展趋势，这时补充天敌的数量，常可收到较显著的防治效果。天敌的引进也同样要求解决大量繁殖的技术问题。天敌引进后要求隔离饲养若干世代，避免引入重寄生种类及其他有害种类，同时获得足够的数量以供散放。关键技术是选择适宜的转换寄主、合适的释放时间，以及释放方法和释放量、释放前的保存方法和防止生活力退化等。

天敌大量繁殖的基本方法包括：利用天敌的自然寄主或猎物繁殖天敌、利用替代寄主或猎物繁殖天敌、利用半合成人工饲料培养寄主和利用半合成人工饲料培养天敌。

④ 益虫的引进。引进天敌防治害虫已成为害虫防治的一个重要领域，特别是在害虫原产地引进天敌防治新侵入害虫，被认为是一项非常有效的措施。引进瓢虫防治粉蚧和绵蚧成功的事例较多。美国 1888 年从澳大利亚引进澳洲瓢虫，在加州成功地解决了吹绵蚧的危害。随后，引进到北半球的其他各国，也引入非洲和南美，其在热带、亚热带均能定殖，在吹绵蚧的防治上取得成功。澳洲瓢虫 1955 年引入广东，解决了吹绵蚧的危害。美国也曾从澳洲引入孟氏隐唇瓢虫，从非洲引入弯叶毛瓢虫对各种粉蚧和绵蚧起重要的控制作用。孟氏隐唇瓢虫于 1955 年引入广东，对各种粉蚧和绵蚧也起明显的控制作用。

1979 年以来，由中国农科院生防研究室负责中国害虫天敌的引进工作，因此大大加速了从国外引进天敌的进程，到目前为止，中国已与 20 多个国家开展了天敌交流，引进天敌 200 种次，输出天敌 150 种次。其中已显示良好效果的有丽蚜小蜂、西方盲走螨、智利小植绥螨、黄色花蝽、苏云金杆菌戈尔斯德亚种 HD-1 等。如 1979 年从英国、瑞典引入北京的丽蚜小蜂，1983 年已在 360 间温室进行试验，并成功地控制了温室白粉虱的危害，目前已在北京、天津、辽宁等省市推广。1983 年从美国引入广东、吉林、江苏的欧洲玉米螟赤眼蜂防治玉米螟和蔗螟，也已取得显著的成效。1989 年从日本冲绳引入广东的花角蚜小蜂防治松土圆蚧，目前应用面积达 930 多万亩，获得明显的成功。

⑤ 以虫治虫的成就。近几十年来，中国在以虫治虫方面取得了举世瞩目的成就。除保存利用田间天敌、人工繁殖并定期释放天敌即从国外引进、驯化、繁殖天敌外，还研究定向选育良种天敌。工作的重点是本地天敌的利用，如赤眼蜂、平腹小蜂、金小蜂、草蛉、七星瓢虫等，引进澳洲瓢虫、苹果蚜小蜂、粉虱匀鞭蚜小蜂、智利小枝螨、西方芒走螨等，均取得显著成效。中国在赤眼蜂繁殖利用、防治面积及效果、人工繁殖技术、日繁殖量和中间寄主等方面均居世界先进水平。在"九五"期间，中国北方地区应用赤眼蜂防治害虫面积达193.3 万公顷，其中用于防治玉米螟的面积达 66.6 万公顷。中国广东及南方各省区用赤眼蜂防治水稻纵卷叶螟，华中和华南地区用赤眼蜂防治松毛虫和舞毒蛾，河南省利用瓢虫和草蛉防治棉铃虫，华南、华中和华东地区用肉食螨防治多种害螨，湖南和江苏在稻田进行人工保护蜘蛛为主的生物防治，均取得很大成功。

(2) 以菌治虫 引起昆虫致病的微生物有细菌、真菌、病毒、立克次体、原生动物和线虫等。利用这些病原微生物或其产物防治农业害虫，是害虫综合防治的一个重要组成部分。目前国内外使用最广的是细菌、真菌和病毒，其中有些种类已成功地用于害虫的防治，获得了巨大的经济效益和良好的环境效益。

① 细菌杀虫剂。细菌的种类很多，已发现的约有 2000 种，从昆虫体内分离出来并能使昆虫发病的细菌有 90 多个种或变种。利用昆虫病原细菌防治害虫是微生物治虫的重要方面，特别是苏云金杆菌，其使用量最大，防治面积最广，防治效果较好，成为当前开展害虫无公害防治中的新措施。

苏云金杆菌 (*Bacillus thuringiensis*，Bt) 是微生物治虫中应用最为成功的一例，它具有比其他微生物农药杀虫速度快、治虫范围广、杀虫效果较稳定及受环境影响较小等特点。苏云金杆菌菌体或芽孢被昆虫吞噬后在中肠内繁殖，芽孢在肠道中经 16～24h 萌发成营养体，24h 后形成芽孢，并放出毒素。苏云金杆菌可产生 2 种毒素：伴孢晶体毒素和苏云金素。昆虫中毒后先停止取食，然后肠道破坏乃至穿孔，芽孢进入血液繁殖，最后昆虫因饥饿衰竭和败血症而死亡。哺乳动物和鸟类胃中的酸性胃蛋白酶能迅速分解苏云金杆菌的 2 种毒素，因此人、畜和禽鸟误食苏云金杆菌不会中毒，更不会死亡。

近几十年来，世界各国从鳞翅目幼虫中分离与苏云金杆菌相类似的各个变种和新种，有的已作为细菌农药的生产菌株，有的则作为新菌株保存。中国 20 世纪 50 年代末开始生产Bt（青虫菌），70～80 年代在研究和应用方面均得到迅速发展，至 1990 年年产量超过1500t，而近几年已超过万吨。自进行病虫害的综合防治以来，尤其是在"无公害蔬菜"生产试验中，Bt 已成为主要的生物杀虫剂，防治面积超过百万亩。主要的生产菌种有 HD-1（从美国引进）、青虫菌（从前苏联引进）、7216 菌（湖北天门县生防站培养）、8010（福建农学院植保系培养），产品有粉剂、乳剂、悬浮剂。中国在研究、生产、应用苏云金杆菌方面已居世界先进列，国内有生产 Bt 乳剂的工厂数十家，除在国内应用外，还出口到东南亚等地区。

Bt 可防治稻纵卷叶螟、稻苞虫、三化螟、菜青虫、小菜蛾、玉米螟、棉铃虫、棉大卷叶虫、红铃虫、柑橘潜叶蛾、尺蠖、凤蝶、烟青虫、茶蚕、茶毛虫、松毛虫等多种鳞翅目幼虫，可使老熟幼虫化蛹后不能羽化。卵孵化后，幼虫 3 天内死亡 90% 以上。

细菌杀虫剂一般通过昆虫口服感染，因此，使用时应将菌液尽量均匀地喷洒在植物表面，使害虫取食时尽可能多的食进菌体。使用剂量应根据不同工厂生产的、不同净含量的、不同制剂，针对不同的害虫应用。如防治稻螟虫、稻苞虫、稻眼蝶等可用苏云金杆菌变种

424、武汉杆菌 140、蜡螟杆菌等制剂，稀释到每毫升含 0.5 亿～1 亿孢子。防治菜青虫、小菜蛾用苏云金杆菌粉剂（每毫升 0.3 亿～0.5 亿孢子）等，均可取得较好的防效。

金龟子乳状菌是一类对金龟子幼虫（蛴螬）有致病力的专性芽孢杆菌，其中以日本金龟子芽孢杆菌（*Bacillus popilliae*）最为重要，能对 50 多种金龟子幼虫有致病力。国外美国、澳大利亚已大面积应用，中国的山东、山西、河南、河北等省也已分离得到菌株并进行生产应用。但此菌剂还不能进行离开昆虫活体的大规模人工培养。

② 病毒杀虫剂。目前已知能用于防治昆虫和螨类的病毒有 700 多种，分属 7 个科，主要寄主是鳞翅目的害虫，有 500 余种。其次为双翅目、膜翅目、鞘翅目、直翅目等。世界上现有 30 多种病毒制剂。1993 年中国第一个登记的病毒制剂是棉铃虫多角体病毒。昆虫病毒有较强的传播感染力，可以引起昆虫流行病。使用病毒杀虫剂在害虫自然控制方面有重要作用。在生产与应用上已有许多成功实例，主要是核型多角体病毒（简称 NPV）、质型多角体病毒（CPU）和颗粒体病毒（GV）。NPV 主要用于防治棉铃虫、烟夜蛾、粉纹夜蛾、松叶蜂、云杉鞘蛾等；GV 主要用于防治菜青虫、卷叶蛾及印度谷螟等。NPV 寄主范围较广，主要寄生鳞翅目昆虫。经口服或伤口感染进入体内的病毒被胃液消化，游离出杆状病毒粒子，经过中肠上皮细胞进入体腔，侵入体细胞并在细胞核内大量繁殖，而后再侵入健康细胞，直至昆虫死亡。病虫粪便和死虫再侵染其他昆虫，使病毒病在害虫种群中流行，从而控制害虫危害。

NPV 也可通过卵传给昆虫子代，且专化性很强，一种病毒只能寄生一种昆虫或邻近种群。NPV 只能在活的寄主细胞内增殖，比较稳定，在无阳光直射的自然条件下可保存数年而不失活。迄今为止未见害虫对 NPV 产生抗药性。NPV 对人、畜、鸟类、鱼类和益虫等安全。NPV 不耐高温，易被紫外线杀灭，阳光照射会使其失活，也能被消毒剂杀灭，因此，NPV 对生态环境十分安全。

中国已有 10 多种昆虫病毒制剂投入生产。在湖北、河南、河北等省区建成了 5 座病毒杀虫剂厂，所生产的 6 种病毒杀虫剂效果十分明显。据中国科学院武汉病毒研究所报道，应用棉铃虫核型多角体病毒防治第三代棉铃虫的效果可达 86.2%。

③ 真菌杀虫剂。昆虫病原真菌简称虫生真菌，目前有 700 多种，研究应用较多的有白僵菌、绿僵菌、轮枝霉、座壳孢等。它们经表皮感染，在合适的温度条件下，附着在虫体表面的孢子萌发产生芽管而穿入寄主表皮，在血腔中以昆虫体液为营养生长繁殖，随着血淋巴充满整个血腔而使寄主死亡。也有一些寄主未待真菌在血腔中生长旺盛，就已被真菌产生的毒素杀死。此类虫生真菌的特点是容易生产，使用后可在自然界中再次侵染，自然形成害虫流行病，但在使用时对环境的温度、湿度要求较严格，感染时间较长，防效较慢。

白僵菌的寄主昆虫 700 余种，可用于防治的害虫约 30 种，已被世界各国广泛应用。美国多用于防治森林害虫，前苏联用于防治甘薯象甲。英、法、巴西等国也在生产应用。中国北方用于大面积防治玉米螟、大豆食心虫，南方用于防治松毛虫，均取得显著防效。布什白僵菌在法国用于土壤处理防治西方五月鳃金龟幼虫，持效长久、效果好。绿僵菌杀虫广谱，可寄生 8 个目、30 个科的 200 余种昆虫、螨类和线虫，现已有一些国家工业化生产。前苏联和美国用座壳孢防治柑桔粉虱和温室白粉虱取得成功。中国福建应用挂枝法接种座壳孢菌可以有效地防治柑桔粉虱和长刺粉虱，其平均寄生率为 75.46%，流行高峰期寄生率可达 96%。挂枝一次，该菌就能定居在柑橘园。在福建推广 1000 亩，取得预期的效果。北京市将其用于防治温室白粉虱也取得较好的控制效果。美国已将莱氏野村菌用于防治大豆的苜蓿绿夜蛾、粉纹夜蛾和谷实夜蛾。英国利用蚜生轮枝菌防治蚜虫并已商品化。中国北方将其用于防治温室中的白粉虱和蚜虫取得了明显的效果。

真菌杀虫剂在中国主要是生产白僵菌制剂，用于防治多种害虫。主要使用方法是常规喷雾、喷粉，飞机超低量喷雾防治松毛虫、黑尾叶蝉、茶卷叶蛾、菜青虫等，也有制成颗粒剂用于玉米心叶防治玉米螟等。也有放粉炮、挂菌袋等方法释放染菌活虫，处理土壤，封玉米秸秆堆感染越冬代玉米螟等方法。中国茶叶研究所用韦伯虫孢菌防治黑刺粉虱，取得了良好的防治效果。

(3) 原生动物治虫　其原理是筛选与昆虫有共生、共栖、寄生等关系的原生动物，经人工培养大量繁殖后，施入土壤，使昆虫致死。可使昆虫致病的原生动物，主要是微孢子虫、鞭毛虫、变形虫及球虫等。具有一定生产规模的成功杀虫剂主要是微孢子虫制剂，它们致病性很强，可在短时间内造成昆虫肠道破损及败血症后死亡。目前在田间条件下利用微孢子虫防治的害虫有：森林害虫，如天幕毛虫、短叶松卷蛾、云杉线茧蜂等；大田害虫，如蝗虫、行军虫等；还有草原鳞翅目害虫等。

微孢子虫的制作简单，可用活害虫接菌后培养，收集病死后的昆虫，经粉碎、简单过滤后制成孢子制剂，直接应用。在液体中大多数微孢子虫可存活数月，低温条件下可存活几年，甚至更长的时间。其他的如鞭毛虫、变形虫、球虫等，也可感染多种害虫，并致害虫死亡。

(4) 昆虫性激素治虫　该方法是利用昆虫的性激素（雌虫或雄虫），引诱异性昆虫于诱捕器中，用化学药剂杀死来投的昆虫。其作用是扰乱雌、雄昆虫间的信息联系，使其失去定向能力，不能进行交配，降低虫口数量。现人工已能合成并运用到生产中的有红蛉虫、玉米螟、梨小食心虫等性激素。使用该方法时应注意，单位面积上要有足够数量的诱捕器。

(5) 不育治虫　利用辐射、化学药剂、遗传等方法，破坏昆虫的生殖功能，人工繁殖大批的这种不育个体，释放到自然群中去交配，造成当代不育、后代不育，并通过世代重复、连续的释放，使害虫种群数量逐渐下降，乃至绝灭。该方法在一些与大陆隔离的小岛上效果显著。

(6) 光诱灭虫　多数害虫有趋光特性，利用这一特点，可在田地四周设一些柱状光源，通过药液反射，可将害虫引诱到药液中杀死；也可在鱼塘中设光源，利用鱼群将害虫食之。

(7) 其他动物治虫　鸟类是害虫的一大类天敌。如一只灰鲸鸟每天能捕食 $180\sim200g$ 蝗虫；大山雀每昼夜吃的害虫重量约等于自身的重量；一只燕子一天能消灭上千只毛虫；啄木鸟能啄食树干中的各种蛀心虫；麻雀能有效地控制农田、果园、菜地的各种害虫。常见的鸟类捕虫能手还有灰喜鹊、白头翁、黄鹂、杜鹃等。因此，保护森林，种植防护林、行道树，可以招引鸟类来捕食害虫。

此外，利用鸭子捕食稻田害虫，利用鸡啄食果园、茶园的害虫，保护青蛙、猫头鹰、蛇等，都能有效地防治各种害虫。

总之，消灭田间害虫的方法很多，只要运用恰当，就能有效地防治各种害虫，即使不使用农药，也能控制害虫的虫口数量，保证作物的正常生长。

3. 作物草害的生物防治

杂草的生物防治是指利用寄生范围单一的植食性动物（昆虫、鱼等）及植物病原微生物等，将杂草种群控制在危害经济的阈值损失水平以下。

(1) 以虫治草　国外在大面积应用昆虫防除杂草方面已取得了成功的经验。如澳大利亚对霸王树仙人掌的防治、美国对马缨丹杂草的防治均取得了成功。其原理是在该种杂草的原产地，筛选以该种杂草为食的一些昆虫，要求这些昆虫食性单一，昆虫本身的特性与该种杂草的生长环境相适应，易于人工培养。引入后通过隔离试验，认为确实有效，且对生态环境及对作物和人类无不良反应的方可在生产上使用。中国对豚草、水浮莲、喜旱莲子草等杂草也正在研究应用昆虫防治。

（2）微生物治草　利用寄生在杂草上的病原微生物，选择高度专一寄生的种类进行分离培养，再使用到该种杂草的防治上。目前已知的杂草病原微生物主要有真菌、病毒等40多种。中国在这方面已取得了一些成功的例子。如山东农科院植保所从大豆菟丝子上分离到一种无毛炭疽病菌，它能专一寄生在大豆菟丝子上，致使菟丝子发病死亡，但其对大豆、花生、高粱、玉米、烟草等作物不产生致病性。这种病菌曾工厂化生产，商品名为"鲁保一号"，在山东、安徽、陕西、宁夏等地推广，防治效果稳定在85％以上，挽回大豆损失30％～50％。但因后期该病菌孢子发生变异，生产工艺问题难以解决，致使防治效果下降而逐渐停止使用。又如中国在哈密瓜田恶性杂草列当病株上分离到一种镰刀菌，培养生产出F798生物防治剂，该菌的专一性强，可使列当发病变色、萎蔫枯死，防治效果在95％以上。

二、农业措施防治技术

农业措施防治是指综合利用栽培、耕作、施肥、品种、轮作等农业手段，对农田生态环境进行适当管理，以控制病、虫、草害的危害，它在绿色食品生产中的病、虫、草害综合治理中起着非常重要的作用。

1. 合理利用土地

合理利用土地就是因地制宜，选择对作物生长有利，而对病、虫、草害不利的田块，如抑病土壤。选择地块要考虑病、虫、草害的潜在危险。合理密植、控制植被覆盖率可以防治病虫害。如东亚飞蝗大多在覆盖率为50％以下的地面繁殖，因此在宜垦蝗区植树种草，可以达到良好的效果。许多病害在高密度种植田因田间湿度大、不通风透气而发生严重。松树合理密植以迅速形成林冠可有效地降低欧洲松鞘蛾的危害。水稻过度密植时，稻飞虱、叶蝉发生量加大，稻纹枯病发生加重；小麦过密种植时对粘虫、麦蚜发育有利；棉铃虫也喜在过密的棉田产卵，危害作物。

2. 深翻改土

深翻改土防治害虫主要是改变土壤的生态条件，抑制其生存和繁殖。将原来土壤深层的害虫翻至地表，破坏其潜伏场所，通过日光曝晒或冷冻致死；有些原来在土壤表层的害虫被翻入深层，不能出土而致死。地下害虫在冬、夏潜伏深层，通过深耕将这些害虫翻至土表晒死或冻死。土壤翻耕将杂草深埋入土，是防除杂草的有效手段。

3. 改进耕作制度

（1）合理的作物布局　农作物的合理布局不仅有利于作物增产，也有利于抑制病虫害的发生。如南方稻区，若连片种植同一成熟期的水稻，螟害一般减轻；早、中、晚熟混合种植，则螟害加重。

（2）合理轮作　轮作对单食性或寡食性害虫可起恶化营养条件的作用。如东北实行禾本科作物与大豆轮作，可抑制大豆食心虫的发生。不少地区实行稻麦轮作，可抑制地下害虫、小麦吸浆虫的发生危害。轮作对于土传病害及传播能力有限的土栖害虫防治尤为有效。其基本原理是切断食物链，使病虫饥饿死亡。轮作的作物不能有共同的主要病虫害。轮作时间的长短取决于病虫在无食状况下的耐久力，一般需2～3年。水旱轮作是最好、最常用的方法。

（3）间作套种　有些地区实行棉麦间作套种、棉蒜间作可大大减轻棉蚜危害。但间作不当会加剧害虫危害，如棉-豆、棉-芝麻间作易造成叶蝉的大量发生，应予以改进。

4. 抗性育种的利用

同种作物的不同品种对病虫的受害程度差异不同，表现出作物的抗病虫性。利用丰产抗性品种防治病虫害是最经济、最有效的措施。

目前作物抗性育种的特点是对各种主要病虫害的单项抗性研究向综合抗性发展，单项抗性研究所育成的品种，只能抵抗某一种病虫害的少数生理型，这种抗性易受地域或环境变化影响，不太稳定。而综合抗性研究所育成的品种，能抵抗多种病虫或某一病害的多种生理型，受地域或环境的变化影响小。世界各国在抗病虫育种方面已取得一定的成效。如在水稻方面，国际水稻研究所每年都能育出新的丰产抗性品种，如抗黑尾叶蝉的 IR1524、IR1480 等，抗稻飞虱、螟虫、黑尾叶蝉的 IR133 等。在玉米方面，美国现已选育出 C49、C131A 等抗螟系等。中国在抗性育种方面也取得了一些成绩，如中国农科院植物保护所育出的"四平 404"自交系具有很好的抗螟性。作物抗病性的利用比抗虫性的利用更普遍且成功实例更多，许多重要病害如多种作物的白粉病、锈病、棉花枯萎病、水稻白叶枯病和稻瘟病等都能利用抗病品种防治。

5. 水肥管理

灌溉可影响土壤湿度及农田小气候，从而影响病虫害发生。如采用滴灌可减少土壤湿润面积以至减少作物疾病发生，而灌水过勤可使作物贪青生长，使病虫害发生较严重。旱田改水田可抑制地下害虫的生存。有的病虫害在排水不良、土壤渍水时发生严重，因此在田间用水方面一定要积累经验，把握好灌溉的时间、用水量与次数，尽量减少病虫害的发生。

施肥种类与水平对病虫害有很大影响。过量施用氮肥往往导致植株"疯长"，作物抗性下降，病虫发生加剧，尤其有利于蚜虫、叶蝉、飞虱、蚧壳虫等刺吸式口器害虫的发生。现代农业强调施用有机肥，但必须在施用前充分腐熟。豆科绿肥富含营养物质，翻埋土壤后，土壤生物变得相当活跃，可抑制病原物，并可溶解病菌细胞。如在马铃薯地里施用绿肥，可大大减轻疮痂病的发生。大量事实证明，豆科覆盖物对小麦全蚀病有抑制作用。重施基肥、早施追肥，可促使作物生长健壮，从而加强作物的抗病虫能力。

6. 田园卫生

及时清除田园枯枝落叶、残株残茬等，并予以销毁，可以破坏病虫害的越冬场所和降低种群密度。如棉花红铃虫防治中及时进行田间落蕾、落花、落铃收捡，收花后摘除枯铃，这样可大大减小该虫基数。在病害发生时及时摘除发病中心的病叶病果、清除残枝败叶，都可有效减轻病原物危害。如茶白星病、茶饼病发生严重的茶园，通过摘除病叶、清除落叶，可减轻发病程度。在秋冬季剪除病虫枝叶，清兜亮脚，促进茶、果园通风透气，有利于天敌发生，减小病虫越冬基数。

消灭病虫的交替寄主和农田杂草，也就清除了病虫的越冬场所，如小麦秆锈病、梨锈病的交替寄主是桧柏，在麦田和梨园附近清除桧柏，可显著减轻这两种病害的发生。很多害虫的越冬寄主是田间周围的其他植物和杂草，在秋冬季清除这些寄主植物，有利于减小来年的害虫发生基数。

三、物理及机械防治技术

利用各种物理因子、机械设备以及多种现代化工具防治病虫杂草、控制其危害的一类方法，称为物理及机械防治技术。物理机械防治的领域和内容相当广，包括光学、电学、声学、力学、放射性、航空及人造卫星的利用等。主要有以下几个方面。

1. 隔离法

在掌握病虫发生规律的基础上，在作物与病虫之间设置适当的障碍物，阻止病虫危害或直接杀死病虫，也可阻止气传病菌的侵入。利用银光薄膜覆盖可减少蚜虫的发生。用防虫网可阻止小菜蛾、菜青虫对大棚蔬菜的危害。在树干上涂胶刷白可防治害虫下树越冬和上树产卵及危害。

2. 消除法

主要是去除作物种子中夹带的杂草种子、病种及种子表面的病菌。常用的方法有机械法，如小麦粒线虫病的虫瘿汰除机，利用虫瘿和健康小麦种子相对密度不同的原理进行清除。此外，利用不同浓度的盐水或泥水将病种、杂草种子、瘪籽除掉，如大豆菟丝子种子就可用盐水漂浮从大豆中消除。

3. 热处理

利用蒸汽、热水、太阳能、烟火等的热度对土壤、种子、植物材料进行处理，可以防治病虫。如用一定温度的热水进行种子及苗木浸泡，可以杀灭病菌；阳光曝晒可以杀死粮食中的害虫；利用低温可以冻死仓库中的害虫；利用太阳能和地膜覆盖自然加温，夏日地温可升至50℃，可以选择性地杀死土壤中的病菌和害虫。

4. 捕杀

根据害虫的栖息地、活动习性等，利用人工器械进行捕杀。如根据金龟子的取食习性或假死性进行打落或振动捕杀。利用器械捕杀害虫如防治麦蚜的拉席、麦蚜车，防治稻苞虫的竹梳和拍板，捕杀黏虫的黏虫兜、黏虫船，捕杀小麦吸浆虫的拉网，捕杀黄条跳甲的胶箱等。在稻田和一些茶园中可用扫虫网或机动吸虫机捕杀叶蝉、飞虱等。在水稻螟虫、玉米螟虫产卵盛期进行人工除卵也有一定的防治作用。

5. 诱杀

利用害虫的某种趋性如趋光性、趋化性进行诱杀，以及利用有关特性如潜藏、产卵选择性、越冬对环境的特定要求等，可以采用适当的方法或器械加以诱杀。

(1) 灯光诱杀 大部分夜间活动的昆虫都有趋光性，如多数蛾类、部分金龟子、蝼蛄、叶蝉、飞虱等。不同害虫对光色和光度有一定的要求。黑光灯能诱集到700多种昆虫，包括重要农业害虫近50多种。用黄色灯光可减少橘园吸果夜蛾的危害。因此灯光诱杀已成为害虫测报和防治中普遍采用的一项措施。

(2) 潜所诱杀 有些害虫有趋化性，如蝼蛄趋马粪，小地老虎和黏虫趋糖醋酒，在这些害虫活动的田间设置诱捕器或诱捕场所，可以集中消灭害虫。又如梨小食心虫、苹果小食心虫等有潜藏在裂缝中越冬的习性，因此，若越冬前在束草或围麻布诱集害虫进入越冬，可以聚集歼灭。

(3) 植物诱杀 利用有些害虫取食、产卵等对植物的趋性可以诱杀害虫。如马铃薯瓢虫危害茄子，但特别喜欢取食马铃薯，在茄子地附近种少量马铃薯可以诱集这些害虫。棉田种少量玉米诱集棉铃虫、玉米螟，可有效减轻棉花受害程度等。

6. 利用放射能

放射能防治害虫，主要有两种作用：一是直接杀死害虫；二是利用放射能使害虫雄性不育。如应用钴-60（^{60}Co）照射仓库害虫黑皮蠹、烟草甲虫、米象、杂拟谷盗等，使用32.2万伦琴［1 伦琴（R）= 2.58×10^{-4}］的剂量，几乎所有的害虫都立即死亡；应用钽-182（^{182}Ta）8.4万伦琴剂量可以杀死90%的果蝇成虫；用11万伦琴可以杀死80%的杂拟谷盗成虫。用 X 射线 5000 伦琴剂量照射米象，接近于绝对消毒。用较低剂量的射线照射机体，引起生殖细胞变化，导致机体不育，称为射线不育。雄虫的照射是在精子成熟时进行，照射后使其与未交配过的雌虫交配，不能正常受精，雌虫产出的卵不能孵化，达到灭绝后代的目的。

　　总之，病、虫、草害，是对农业生产的严重威胁，要减少农药的施用量，推广和使用生物综合防治技术是非常有必要的，可以起到投入少、见效快、效果稳定的防治效果。虽然目前的生物防治技术不能完全配套，但一些成熟的单项技术应大力提倡和推广。在生产绿色食品时，更应注意引入、推广生物防治技术，以保证产品的安全性。同时，也应根据作物的生长情况，采取适宜的农业技术综合措施，控制和预防病、虫、草害的发生。

第五章 养殖业绿色食品生产技术

　　随着社会的发展，人民生活水平日益提高，畜禽、水产品由于其适宜的口味、易于吸收等优良特性越来越被广大消费者喜爱。但由于一系列原因，如畜禽产品中重金属、药物等残留现象，以及屠宰过程中人为污染也越来越严重，因食用有毒或变质畜禽产品造成的中毒现象屡有发生。绿色畜禽、水产品的出现，给广大消费者带来了福音，也给广大畜禽生产者带来了希望。绿色畜禽、水产品是绿色食品的重要组成部分，是人类脂肪、蛋白质等营养物质的主要来源，是人们的生活必需品。其产品不仅直接供应市场，同时也是一些加工业的重要原料。因此，大力发展绿色畜禽、水产品，是中国未来农业的发展方向。

　　随着饲料工业和养殖业规模经营的高速发展，畜产品在满足了人们需要的同时，也带来了一些无法回避的现实问题。人们发现，人类常见的癌症、畸形、抗药性和某些中毒现象与肉、奶、蛋中的抗生素、激素及其他合成药物的残留有关。近年来，随着生活水平的提高和消费条件的不断改善，人们对肉食品的安全、卫生十分越来越关注。因此，养殖业生产的重点也必须从数量温饱型生产向质量效益型生产转变。许多国家正在积极致力于开发和推广绿色畜产品，带动畜牧业向高层次发展。为了保证畜禽、水产品有较高的质量，在国际市场上具有竞争优势，要严格按照畜禽、水产品生理学要求和绿色食品生产操作的有关规定进行生产和管理。我国畜禽产品进入国际市场起码要通过四关：一是要取得绿色食品认证；二是要取得 ISO 9002 质量体系认证；三要通过世贸组织的"技术壁垒"；四是要有一个或者一批有口皆碑的名牌产品。

第一节　绿色食品养殖场建设

一、绿色食品畜禽饲养场的选择与建设

　　畜禽饲养环境的质量如何，是决定绿色食品养殖业能否发展的关键环节之一。饲养环境包括养殖场的外部环境如放牧地等，还包括养殖场的内部环境如圈舍等。按照国家绿色食品发展中心的要求，评价和衡量绿色食品饲养场环境质量的因子包括空气、土壤、水质。生产绿色食品畜禽产品的产地应符合《绿色食品 产地环境质量》（NY/T 391—2013）；符合国家畜牧行政主管部门制定的良种繁育体系规划的布局要求；符合当地土地利用发展规划和村镇

建设发展规划；符合当地农业产业化发展和结构调整的要求。

1. 场址选择

绿色畜禽产品生产中的场址选择有着重要的作用，在新建饲养场时应选择周围无污染、地势干燥、背风向阳，交通便利，并远离交通主要干道、居民生活区、工厂、市场等的地块。水电供应稳定，水质良好充足，能满足人畜生活、生产及消防用水等需要。饲养场内的布局，应严格设置饲养区、生活区、隔离区和行政办公区等不同的分区，并有相应的隔离措施及合理的间距，便于防疫工作的开展。按照粪便处理规范，建好相应的畜禽粪便处理设施，实现粪便资源的合理化利用，减少对环境带来的危害。拟建的畜禽饲养场（舍）要根据饲养动物的生理特点以及当地环境、地形、地势等选择适宜的位置，合理规划整个饲养场（舍），要求能为畜禽创造一个舒适的生活环境，便于饲养管理和卫生防疫，保证整个畜禽群体能健康生长，提高其生产能力。畜禽场（舍）的环境卫生不仅直接影响到畜禽的健康生长，而且还间接地影响到畜禽产品的品质。因此，绿色食品畜禽场（舍）地应基本满足下述要求。

(1) 地势 要求干燥、平坦、背风、向阳，牧场场地应高出当地历史上最高的洪水线，地下水位则要在 2m 以下。

(2) 水源 水质必须符合《生活饮用水卫生标准》（GB 5749—2006）中的规定，水量充足，最好用深层地下水。

(3) 地形 畜禽场（舍）要求地形开阔整齐，通风透气，交通便利。

(4) 位置 饲养场（舍）应距交通主干线 300m 以上；距居民居住区或其他畜牧场不小于 500m；保证场区周围 500m 范围内及水源上游没有对产地环境构成威胁的污染源。应位于村镇的上风处，以利于有效地防止疫病的传播。而以下地段和地区不得建场：水源保护区、旅游区、自然保护区、环境污染严重的地区、畜禽疫病常发区等。

2. 场内布局

在设计建造畜禽场（舍）时，应尽量考虑到既要避免外界不良环境对畜禽健康品质及生长发育的影响，又能使饲养效率充分发挥，取得最大的经济效益。场（舍）内布局合理与否对生产管理的影响很大，要坚持有利于生产、管理、防疫和方便生活为一体的原则，统一规划，合理布局。要求行政、生活区距场（舍）250m 以上，场（舍）要单独隔离。在场（舍）下风 50m 左右的地势低洼处建粪便、垃圾处理场，畜禽饲养场的粪便应进行无害化处理，如进入沼气池发酵、高温堆肥、除臭膨化等。废水的排放应达到国家《污水综合排放标准》（GB 8978—2002）中的规定。为有效防止疫病传播，应建立消毒设施，畜禽进入场（舍）必须进行消毒。各区之间应有一定的安全距离，最好间隔 300m，各场（舍）下风处 150m 远的地方还应建立病畜禽隔离间等。场区布局与畜禽舍建筑要充分考虑畜禽生长发育和繁殖生产的环境要求，给予其舒适的外部环境，让其享受充足的阳光和空气，尽可能为畜禽提供它们固有生活习性所需的条件。

3. 舍内环境要求

畜禽适宜的生长环境因素主要包括：温度、湿度、气流速度、光照以及新鲜清洁的空气等。

(1) 温度 畜禽为恒温动物，在生产中要求舍温保持在畜禽适宜生长发育的温度范围内，冬暖夏凉。

(2) 湿度 畜舍空气中的湿度不仅直接影响家畜健康和生产性能，而且严重影响畜舍保温效果，是失热增多的重要原因。舍内相对湿度以 50%～70% 为宜，最高不超过 75%。

（3）气流速度 舍内应保持一定的气流速度，夏季可排除舍内的热量，帮助畜体散热，增加畜禽舒适感。而在冬季低温、畜舍密闭的条件下，引进新鲜空气，可使舍内温度、湿度等空气环境状况保持均匀一致，并可使水汽及污浊气体排出舍外。因此，夏季要求畜体周围气流速度保持在 0.2～0.5m/s；冬季则以 0.1～0.2m/s 为宜，最高不超过 0.25m/s。

（4）光照 不同品种的畜禽在不同的生长阶段，所要求的光照时间、光照强度不同。禽类对光的敏感度，直接影响其生长发育、生产性能和其他活动。光照在环境因素中对畜禽的生理活动起很大作用，应根据品种特性、生长发育阶段等确定合理的光照时间和强度。

（5）舍内空气 舍饲畜禽由于呼吸和有机物分解等，经常产生大量有害气体，必须及时排出。畜禽排出的有害气体主要有氨气、硫化氢和二氧化碳。氨及硫化氢的浓度过高时，不仅影响畜禽健康及生产性能，而且直接影响畜禽产品的品质。畜舍中氨浓度不应超过 20mg/L，鸡舍不超过 15mg/L。硫化氢毒性较大，舍内浓度不得超过 5mg/L。二氧化碳一般不引起家畜中毒，但它表示空气的污浊程度，舍内浓度以 0.1% 为限。

（6）饲养密度 饲养密度与畜禽的健康和生长发育密切相关，要充分保证畜禽的有效活动空间，保持合理的饲养密度。

（7）干扰 要防止有害动物及昆虫的侵扰，主要是防止啮齿类动物、鸟类和其他动物的干扰。

4. 建设要求

绿色食品养殖场建设应以合理布局、利于生产、促进流通、便于检疫和管理、防止污染环境为原则。加强饲养场周围环境的管理，控制外来污染物。养殖场内和周围应禁止使用滞留性强的农药、灭鼠药、驱蚊药等，防止通过空气或地面的污染进而影响畜禽的健康。地面养殖畜禽以及规划的畜禽运动场，还应对土壤样品进行检测，土壤中农药、化肥、兽药以及重金属盐等有害物质含量不可超标。建场前要通过环保部门的环境监测，无"三废"污染，大气质量应符合《环境空气质量标准》（GB 3095—2012）中的要求；建筑应符合兽医卫生要求，养殖场环境卫生应符合《畜禽场环境质量标准》（NY/T 388—1999）中的要求。除严格按设计图施工外，还要求必须精心细致；建筑材料如木材、涂料、油漆等，以及生产设备，应对畜禽和人类的健康无害，包括潜在危害都不能存在；内墙表面应光滑平整，墙面不易脱落；有良好的防鼠、防虫和防鸟设施；动物饲养场和畜产品加工厂的污水、污物处理应符合国家《畜禽养殖污染防治管理办法》中的要求，要求排污沟应进行硬化处理，绝对禁止在场内或场外随意堆放和排放畜禽粪便和污水，防止对周围环境造成污染。除此之外，还要做好场区绿化，改善局部小气候，采取切实有效的生态环境净化措施，从源头上把好质量安全关。

二、绿色食品水产品养殖区的选择

中国是世界上水产资源较丰富的国家之一，全国内陆水域面积约 $1760×10^4 hm^2$，其中河流与湖泊各约 $666.7×10^4 hm^2$；水库和池塘各约 $200×10^4 hm^2$。中国大陆海岸线北起辽宁省的鸭绿江口，南至广西壮族自治区的北仑河口，约长达 18000km。沿岸水深 15m 以内的浅海、滩涂面积约 $1333.3×10^4 hm^2$。这些水域绝大部分地处亚热带和温带，气候温和，雨量充沛，适宜于水产品的繁殖和人工养殖。虽然中国有辽阔的水产养殖区域，但由于近几年工业和农业的迅速发展，有些区域受到不同程度的污染，已经不适合进行绿色食品的生产，所以，在选择绿色食品水产品养殖区时，应遵循以下几方面原则。

① 周围没有矿山、工厂、城市等大的工业和生活污染源，养殖区生态环境良好，达到

绿色食品产地环境质量的要求。池塘大小根据实际养殖品种而定，基本在5～25亩（1亩≈667m²），所有的池塘长宽比选取约为1：2。

② 水源充足，常年有足够的流量。水质符合国家《渔业水域水质标准》。

③ 交通便利，有利于水产品苗种、饲料、成品的运输。

④ 养殖场进、排水方便，水温适宜。可根据不同养殖对象灵活调节水温、处理污水、供应氧气，以保证水生动物健康生长。

⑤ 海水养殖区应选择潮流畅通、潮差大、盐度相对稳定的区域，注意不得靠近河口，以防洪水期淡水冲击，盐度大幅度下降，导致鱼虾死亡，以及污染物直接进入养殖区，造成污染。

第二节　绿色食品养殖业饲料生产技术

一、养殖业饲料的选择

1. 对于绿色畜禽产品来说，种植饲料的土壤环境、施肥、灌溉、病虫害防治、收获、贮存必须符合绿色食品生态环境标准，饲料的加工、包装、运输必须符合绿色食品的质量、卫生标准。这些条件是生产绿色畜禽产品的基石。为使生产的饲料达到消化率高、增重快、排泄少、污染少、无公害的营养目的，优质的原料是前提。因此，应选择消化率高、符合绿色食品标准的饲料原料，特别是牧草和其他天然植物可提供维生素、矿物质、多糖或其他提高动物免疫力的活性组分（大蒜、马齿苋、山楂等）。另外，要注意选择无毒、无害，安全性高，未受农药、重金属、放射性物质污染的原料。养殖所使用的饲料和饲料添加剂必须符合《饲料卫生标准》《饲料标签标准》等各种饲料原料标准、饲料产品标准和饲料添加剂标准。

2. 禁止使用转基因生产的饲料和饲料添加剂，《绿色食品 禽畜饲料及饲料添加剂使用准则》中规定"不应使用转基因方法生产的饲料原料"。2012年中国进口转基因大豆5838万吨，其榨油副产品（豆粕）主要用作饲料原料；国内非转基因大豆年产量只有1300万吨左右，主要用作加工食品原料，很少作为饲料原料。不用动物粪便作饲料，反刍动物禁止使用动物蛋白质饲料。

3. 选用合格的饲料添加剂，品种符合《允许使用的饲料添加剂品种目录》（2013），禁用调味剂类、人工合成的着色剂、人工合成的抗氧化剂、化学合成的防腐剂、非蛋白氮类和部分黏结剂。所选用的饲料添加剂和添加剂预混合饲料必须来自于有生产许可证的企业，并且具有企业、行业或国家标准、产品批准文号，进口饲料和饲料添加剂产品登记证及与之有关的质量检验证明。

4. 粗饲料和精饲料要合理搭配。饲料搭配除满足动物生长和生产需要外，还应考虑动物适应环境能力的需要；考虑饲料配方中更多营养组分的需要量，除蛋白质、维生素和矿物质外，还有脂肪酸、糖类等。

5. 在生产和贮存过程中没有被污染或变质。

二、日粮配合

近年来，随着动物营养科学的迅速发展，日粮配合技术正经历着一系列深刻的变化，这些变化正在和将要对动物营养学的理论和实践产生重大、深远的影响。

1. 配合饲料类别

(1) 添加剂预混料 它是由营养物质添加剂如维生素、微量元素、氨基酸和非营养物质添加剂组成，并以玉米粉或小麦麸为载体，按配方要求进行预混合而成。它是饲料加工厂的半成品，可以作为添加剂在市场上直接出售。这种添加剂可以直接加在基础日粮中使用。

使用添加剂预混料要注意以下几点：一是要选择获得绿色食品标志的添加剂预混料；二是预混料是根据不同畜禽种类及不同的营养需要量配制的，故使用时一定要"对号入座"，不可乱喂；三是预混料的用量一定要按照使用说明的要求添加，过多或过少都会产生不良后果，用量过大会引起中毒，一般其用量占配合饲料用量的 0.25%～1%；四是添加剂预混料必须与饲料搅拌均匀后才能使用，且不宜久存。

(2) 浓缩饲料 又称平衡用混合料。它是在预混料中，加入蛋白质饲料如鱼粉、肉骨粉、血粉、豆饼、棉籽饼、花生饼等和矿物质如食盐、骨粉、贝壳粉等混合而成的。用浓缩饲料再加上一定比例的能量饲料如玉米、麸皮、大麦、稻谷粉就可直接使用。浓缩饲料的生产不仅可避免运输方面的浪费，同时还解决了饲养单位因蛋白质饲料缺乏而造成的畜禽营养不足问题。

(3) 全价配合饲料 它是由浓缩饲料加精饲料配制而成的，也叫全日粮配合饲料。这种饲料营养全面，饲料报酬高，大多用于集约化养殖场，使用时不需另加添加剂。

(4) 初级配合饲料 这种饲料也称混合饲料，由能量饲料和蛋白质、矿物质饲料按照一定配方组成，能够满足畜禽对能量和蛋白质、钙、磷、食盐等营养物质的需要，如再搭配一定的青粗饲料或添加剂，即可满足畜禽对维生素、微量矿物质元素的需要。

2. 日粮配合与生产

(1) 利用饲料和营养的最新研究成果，准确估测各种饲料原料中养分的可利用性和各种动物对这些营养物质的准确需要量。要有效地减少养分过量供给和最大限度地减少营养物质排泄量，关键是设计配制出营养水平与动物生理需要基本一致的日粮，而准确估测动物在不同生理阶段、环境、日粮原料类型等条件下对氨基酸及矿物元素等的需要量，是配制日粮时参考的标准，也是配制日粮的决定因素，其准确与否会直接影响动物的生产性能和粪尿中氮、磷等物质的排泄量。不同饲料原料中，养分的利用率有很大的差异，因此不仅要测定出饲料原料中各种养分的含量，还要测定其消化利用率，这样才能以可利用养分为基础较准确地反映饲料的营养价值。

(2) 按理想蛋白模式，以可消化氨基酸含量为基础配制符合畜禽和水产养殖需要的平衡日粮。营养平衡是科学设计饲料配方的基础。所谓营养平衡的日粮是指日粮中各种营养物质的量及其之间的比例关系与动物的需要相吻合。大量的实验证明，用营养平衡的日粮饲养动物，其营养物质的利用率最高。根据不同养殖对象的品种、年龄合理设计氨基酸平衡的日粮，是提高产品数量和质量的主要途径。

(3) 选用绿色饲料添加剂，确保饲料安全。随着饲料工业的发展，新型的饲料添加剂不断涌现，选用高效、安全、无公害的"绿色"饲料添加剂是生产高质量绿色养殖产品的重要措施。近年来，随着生物工程和化学合成技术的发展，生长激素类物质被广泛应用于肉畜生产，它对增加肉类产品供应、保障社会需求起到了积极的作用。但某些厂家为了让畜禽生长快、不生病，一般都在饲料中加入防病、治病的药物和生长激素，甚至包括被禁止使用的性激素等。畜禽吃了药物残留量高的饲料后，通过富集、聚集后传递到人体内，在肌肉组织和内脏中残留富集，出现药物毒性反应或使人体产生抗药性，导致人易感染或生病时用药无效。有些生产预混料、浓缩料的厂家，受利益驱使，滥加药物，产品上没有标明成分。防止饲料中滥加药物的关键是把住预混料、浓缩料质量关。

（4）改进饲料加工工艺。饲料的加工工艺诸如粉碎、混合、制粒以及膨化，可影响动物对饲料养分的利用率。其中粒度和混合均匀度最为重要。

（5）充分利用青粗饲料。青饲料是发展畜禽生产的主要饲料资源，它的特点是营养价值较全面、养分比例较为合适，但水分多、干物质少、体积大、能量低。通常青饲料和配合饲料合理搭配使用，可满足家畜对维生素、微量元素、矿物质的需要。青粗饲料的种类很多，如苕子、紫云英、红浮萍、牛皮菜、莲花白、红薯藤、青玉米、三叶草、黄花苜蓿、水浮莲、细绿萍、水花生以及各种农作物秸秆等。

绿色配合饲料生产的关键在于：必须建立绿色饲料原料基地，才能够长期稳定地保证原料的质量；筛选优化饲料配方，保证营养需要，应用理想蛋白模式，添加必需的限制性氨基酸；原料膨化，提高消化利用率，精确加工，生产优质的颗粒饲料；广泛筛选有促进生长和提高成活率又无不良反应的生物活性物质，生产核心饲料添加剂；应用多种酶制剂，提高饲料的利用率，同时也减少排泄污染。

三、反刍家畜饲料利用技术

近年来，随着人们膳食结构的改善和对安全性绿色畜产品的追求，以及国家产业结构的调整和对草食家畜饲养业的大力扶持，中国反刍家畜饲养业呈现出了前所未有的发展势头和局面。肉牛、肉羊育肥业的兴起及规模化、产业化发展，城郊奶牛业的不断壮大及乳制品加工业的不断完善，为丰富城乡居民菜篮子、满足社会日益增长的肉、奶需求奠定了基础。然而随着反刍动物规模化、商品化生产的发展及兽药、饲料添加剂的广泛应用，在促进反刍动物生产发展的同时，也带来了许多负面影响。尤其近年来因大量使用动物性饲料（如肉骨粉等）引发欧洲"疯牛病"的蔓延，直接影响着人类健康和生态环境的改善，也制约着中国牛羊肉、奶制品优势的发挥和市场竞争力的提高。按农业部《禁止在反刍动物饲料中添加和使用动物性饲料的通知》要求，在反刍动物饲料中严禁使用肉骨粉、骨粉、血粉、血浆粉、动物下脚料、动物脂肪、血浆及其他血液制品、羽毛粉、鱼粉、鸡杂碎粉、蹄粉等存在安全隐患的动物性饲料，防止"疯牛病"的发生和传播。由于反刍动物与单胃动物相比，在消化系统方面存在着很大的差异。因此，应根据其瘤胃特点，采用瘤胃保护氨基酸、膨化、加热等技术和方法，提高植物性蛋白饲料的利用率，增加反刍家畜生产的饲料的安全性和经济效益。

1. 利用瘤胃保护氨基酸

反刍家畜，尤其是高产反刍家畜（如高产牛、强度育肥肉牛和肉羊）对由过瘤胃蛋白提供小肠氨基酸的需要量较大，而动物性饲料尤其是骨粉、鱼粉、血粉等不但营养丰富、全面且瘤胃降解率低，是反刍动物饲料中最常用的过瘤胃蛋白料来源。为防止"疯牛病"的传入，农业部发布《禁止在反刍动物饲料中添加和使用动物性饲料通知》，禁止在反刍家畜饲养中使用肉骨粉、骨粉、血粉、动物下脚料和蹄角粉等动物性饲料，这无疑给反刍家畜，尤其高产奶牛和育肥牛、羊的生产带来了难度。近年来的研究表明，瘤胃保护氨基酸在满足反刍动物限制性氨基酸需要的同时，可提高蛋白质饲料的利用率，改善畜产品质量，在一定程度上减轻排泄物对环境的污染。与过瘤胃蛋白相比，过瘤胃氨基酸能够更精细地反映整个机体的代谢蛋白，可作为反刍动物蛋白质和氨基酸营养整体优化的、更为理想的指标，是平衡小肠氨基酸的最简便而又直接的方法。使用少量的瘤胃保护氨基酸（RPAA）可以代替数量可观的瘤胃非降解蛋白，例如，用50g瘤胃保护氨基酸可以替代500g的血粉和肉骨粉。在饲料中合理添加瘤胃保护氨基酸（RPAA）完全可以替代补充必须氨基酸的过瘤胃蛋白质（肉骨粉、鱼粉、羽毛粉等），还能提高奶牛产奶量和乳脂率，降低日粮蛋白质水平和饲料成本。美国宾夕法尼亚大学在50%玉米青储料和50%标准精料组成的奶牛日粮中，补加15g/天过瘤胃蛋氨酸和40g/天过瘤胃赖氨酸，结果表明，牛奶蛋白质的含量提高7.5%，而奶牛干物质摄入量、产奶量和乳脂率没有影响。一般认为，奶牛日粮中添加过瘤胃氨基酸最适宜的时间为分娩前2~3周至泌乳期150天。

2. 膨化技术

自20世纪90年代以来，国内饲料膨化技术有了很大发展，配套160kW的商用机型已大量使用，但国内饲料膨化技术起步较晚，基础研究很薄弱，基本上还处于仿制、改进阶段，鲜有关于这方面的报道。在饲料膨化过程中，由于高温、高压的作用，可以使饲料中淀粉糊化并与蛋白质结合，降低蛋白质在瘤胃内的降解率，提高蛋白质和能量的利用率。Aldrich和Merchen（1995）研究证明，随着膨化温度的升高，大豆蛋白的瘤胃降解率显著减少，160℃加工的膨化大豆的过瘤胃蛋白为69.6%，而生大豆仅15.9%，且膨化大豆有非常好的氨基酸消化率。使用膨化技术，在130℃的温度下，可使菜粕里面含有的小肠可利用氮由未加工前的208g/kg提高到288g/kg，瘤胃蛋白质降解率由65%下降至35%。同时，挤压膨化还可以破坏植物蛋白中的抗营养因子和有毒物质，提高饲料利用率，提高动物的生产水平。杨丽杰等研究表明，在121℃的温度条件下，膨化常规商品大豆，可失活70%以上的胰蛋白酶抑制因子和全部凝集素。Buchs研究表明，膨化棉籽可以使棉籽中游离棉酚含量从0.91%下降到0.021%，用膨化棉籽饲喂奶牛可显著提高产奶量和饲料利用率。

3. 加热处理

通过加热可以使饲料中的蛋白质变性，使疏水基团更多地暴露于蛋白质分子表面，从而使蛋白质溶解度降低，降低蛋白质在瘤胃中的降解率，提高其利用率。周明等研究表明，未处理的豆粕的蛋白质瘤胃降解率为49.53%，经过时间为45min，温度分别为75℃、100℃、125℃、150℃的热处理后，豆粕的蛋白质瘤胃降解率分别为45.06%、41.01%、37.56%、23.95%，说明加热能明显降低豆粕蛋白质的瘤胃降解率。

4. 甲醛处理

甲醛处理是保护植物性蛋白质过瘤胃的常用方法之一。甲醛与蛋白质发生化合反应，降低蛋白质在瘤胃中的降解率。李琦华等将豆饼用2g/kg甲醛处理后，瘤胃干物质（DM）降解率从87.19%下降到60.93%（豆饼含水量为14%时）和56.29%（豆饼含水量为18%时），粗蛋白质的降解率从87.69%分别下降到48.36%和43.43%。随着甲醛用量的增加，干物质和粗蛋白质的降解率可进一步下降，但下降幅度减小。甲醛处理可以增加体内氮的沉积率，降低瘤胃的氨氮浓度，减少尿氮排出量，提高可消化氮的利用率，从而提高反刍动物对蛋白质饲料的利用率。

5. 利用非蛋白氮饲料添加剂

瘤胃中的微生物能利用尿素等非蛋白氮合成菌体蛋白，运输到肠道为牛羊所用。每1kg尿素的营养价值相当于5kg大豆饼或7kg亚麻籽饼的蛋白质营养价值。选用合适的非蛋白氮材料（如包衣尿素、缩二脲等），采用合理的方式进行利用，不仅可以提高非蛋白氮饲料的适口性和饲用安全性，还可明显提高牛、羊的生产性能，尤其在低蛋白日粮水平下效果更为明显，肉牛、肉羊增重可提高10%~20%。同时，可以利用各种脲酶抑制剂，提高非蛋白氮饲料的利用率。但绿色畜产品的生产，应严格按照绿色食品生产规范和要求进行。

第三节 绿色养殖业饲料添加剂、兽药、渔药使用技术

一、绿色饲料添加剂的品种及其应用

1. 饲用酶制剂

(1) 饲用酶制剂的作用 饲料中（尤其是植物性饲料中）含有许多抗营养因子，如植酸、单宁、抗胰蛋白因子、非淀粉多糖（NSP）等。饲料中添加酶制剂的作用在于消除相应的抗营养因子，补充动物内源酶。同时，饲用酶制剂还能全面促进日粮养分的分解和吸收，提高畜禽的生长速度、饲料转化率和增进畜禽健康，减少环境污染。应用酶制剂可大大减少畜禽排泄物中的氮、磷含量，从而大幅度减少对土壤的污染。

(2) 饲用酶制剂的种类 饲用酶主要有植酸酶、淀粉酶、脂肪酶、纤维素酶和葡聚糖酶等；而商品性酶制剂大多是复合酶制剂，如华芬酶、益多酶等。植酸酶是一种能把正磷酸根基团从植酸盐中裂解出来的水解酶。研究表明，饲料中添加植酸酶不仅可减少日粮中无机磷的添加量，还可减少 $25\%\sim59\%$ 磷的排泄量。

(3) 酶制剂的应用 据报道，植酸酶在蛋鸡中应用时，具有分解蛋鸡植物性饲料中的植酸盐、减少无机磷的用量、提高饲料转化率的作用，它可提高蛋鸡的产蛋率、产蛋量和经济效益。

复合酶制剂主要由蛋白酶、淀粉酶、糖化酶、纤维素酶、葡聚糖酶等组成。在饲料中使用后能在畜禽消化道内将饲料中不易消化吸收的蛋白质、淀粉、纤维素水解为胨、陈、肽和游离氨基酸以及葡萄糖、麦芽糖和小分子糊精，从而提高饲料转化率，降低饲料成本，促进畜禽生长发育。刘翠然等报道，在蛋鸡中使用复合酶可提高产蛋率 2.23%，提高饲料转化率 11%，蛋重增加 $0.89g/$个。王修启报道，在 $35\sim80kg$ 阶段生长的猪的玉米 31%、小麦 31%、豆粕 16% 日粮中加益多酶 838A 后，可提高饲料效率 5%，日增重 3%。

2. 饲用酸化剂

(1) 饲用酸化剂的作用 它能降低饲料在消化道中的 pH 值，从而为动物提供最适宜的消化道环境，以满足动物对营养及防病的需要，尤其是对早期断奶的乳仔猪具有实用价值。据国外报道，在乳仔猪饲料中添加 6% 的复合酸化剂可以完全代替抗生素。这是因为早期断奶仔猪，其消化系统发育尚未完善，消化酶和胃酸不足，常使胃肠 pH 值高于酶活性和有益菌群适宜生长的环境，因此必须依赖外源酸化剂来改善消化道中的酸碱度环境。

(2) 饲用酸化剂的种类 主要有柠檬酸、延胡索酸、乳酸、苹果酸、戊酸、山梨酸、甲酸（蚁酸）、乙酸等。不同的酸化剂各有其特点，但使用最广泛且效果较好的是柠檬酸、延胡索酸和复合酸制剂。延胡索酸具有广谱杀菌和抑菌作用。如在饲料中加入 $0.2\%\sim0.4\%$ 浓度的延胡索酸，可杀死葡萄球菌和链球菌；0.4% 可杀死大肠杆菌；2% 以上浓度对产毒真菌具有杀灭和抑制作用。复合酸化剂是利用几种有机酸和无机酸混合而成，它能迅速降低 pH 值，保证良好的缓冲值、生物性能及最佳成本。

(3) 饲用酸化剂的应用 刘作华报道，从肠道微生物区系观察，添加柠檬酸的仔猪比不添加者肠道中的大肠杆菌减少 $6.9\%\sim10\%$，乳酸菌、酵母菌分别增加 5% 和 3%。李德发等报道，在仔猪日粮中添加 $1\%\sim2\%$ 柠檬酸可增加仔猪采食量，并使蛋白消化率提高 $2\%\sim6\%$，氮利用率提高 2%。田云波等报道，低剂量的复合酸（柠檬酸＋延胡索酸＋甲酸钙＋乳酸）能改善饲料的适口性，增加仔猪采食量，促进仔猪生长。

3. 饲用防霉剂

(1) 防霉剂的作用 饲料在运输、贮存以及加工过程的各个环节都可能引起霉变。霉菌毒素会导致动物生长不良，严重危害动物机体健康，使动物生产性能下降，甚至死亡。为了避免霉菌在饲料中的繁衍，抑制霉菌的代谢和生长，在饲料的生产中采用防霉剂。

(2) 防霉剂的种类 主要有丙酸和丙酸盐类、富马酸及其酯类、苯甲酸和苯甲酸钠、山梨酸及其盐类、柠檬酸和柠檬酸钠、双乙酸钠等。其中丙酸盐类是常用的防霉剂，尤其以丙酸钙为主。丙酸钙为白色结晶体颗粒或粉末，防霉能力为丙酸的 40%，它是由丙酸与碳酸氢钙反应制得，饲料中添加量为 0.2%～0.3%。丙酸钙能避免丙酸的腐蚀性、刺激性及对加工设备和操作人员的伤害。

(3) 防霉剂的应用 周永红报道，在南方桂林 7～9 月期间，在饲料中加入不同类型的防霉剂，其中有丙酸钙、丙酸类气化型防霉剂和复合型防霉剂（其组成有乙酸、丙酸、山梨酸、延胡索酸），添加量都为 1.5kg/t。其对比试验结果为：在同等条件下保存 40 天时观察，单一防霉剂所保存饲料的口袋边缘已严重霉变；而用复合型防霉剂所保存的饲料一直保存到 80 天时检查仍完好无霉变。此结果说明，在高温、高湿条件下，用复合型防霉剂保存饲料比用单一防霉剂保存饲料的防霉、抑菌效果好。

4. 微生物制剂

微生物制剂也称益生素、促生素、生菌剂、活菌剂，是一种可通过改善肠道菌系平衡而对动物施加有益影响的活微生物饲料添加剂。业内人士认为，微生物制剂将是未来很好的饲用抗生素的替代品。

(1) 微生物制剂的作用 微生物制剂通过调整动物微生态区系，使其达到平衡，从而维持动物健康，促进生长。其具体作用有以下几点。

① 微生物制剂中的有益微生物在体内能阻扰病源微生物的生长繁殖，从而对病原微生物起到生物拮抗作用。

② 动物微生物制剂中的有益微生物具有免疫调节因子，它能刺激肠道的免疫反应，提高机体的抗体水平和巨噬细胞的活性，从而增强机体的免疫功能。

③ 预防疾病，提高饲料转化效率，改善畜禽产品的商品质量等。

(2) 微生物制剂的种类 主要有益生素、益生元（化学益生素）、合生元三大类，其中常用的是合生元。合生元是益生素和益生元的复合物，它具有益生素和益生元两方面的功能。对比试验证明，在幼龄动物中应用益生元时，两周后才能表现出明显的效果，而使用合生元能取得比益生素和益生元更快速、稳定的效果。

(3) 微生物制剂的应用 马西芝等报道，在 35 日龄断奶仔猪饲粮中添加 0.15% 活菌制剂（含乳酸菌、蜡样芽孢杆菌 10 亿个/g 以上），其效果比在饲料中添加 25mg/L 土霉素组提高日增重 9.7%，提高饲料利用率 9.1%。郎仲武等报道，在 28 日龄雏鸡饲料中添加冻干活菌制剂，可提高雏鸡成活率 4%～8%、饲料利用率 8%～11%、日增重 2%。金岭梅报道，将以芽孢杆菌为主的微生物制剂在哺乳仔猪中使用，试验证明可使哺乳仔猪患黄白痢概率下降 15%，断奶后一周腹泻率下降 5.4%。高峰等报道，在 21 日龄雏鸡饲料中加入 0.05% 寡果糖（合生元），可提高雏鸡日增重 12%、饲料报酬 7%。李焕友报道，在 30 日龄断奶仔猪饲料中添加 600mg/kg 微生物肠道调节剂（内含芽孢杆菌 10 亿个/g），其生产性能可相同于添加抗生素的对照组，并可用于取代抗生素，预防仔猪腹泻（对照组中复合抗生素含有杆菌肽锌＋阿散酸＋磺胺二甲嘧啶＋大蒜素）。

(4) 微生物制剂使用注意事项 由于目前微生物制剂存在着优良菌种的选择和由于菌种

失活而导致微生物制剂活性降低等问题，从而在使用微生物制剂的过程中，其实用效果的重复性和不稳定性时有发生。因此，在使用微生物制剂过程中必须注意：①微生物制剂的菌种类型、其针对性特点以及有效活菌的数量；②考虑饲料中所含有的矿物盐以及不饱和脂肪酸对活菌的抗性强弱；③动物的年龄、生理状态，因为通常幼龄动物使用微生物制剂的效果要比成年动物好；④饲养条件和应激反应；⑤微生物制剂一般不应与抗菌素同时使用，如使用微生物制剂的动物一旦发病而且有必要服用抗菌素时，则务必停止使用微生物制剂，只有待病畜恢复健康且停用抗菌素后再恢复使用微生物制剂。

5. 低残留促生长剂

根据饲料安全手册介绍，只有少数抗生素类促生长剂具有既能促生长又无不良反应或具有低残留的特性。

(1) 黄霉素 黄霉素是一种畜禽专用抗菌素，主要是对革兰氏阳性菌有强大的抗菌作用，对部分革兰氏阴性菌作用较弱，对真菌、病毒无效。黄霉素用作饲料促生长剂，它能提高畜禽的日增重和饲料报酬。由于其是大分子结构，经口服后几乎不被吸收，在24h内全部由粪便排出，而且在高剂量使用后，经屠体检测证明，机体各部位无残留。因此，黄霉素是一种安全无残留的抗菌促生长剂。目前，已广泛在肉鸡、产蛋鸡、肉牛中使用。

(2) 杆菌肽锌 杆菌肽锌是由多种氨基酸结合而成，它通过抑制细菌细胞壁合成而产生杀菌作用。它对大多数革兰氏阳性菌，如金黄色葡萄球菌、链球菌、肺炎球菌、产气荚膜杆菌等有强大的抗菌活性。在革兰氏阴性菌中，它仅对脑膜炎双球菌、流感杆菌、螺旋体及放线菌有抗菌作用。近几年来，杆菌肽锌常用作促生长剂，促进畜禽生长，具有高效、低毒、吸收和残留少、成本低的特点，超高剂量在猪、肉鸡饲料中使用后，经残留检测，其结果都低于卫生指标限量（0.02单位/g），许多国家都已批准使用。杆菌肽锌在美国和欧洲常用于产蛋鸡，在中国也已广泛使用在肉鸡、产蛋鸡、肉猪饲料中。

6. 畜用防臭剂

使用防臭剂是配制生态营养饲料必需的添加剂之一。在饲料和垫草中添加各种除臭剂可减轻畜禽排泄物及其气味的污染，如应用丝兰属植物（生长在沙漠）的提取物、活性炭、沙皂素、以天然沸石为主的偏硅酸盐矿石（海泡石、膨润土、凸凹棒石、蛭石、硅藻石等）、微胶囊化微生物和酶制剂等能吸附、抑制、分解、转化排泄物中的有毒有害成分，将氨转变成硝酸盐，将硫转变成硫酸，从而减轻或消除污染。

7. 草药饲料添加剂

草药饲料添加剂也是目前研究较多、应用广泛的一类绿色饲料添加剂。它具有效果良好、不良反应小、药物残留量低、来源广泛、价格低廉等优点。其主要作用机理如下。

(1) 理气消食，健脾开胃，提高食欲，提高营养物质的消化吸收，促进动物的生长发育。

(2) 清热解毒，杀菌抗菌，消灭进入体内的病原体，防止疾病的发生。

(3) 补气壮阳，养血滋阴，增强机体特异性免疫力和非特异性免疫力，防止各种疾病的发生。

(4) 双向调节作用。某些草药（如霪羊藿等）具有双向调节作用。

目前研究应用较多的草药饲料添加剂有：党参、黄芪、当归、黄连、黄芩、金银花、柴胡、板蓝根、陈皮、神曲、山楂等及其各种复合制剂（如泻痢停、肥猪散等）。草药饲料添加剂的开发和应用可解决长期困扰畜牧业发展的抗生素残留问题，提高生产率，减少畜牧业对环境的污染。近年来，大蒜素作为一种极具潜力的饲用抗生素替代品，已开发并作为畜禽饲料添加剂应用，具有助消化、抗菌、促生长、提高免疫力的功用。

8. 糖萜素

糖萜素是从油茶饼粕和茶籽饼粕中提取出来的由糖类（30％）、三萜皂苷（30％）和有机酸组成的天然生物活性物质。糖萜素饲料添加剂所含的生物活性物质，能增强机体非特异性免疫反应，起到防御病原微生物感染的作用，从而提高畜禽的健康状况。同时，协同增强特异性免疫效果，加强细胞免疫和体液免疫，提高疫病疫苗免疫效果，延长免疫时间，起到免疫增强剂的作用；提高治疗效果，缩短治疗和康复的时间；减少物质和能量消耗，有利于提高畜禽生产性能。糖萜素饲料添加剂所含的生物活性物质还具有镇静、止痛、解热、镇咳和消炎的作用，能调节体内环境平衡，降低机体对应激的敏感性，同时具有免疫调节作用。此外，糖萜素还可以促进动物生长，提高日增重及饲料转化率。

9. 复合绿色饲料添加剂

复合绿色饲料添加剂是将上述饲料添加剂中的两种或多种按一定比例，经特殊工艺加工而成的具有较强抗病促生长作用的一类绿色饲料添加剂。如由多种酶和多种有益微生物制成的加酶益生素、寡糖益生素等。

由于绿色饲料添加剂具有显著的抗病、促生长作用，而且具有不良反应小、药物残留量低、无耐药性等优点。因此，随着绿色饲料添加剂研究的进一步深入，尤其是新一代广谱、高效复合绿色饲料添加剂的研制，绿色饲料添加剂必将替代抗生素、激素等饲料添加剂而更加广泛地应用于养殖业生产中。因此，开发绿色饲料添加剂具有广阔的发展前景。

二、动物养殖中药物残留与控制

由于兽药使用不合理、动物饲料中长期添加各种药物添加剂、动物性产品遭受兽药和各种添加剂的污染等原因，动物产品中的药物残留问题日趋突出。针对这些情况，绿色畜产品生产要在严格执行兽医综合性防治措施和生物安全措施的基础上，通过监测和控制兽药、农药、饲料添加剂等有害物质的残留，全面改善饲养管理与环境控制措施，生产出无公害、无污染的绿色安全动物性产品。

针对目前国内外动物及动物性产品中的药物残留问题，应采取如下控制对策。

① 建立科学、合理的管理和药物残留监控、监测体系。加强动物及其产品安全体系的标准化管理体制建设的同时，还应加强对动物及其产品安全体系的法制化管理。通过立法，赋予管理部门职能和法律地位。建立依法行政、强化监督、职责清晰、运作科学的一体化管理体系。

为控制动物性产品的药物残留，提高中国动物性产品在国内外的竞争力，必须建立一整套药物监控、监测体系，研究药物残留的检测技术与方法，特别是适应中国国情的检测方法，而且同国际先进水平接轨。

② 引导养殖者以及药物、添加剂等的生产者，按药物的消除规律，规范用药，严禁使用违禁药品，谨慎使用抗生素等兽药及药物添加剂。用于养殖业中的对人体影响较大的兽药及药物添加剂主要有抗生素类（青霉素类、四环素类、大环内酯类、氯霉素类等）、合成抗生素类（呋喃唑酮、喹乙醇、恩诺沙星等）、激素类（己烯雌酚、雌二醇、丙酸睾丸酮等）、肾上腺皮质激素、β-兴奋剂、安定类、杀虫剂类等。这些药品残留于动物体内，不但成为人类健康的隐患，也成为动物性食品绿色认证、出口创汇的主要障碍。中国绿色食品发展中心制定的《绿色食品 兽药使用准则》明确规定了绿色动物性食品允许使用的兽药种类、剂型、使用对象、停药期及禁止使用的兽药种类。应严格按照《饲料和饲料添加剂管理条列》

及有关绿色食品生产的准则和要求，规范用药，控制抗生素等药物的使用范围和对象，严禁使用激素类、镇静剂类和β-兴奋剂类药物，发展绿色、环保、生态型畜牧业，确保人民身体健康和环境质量。

绿色食品水产品养殖疾病防治用药，应严格按照生产绿色食品的水产养殖用药使用准则，禁止使用对人体和环境有害的化学物质、激素、抗生素，如孔雀石绿、砷制剂、汞制剂、有机磷杀虫剂、有机氯杀虫剂、氯霉素、青霉素、四环素等。提倡使用草药及其制剂、矿物源渔药、动物源药物及其提取物、疫苗及活体微生物制剂。

③ 大力开发无公害、无污染、无残留的非抗菌素类药物及其添加剂。非抗菌素类药目前有很多种，例如微生物制剂、草药和无公害的化学药物，都可达到治疗、防病的目的。尤其以草药添加剂和微生物制剂为主的生产前景最好。草药制剂是在动物本身的免疫功能上起作用，只有提高了自身免疫功能，才能提高机体对外界致病菌的抵抗力。这样的药物有微生态制剂，如腐殖酸、螺旋藻及草药方剂等，都能有效替代各种抗菌类药物。

④ 加强消毒管理，减少内、外环境中的病原数量，消灭环境和中介环境中疫病的传染源。

⑤ 制定科学的免疫程序，树立"防重于治"的思想，控制禽畜、水产养殖动物疫病的发生，从而有效地减少各种药物的使用。

总之，只有采取适合中国国情的控制方法，严格遵照《绿色食品 兽药使用准则》，禁止使用滞留性强且有毒的药物，对限制使用的药物，严格执行科学规定的畜禽出栏前的休药期，特别注意防止抗生素、激素类药物和合成类驱虫剂的滥用，才能从根本上解决药物的残留及对人体的危害。

第四节　绿色食品现代家畜、家禽养殖技术

一、畜禽品种的选择

绿色食品畜禽品种除了有较快的生长速度外，还应考虑对疾病的抗御能力。因此，尽量选择适应当地自然环境、抗逆性强的优良畜禽品种。畜禽品种的购入要从无病害的种畜（禽）场选择健壮的动物，经过检疫，使用清洁的运输工具和合理的方式运到饲养场。另外，畜禽品种的选择还应充分考虑饲养地的饲料供应、养殖环境、气候以及饲养管理水平等因素。不使用转基因动物品种。

二、影响绿色食品畜禽产品生产的因素

1. 饲料、饲料添加剂

饲料要符合饲料标签标准、饲料原料标准、饲料产品标准、饲料添加剂标准的相关规定。饲料因素中最主要的有以下几方面：①饲料原料中使用转基因植物；②使用霉变发芽的原料，导致细菌严重超标；③饲料添加剂使用不当或控制不准，造成有毒、有害物质超量或蓄积；④天然放射性或人为放射性污染物通过污染饲料进入动物体引起肿瘤或恶变；⑤污染的水源被畜禽饮用造成的影响。为了确保绿色食品畜禽产品的质量，所用饲料添加剂和添加剂预混料必须来自有生产许可证的企业，并且具有企业、行业或国家标准、产品批准文号；进口饲料和饲料添加剂必须经过登记或有与之有关的配套检验证明。在使用饲料原料时要做到使用绿色食品及其副产品，禁止使用以哺乳类动物为原料的动物性蛋白质饲料产品饲喂反

刍动物，禁止使用转基因生产的饲料添加剂，禁止使用工业合成的油脂和畜禽粪便，禁止使用药物性饲料添加剂。

对于大宗原料优先适宜作为绿色食品生产资料的、饲料类产品消化率高、符合绿色食品标准的原料饲料，特别是牧草和其他天然植物提供维生素、矿物质、多糖或其他提高动物免疫力的活性组分（大蒜、马齿苋、山楂等）的饲料原料，应优先考虑无污染的原料。合理选择粗饲料和精饲料。

2. 兽药、疫苗

用于养殖业中的兽药主要有抗生素、磺胺类药物、生长促进剂及各种激素类制品。这些药品残留于动物体内已成为人类健康的隐患，也成为动物性食品绿色认证、出口创汇的主要障碍。因此，开发绿色畜产品，必须严格执行《绿色食品 兽药使用准则》所规定的绿色动物性食品允许使用的兽药种类、剂型、使用对象、停药期及禁止使用的兽药种类。严格遵守《中华人民共和国动物防疫法》《中华人民共和国兽药典》《兽药生物制品质量标准》《兽药质量标准》和《进口兽药质量标准》等有关规定。

使用兽药时还应遵循以下原则。

① 优先使用绿色食品生产资料的兽药产品。

② 允许使用消毒防腐剂对饲养环境、厩舍和器具进行消毒，但不准对动物直接施用。不能使用酚类消毒剂。

③ 允许使用疫苗预防动物疾病。但是活疫苗应无外源病原污染，灭活疫苗的佐剂未被动物完全吸收前，该动物产品不能作为绿色食品。

④ 允许使用钙、磷、硒、钾等补充药，酸碱平衡药，体液补充药，电解质补充药，营养药，血容量补充药，抗贫血药，维生素类药，吸附药，泻药，润滑剂，酸化剂，局部止血药，收敛药和助消化药。

⑤ 允许使用《绿色食品 兽药使用准则》附录 A 中的抗寄生虫药和抗菌药，使用中应注意以下几点：严格遵守规定的作用与用途、使用对象、使用途径、使用剂量、疗程和注意事项。停药期必须遵守附录 A 中规定的时间。产品中的兽药残留量应符合《动物性食品中兽药最高残留限量》规定。认证标准并抽检产品中的兽药残留量。

⑥ 建立并保持患病动物的治疗记录，包括患病家畜的畜号或其他标志、发病时间及症状、治疗用药的经过、治疗时间、疗程、所用药物的商品名称及主要成分。

⑦ 禁止使用有致畸、致癌、致突变作用的兽药。

⑧ 禁止在饲料中添加兽药。

⑨ 禁止使用激素类药品。

⑩ 禁止使用安眠镇静药、中枢兴奋药、镇痛药、解热镇痛药、麻醉药、肌肉松弛药、巴比妥类药等用于调节神节神经系统机能的兽药。

⑪ 禁止使用基因工程兽药。

3. 环境因素

环境因素主要表现在两方面：一是饲草及饲料、饲料添加剂原料，如化肥、农药在植物中残留，工业"三废"（废水、废渣、废气）对水质的污染等；二是养殖场本身所产生的粪尿废弃物对周围空气、水质、土壤等造成污染，进而反过来对人和动物健康造成的危害。

4. 加工、贮藏、包装、运输

动物性产品具有易氧化、易酸败、保质期较短等特点，容易发生腐败现象。如果贮藏或加工、运输不当容易使产品遭受诸如细菌、微生物等污染，发生化学变化，从而使绿色动物性食品的质量受到影响，进而危及人类健康。

三、畜禽规模养殖户绿色畜产品生产技术

中国现在的养殖模式中，最显著的特点是面广、量大、分散的专业户占据较大的比重。由于养殖业范围广、环节多、控制产品质量的难度较大，因此要生产"高质量、安全、无公害"的绿色畜产品主要应从以下几个方面着手。

1. 选择好畜禽养殖场地

要远离各类工厂、企业和人员流动频繁的地方，选择交通发达、与居民区有隔离带且处上风口的地方建造养殖场。要通过检测，确保养殖场所处位置大气质量、畜禽饮用水质、土壤都不含有毒、有害物质，且不会受到来自其他方面污染源的侵害，从而为畜禽生长提供较好的发展环境。养殖场建设应按动物防疫等有关规定的要求进行，场内生产区和生活区分开，畜禽饮水、消毒等配套设施符合标准，同时加强圈舍温度、湿度调控设施的改善。

畜禽饲养场的选择与建设：饲养环境——外部环境（放牧地等）、内部环境（圈舍等）。

(1) 场地的选择

① 地势：干燥、平坦、背风、向阳。牧场地要高出洪水线，地下水位要在 2m 以下。

② 水源：水质要符合《生活饮用水质标准》。

③ 地形：开阔整齐、通风透气、交通便利。

④ 位置：距交通主干线 1000m 以上，距居民区不小于 2000m，应位于上风口处。水源保护地、旅游区、自然保护区、环境污染区、畜禽疫病常发区不得建场。

(2) 场内统一布局、合理规划 行政区、生活区距场（舍）250m 以上，场（舍）要单独隔离，在场（舍）下风低洼 50m 处建粪便池、垃圾处理场。粪便进行无害化处理（沼气发酵、高温堆肥、除臭膨化等），废水排放应达到国家《污水综合排放标准》。下风口处 150m 建畜禽隔离间等。

(3) 舍内环境要求

① 温度：冬暖夏凉，适宜生长温度。

② 湿度：相对湿度 50%～70%，最高不超过 75%。

③ 气流速度：0.05～0.5m/s，冬季最高不超过 0.25m/s。

④ 光照：根据品种特性、生长发育阶段等确定合理的光照时间和强度。

⑤ 舍内空气：有害气体，氨气<20mg/kg、硫化氢<5mg/kg、二氧化碳<0.1%。

⑥ 饲养密度：要有充分的活动空间。

⑦ 建设要求：合理布局、利于生产、促进流通、便于检疫和管理、防止污染环境。

2. 购进符合绿色要求的优良幼畜、雏禽

农村广大养殖户在购进幼畜、雏禽时，不但要考察幼畜、雏禽的品种特性和品种质量，还要对畜禽场的技术条件、生产环境以及疫病流行等方面的情况作深入细致的考察，不可到近期发生过疫病的畜禽场引种，特别要注重考察其是否具有畜牧主管部门颁发的《种畜禽生产经营许可证》，是否被主管部门认定为绿色产品生产基地。此外，引种前要向当地畜禽防检部门报检，从而保证能购进无潜在带病毒和有害物质，并且生长发育好的畜禽。

3. 慎重购进畜禽饲料

畜禽生长所需要的浓缩料、全价料以及蛋白料，要从具有良好信誉的饲料生产厂家购进，要通过权威部门的绿色安全检测，确保无激素和其他有毒、有害物质，确保畜禽生长期

不受其侵害。各类谷物类原料如玉米、大豆、豆粕等，要从具有良好种植习惯、用药残留小的绿色农产品生产基地购进。

4. 合理使用药物

要严格按照国家规定的药物使用范围和剂量标准使用抗生素、添加剂和其他兽药，不能超量使用抗生素。要根据畜禽生长发育各阶段的要求，严格执行停药期规定，确保畜禽体内的药物残留能及时得到降解，不对人类健康和安全造成危害。当畜禽发病用药治疗时，养殖户应按规定合理用药。具体要做好4点：①决不使用农业部明令禁止的药物如氯霉素、呋喃类等药物；②尽量少用化学合成药物，推广应用草药制剂；③应用化学合成药物时，应根据药物的半衰期间隔用药，以减少药物的残留和浪费；④遵守畜禽休药期的有关规定，养殖户应按照畜禽的出栏、屠宰时间，在休药期应停止用药，以保证生产的畜禽产品达到无公害、绿色畜产品的标准。

控制药物残留的措施：①建立科学、合理的管理和药物残留监控、监测体系；②引导养殖者以及药物、添加剂的生产者，按药物的消除规律，规范用药，严禁使用禁用药品，谨慎使用抗生素等兽药及药物添加剂；③大力开发无公害、无污染、无残留的非抗菌素类药物及其添加剂；④加强消毒管理，减少内外环境中的病原数量，消灭传染源；⑤制定科学的免疫程序，树立"防重于治"的思想。

5. 做好科学的饲养管理

要根据不同时期不同的阶段，提供适合畜禽生产发育所需的温度、湿度、采光、通风以及空气质量，保证最佳的生长发育环境。要按照疫病免疫程序和操作规程，按时对各主要畜禽进行疫病预防注射，及时测定抗体效价，加强免疫，确保无重大疫情的发生，要加强对畜禽的日常管理，减少畜禽疫病的发生率，减少抗生素等各类药物的使用数量。完善的疫病防控措施是成功饲养畜禽的基本保障。畜禽的抗病能力较弱，畜禽一旦发病就很难控制，即会带来严重损失。所以必须采取预防为主的方针，科学制订完善的疫病防控措施，在消毒、隔离、免疫、用药、环境控制等多方面采取综合防控措施，以减少疫病的发生概率。

6. 转变畜禽疫病治疗观念

要树立"预防为主，防重于治"的观念。畜禽疫病治疗要注意选用高效价、低残留的抗生素，严格控制使用时间和剂量，特别要注意配合应用寡聚糖、益生素、糖萜素、草药饲料添加剂等新型安全的疾病综合防治药物和添加剂，采用全方位的疾病防治措施，取代以抗生素治疗为主的疫病治疗方式。做好畜禽防疫工作是保障养殖业发展的关键，养殖户要加强科学饲养管理、定期消毒、严格防疫工作责任制。要根据当地疫情发生和流行的趋势，制定科学合理的免疫程序，建立健全防疫制度并有效执行；坚持进行疫情监测、分析和预报；有计划地进行疫病的净化、控制和消灭工作；并严格按照防疫技术规程操作，控制动物疫情的发生，确保畜禽的健康。

7. 发展生态畜牧业，实现畜牧业生产良性循环

畜禽粪便中含有大量氮、磷、有机悬浮物及致病菌，如果不妥善处理和利用，会对水质、空气、土壤造成严重的污染，甚至会引起疫病的蔓延和传播，给畜牧生产和人类健康带来威胁。要做好畜禽排泄物的高温发酵和其他无害化处理，避免其对环境的污染，有条件的养殖户，要利用畜禽粪便有机肥做好优质牧草的种植，以草促牧，减少畜禽排泄物对环境的危害。总之，生态畜牧业及其可持续发展，必须遵循生态学原理和规律，根据不同的生态区域和畜禽的生物学特性，因时、因地、因势制宜，在畜牧业的实践中不断总结创新，推广新经验，采用新模式，保护农业生态环境，重视农业生态效益，这样才能实现自然资源的永续利用，实现畜牧业生产的良性循环。

四、专业化、规模化畜禽养殖场绿色畜产品生产技术要点

专业化、规模化畜禽养殖场在场址选择、饲料加工、疫病防治等方面除要严格遵守绿色畜产品的生产要求外，在具体饲养管理中还应该注意以下几个方面。

1. 建立繁殖核心群，提高繁殖效率

从畜群中挑选优良的个体组成繁殖核心群，编号登记，健全档案制度，做好生产记录。每年进行群体的鉴定工作，选优汰劣，严格淘汰不符合的种用个体，及时进行核心群的更新。

2. 抓好幼年畜禽的培育

幼年畜禽对环境适应能力较弱，容易遭受外界环境不良因素的影响而死亡。此外，幼年期畜禽生长迅速、增长很快，是生长发育的关键时期。对于哺乳家畜要早喂初乳，以获得抗体，增强体质和抗病力；为锻炼消化机能，要及早补饲。对于雏禽要创造理想的育雏条件，即合适的温度和湿度、全价的营养、良好的通风、适宜的光照、合理的密度等。

3. 做好全年的饲料供应计划

饲料是养殖场的物质基础，必须制订供应计划，做到全年均衡供应。生产绿色畜禽产品，使用饲料必须遵守《绿色食品 畜禽饲料及饲料添加剂使用准则》。饲料供应计划的制订步骤和方法如下。

(1) 根据畜禽生产计划，确定各月畜禽饲养量。

(2) 结合当地实际，选择合适的饲料种类，要求来源广泛、价格便宜。

(3) 根据饲养标准，给畜禽配合最佳的日粮，由此计算出各月和全年的饲料需要量，并在标准量上加 20%。

(4) 根据全年各类饲料的需要量编制饲料供应计划。

4. 采用合理的饲养管理方式

在动物饲养过程中，实行全程质量控制。除选用抗病力强的品种，尽最大可能为动物提供适宜的生活条件，使动物按照自身生活习性生活。提高动物自身福利待遇，尽最大可能减少因为饲养管理等因素给动物带来的应激，提高产品品质。在饲养管理人员方面，要进行系统的培训，提高工人素质，保证其按照要求严格执行各种规章制度。在饲养过程中分阶段饲养，科学投料。通过日粮营养调控，改善畜产品品质，延长货架期。使用清洁卫生的水源，确保饮水安全。根据疫情动态，制订切实可行的免疫防治措施，有计划、有步骤地控制动物疫病的发生，科学合理地使用国家规定的兽医药品，最大限度地降低动物用药量。定期进行舍内外环境和用具的消毒，做好动物排放物的无害化处理，采用一系列先进的粪便处理技术，保证动物生活的环境质量。

5. 商品畜禽适时出栏，加快畜群周转和资金流动

根据商品化畜禽的市场要求及畜禽生长发育规律和特点，选择适宜的出栏时间，以保证最佳的经济效益。

6. 重视屠宰加工环节，避免不必要的污染

在把好饲养关、饲料关后，屠宰加工环节同样十分重要。在屠宰前一定要进行严格的检疫，屠宰中、屠宰后要严格按照绿色食品生产规程的要求进行。目前许多企业进行的HACCP质量认证，是保证屠宰环节安全的重要措施。为提高经济效益，许多企业对畜禽产

品进行分割，按照分割部位定量进行包装，这个过程最容易造成污染。所以，要严把质量关，制定合理的规章制度，严格按要求执行，切实提高质量。畜禽产品由于其特殊性，在加工过程中，同样要注意质量要求，尽量减少添加剂的应用，保证制品符合绿色食品要求。

7. 抓好流通关，确保安全畜禽产品到达消费者手中

流通环节是绿色食品生产的最后一个环节。因此，运输、贮存、销售等物流环节同样十分重要。要严格按照产品本身质量要求，采取相应的保护措施，保证绿色畜禽产品安全到达消费者手中。

8. 建立企业标准化体系

企业标准化体系包括绿色食品标准化生产体系和企业标准化质量管理体系。前者包括制定各种产品的企业标准、质量管理手册和生产技术操作规程等，其中核心是企业标准。后者包括企业应通过 ISO 9000、ISO 14000 等国际标准化质量体系认证及所建立的 HACCP 等管理体系。企业标准化体系的建设是生产绿色畜禽产品的保证，专业化、规模化畜禽养殖场在建立企业标准化体系时应同国际市场接轨。

第五节　绿色食品水产品的养殖技术

水产养殖业是中国水产业的重要组成部分，在国民经济中占有特殊的地位，充分利用水域、滩涂资源，大力发展水产养殖生产，可以科学地利用国土水域资源，为人们提供丰富的动植物高蛋白食品和工业原料，对于改善人们的食物构成，逐步提高全民族的营养和健康水平；对发展社会主义市场经济，加强渔业在国民经济中的地位；对合理调整渔业内部结构，增加出口创汇，较快地增加渔民的收入，都具有积极的作用。传统的渔业主要是依靠数量，以牺牲环境和消耗资源作为代价，这种生产方式越来越不适应渔业的发展。当前，虽然渔业的发展速度较快，规范化、集约化程度不断提高，但在废物的处理和利用等方面还存在着一定问题。随着社会的发展和人民群众生活水平的提高，人们已从数量消费水产品转向消费安全、卫生、营养、保健水产品，更加注重水产品的安全性、经济性、科学性。所以绿色水产品的生产是渔业持续发展的产物，同时也更适应人类对水产品的需求趋势。

一、绿色水产品生产的原则

渔业生产与养殖环境协调的原则：既有利于渔业发展，又有利于生态环境的良性循环；渔业投入品安全有效，即物质和能量的投入产出效率高、浪费少、有毒有害物质含量低于标准；渔业产出物安全、营养和健康的原则；能满足人类食品消费对数量和质量的标准要求。

二、综合立体养殖技术

综合养殖是实现水体、滩涂池塘底质不同层次多品种的混养与轮养，利用各品种的生态习性，达到水体、饵料生物、投喂饵料的有效利用，增产增收。

综合养殖品种的选择应掌握的原则：①混养品种的生态、生活习性应适应当地自然环境条件，有一定的苗种资源量；②根据各地不同的环境、水深、底质等实际条件，先确定1～2种合适的主养品种，再选择能够与主养品种相适应的搭配品种；③混养品种对主养品种应无危害和竞争关系；④根据养殖面积、养殖水体、自然状况，保持养殖一定的承受力，控制各混养品种的合理放养密度。

三、绿色水产品生产技术规范

绿色水产品的生产技术应涵盖整个水产品生产的全过程，包括水产品的产前、产中、产后等一系列环节，是一个有机联系的整体。产前主要做好苗种的引种检疫，从源头上控制病害的发生；产中则要做好渔用饲料、渔药的检测，防止有毒有害的饲料及致畸、致癌并对环境造成影响的渔药用于养殖生产，并减少病害的发生，要规定渔药的停药期，禁止使用政府明令禁用的药物（如五氯酚钠）及滥用抗生素等，大力推广草药、生物制剂；产后则要做好水产品质量检测和药物残留分析，防止有问题的水产品流入市场。总之，要保证养殖生产的各个环节符合绿色生产的要求。

1. 绿色水产品产地生态环境质量要求

绿色水产品产地环境的优化选择技术是绿色水产品生产的前提。产地环境质量要求包括绿色水产品渔业用水质量、大气环境质量及渔业水域土壤环境质量等要求。淡水渔业水源水质要求包括水质的感官标准，即色、臭、味（不得使鱼、虾、贝、藻类带有异色、异臭、异味）；卫生指标应符合水产行业标准的规定；海水水质的各项指标应符合绿色食品的行业规定。

2. 绿色水产品生产技术规范

绿色水产品生产技术规范包括渔药、饲料、农药、肥料的使用，加工过程质量控制及包装技术等。在绿色水产品生产过程中，渔药、农药、饲料使用是水产品质量控制的关键环节之一，不合理使用渔药、饲料、农药、肥料不仅造成环境污染，而且使水产品中药物残留量超标。

3. 绿色水产品生产技术

（1）养殖品种选择　选择饲养适应当地生长条件的、抗逆性强的优良品种。

（2）使用安全高效的农业投入品　主要包括渔药和饲料及饲料添加剂。

（3）水产养殖对象的营养需求　包括蛋白质和氨基酸、脂肪、碳水化合物、矿物质、维生素等。

4. 渔药使用准则

绿色水生动物养殖过程中对病、虫、敌害生物的防治，坚持"全面预防，积极治疗"的方针，强调"防重于治，防治结合"的原则，提倡生态综合防治和使用生物制剂、草药对病虫害进行防治；推广健康养殖技术，改善养殖水体生态环境，科学合理地混养和密养，使用高效、低毒、低残留渔药；渔药的使用必须严格按照国务院、农业部有关规定，严禁使用未经取得生产许可证、批准文号、产品执行标准的渔药；禁止使用硝酸亚汞、孔雀石绿、五氯酚钠和氯霉素等。外用泼洒药及内服药的具体用法及用量应符合水产行业标准的规定。

5. 饲料使用准则

饲料中使用的促生长剂、维生素、氨基酸、脱壳素、矿物质、抗氧化剂或防腐剂等添加剂种类及用量应符合有关国家法规和标准规定；饲料中不得添加国家禁止的药物（如己烯雌酚、喹乙醇）防治疾病或促进生长。不得在饲料中添加未经农业部批准的用于饲料添加剂中的兽药。

6. 农药使用准则

稻田养殖绿色水产品过程中对病、虫、草、鼠等有害生物的防治，坚持"预防为主，综合防治"的原则，严格控制使用化学农药。应选用高效、低毒、低残留农药，主要有扑虱灵、甲胺磷、稻瘟灵、叶枯灵、多菌灵、井冈霉素等，禁止使用除草剂及高毒、高残留、三致（致畸、致癌、致突变）农药。稻田养殖中使用农药前应提高稻田水位，采取分片、隔日喷雾的施药方法，尽量避免药液（粉）落入水中，如出现养殖对象中毒征兆，应及时换水抢救。

7. 肥料使用准则

养殖水体施用肥料是补充水体无机营养盐类、提高水体生产力的重要技术手段。但施用不当（指过量），又可造成养殖水体的水质恶化并污染环境，造成天然水体的富营养化。施肥主要用于池塘养殖，针对的养殖对象主要为鲢鱼、鳙鱼、鲤鱼、鲫鱼、罗非鱼等。肥料的种类包括有机肥和无机肥。允许使用的有机肥料有堆肥、沤肥、厩肥、绿肥、沼气、发酵粪等；允许使用的无机肥料有尿素、硫酸铵、碳酸氢铵、氯化铵、重过磷酸钙、过磷酸钙、磷酸二铵、磷酸一铵、石灰、碳酸钙和一些复合无机肥料等。

8. 养殖水体水质的要求

绿色水产品对于养殖用水处理提出了更高要求。水污染对于水生生态系统中的各种生物类群有着直接和间接的影响，使水体的初级生产力降低，并通过食物链危害不同营养级的各种生物。目前，对养殖水体的净化，被认为是绿色水产品生产的关键。主要有换水、充气、离子交换、吸附、过滤等机械净化水质方法和络合、氧化还原、离子交换等化学方法，以及人为地在一种水体中培育有益生物（微生物、藻类）及水生植物的生物方法等。

9. 加工过程质量控制准则

绿色水产品加工原料应来自绿色水产品基地，品质新鲜，各项理化、卫生指标应符合相应绿色水产品的品质要求；原料在运输过程中应采取保鳞、保活措施；运输工具、存放容器、贮藏场地必须清洁卫生。绿色水产品加工工厂、冷库、仓库的环境卫生，加工流程卫生，包装卫生，贮运安全卫生和卫生检验管理等应符合国家的有关规定。绿色水产品主要生产体系与模式：水产科技园区绿色生产模式；池塘生态养殖模式；山区流水养鱼模式；水库增养殖绿色生产模式；稻田生态养殖模式。

四、绿色水产品养殖技术措施

随着养殖生产的发展，环境污染的日趋严重，养殖鱼、虾、蟹、贝、藻等的疾病发生率越来越高，发病区域不断扩大，危害与损失越来越严重。如何使养殖生产健康、高效，已成为水产科技工作者、养殖业者共同关心的问题。疾病的发生是多种因素相互作用的结果，致病原因错综复杂。有病原体的侵入（病毒、细菌、真菌、寄生虫、共栖原生动物等）；也有环境条件的影响（溶氧量、水温、盐度、pH、有毒有害物质、环境污染等）；还有养殖场自身的管理（池塘清淤消毒、水体交换、饵料质量与投喂量、放养品种与密度、养殖者的技术与操作水平、药物、途中运输等）。因此，养殖生产必须保护良好的水体环境，避免与减少病原体的侵入与环境污染，从开始就必须坚持以防为主，防治结合，提倡科学、合理的综合养殖，走病害的综合防治之路，这是防治病害发生及水产养殖可持续发展的基础。

1. 良好的水体环境

（1）合理选择养殖场地 养殖必须考虑水源、水质、环境以及防病等条件，养殖池应建在无污染源及没有严重污染的地区，养殖规模应考虑养殖区的生态平衡。

（2）彻底清淤消毒养殖池有机物和腐殖质 淤泥往往是水质恶化并诱发病害发生的根源，放养前必须做到彻底清除池底淤泥，进行消毒、曝晒，这样能够改善水质和底质条件。

（3）控制海区及养殖池富营养化水平 近几年有些海区及养殖池富营养化不断加剧。例如，浙江沿岸，尤其是杭州湾、甬江沿岸，受长江、钱塘江、甬江流域工业城镇生活污水排放的影响，已趋高度富营养化水平，改变这种情况首先要控制陆地污染源，禁止向海区排放"三废"，排污企业做到先治理后排放，沿流域城乡逐步推行生活污水的先治理后排放，使沿海环境污染的状况得到有效的控制；其次是调整产业结构，控制养殖规模和多品种的综合生态养殖，改善养殖区的生态环境，有效控制疾病传播途径。

(4) 重视养殖自身污染　养殖自身的污染问题近几年才被人们所认识，养殖生产应因地制宜做好统一规划，尽量做到统一清淤消毒，对污染排放物做好消毒处理，提倡投喂新鲜及优质配饵，提高养殖者的养殖技术，实现鱼、虾、贝轮养或混养等综合养殖方式，避免养殖自身污染与净化养殖环境。

2. 保持良好的水质条件

(1) 培养好养殖塘水色　良好的水质有稳定和维持养殖池生态平衡的作用。水体中保持一定数量浮游植物（保持水色为黄褐色、茶绿色，透明度 0.3～0.4m）能够有效地向水中提供氧气，吸收有机物转化的营养盐类，并能够为养殖苗种提供基础饵料，有利于稳定水温、水质，促进养殖品种生长，同时可以减少养殖品种的互相蚕食和生物的应激反应。目前改善水质的主要方法是施肥和添、换水。

(2) 提倡应用光合细菌净化水质　光合细菌（PSB）是一种能进行光合作用而不产氧的特殊生理类群原核生物的总称，是一种典型的水圈微生物，广泛分布于海洋或淡水环境中。PSB 作为一种特殊营养（促进生长、抗病因子及高效率净化活水）和特殊细菌，已在畜牧、水产、环保、农业上进行应用试验，已被农业、畜牧、水产、环保、生物工程等方面的人士所重视。具有明显的净化水质和改良底质的作用，能够吸收利用腐败细菌分解沉积残饵和排泄物等有机物分解所产生的硫化氢等有害物质，并能与水中致病菌竞争营养盐，抑制病原生物（细菌）生长，甚至彻底消灭致病细菌，从而达到防止养殖鱼、虾病害发生的目的。光合细菌还含有丰富的营养物质，能够作为鱼虾饵料的添加剂。光合细菌用量为每公顷 49.5～57.0L（菌液含量为 40 亿个），用 10～20 倍水稀释后泼洒，每天投喂 2～3 次，直到养殖品种起捕。

3. 应用科学的养殖技术

基础饵料可以满足养殖品种初期的饵料要求，而且也有利于池塘的生态平衡。特别是虾类养殖，早期基础饵料培育得好，一般虾 3～5cm 前可以不投饵，能够保持养殖池良好的水质环境，同时可以减少投饵造成的成本提高与水体污染。因此，现在越来越多的养殖者认识到基础饵料培育的重要性。

(1) 放养健康苗种，保持合理放养密度

① 放养健康苗种。为了增加养殖时间，目前许多地方采用放养早苗的方式增加养殖时间，放养早苗也有利于避开发病时期，达到增产、增效的目的。放养时间提早，还可以改善水质。

② 合理放养密度。合理放养密度就是要符合养殖水体所能承受的生产能力，维护养殖池的生态平衡。各养殖区应根据自然环境条件、水体交换条件、养殖品种、苗种规格、养殖方式等不同情况，分别对待，以达到最佳经济效益。

(2) 科学投喂优质饵料

① 选择优质饵料。优质饵料是水生动物健康和生长发育的关键。病从口入，预防疾病发生，饵料是重要的一环。投喂的鲜活、冰冻饵料必须新鲜，禁止使用带有病原体的饵料；选用配合饵料时要选择优质的饵料源，禁止使用发霉变质饵料。在配合饵料或投喂配饵时可

以添加维生素 C 或一些水生动物营养元素，以提高水生动物的免疫力和生产力。

② 合理、科学的投饵方法。投喂饵料应做到合理、科学，即做到定质、定量、定时、定位。保证饵料质量，适量投喂，做到少喂多餐，食物投喂到鱼虾经常活动的位置，饵料最好投放在食台上。

(3) 加强养殖管理，提高养殖者的技术素质 "三分苗种，七分养"，养殖管理是提高经济效益、防止污染与疾病发生的关键所在。日常管理要做到"三勤"，即勤巡塘、勤检查、勤除害。同时要做好日常的进排水、饵料投喂等工作；对于疾病要及时监测，发现病情要及时使用适当药物治疗，对疫病中心区进行隔离以切断病害的蔓延，以尽量减少损失。在养殖中适当使用消毒剂等药物，改善养殖环境，预防疾病的发生。另外，要有组织、有计划地对养殖队伍进行培训，提高养殖者的技术素质，使绿色水产养殖健康、高效发展。

(4) 绿色食品水产品捕捞、保鲜技术 绿色食品水产品的捕捞，尽可能采用网捕、勾钓、人工采集。禁止使用电捕、药捕等破坏资源、污染水体、影响水产品品质的捕捞方式和方法。

绿色食品水产品尽量要保鲜、保活。在运输过程中，禁止使用对人体有害的化学防腐剂和保鲜、保活剂，确保绿色食品水产品不受污染。

(5) 其他注意事项 在特种水产品的养殖过程中，除按照上述要求进行绿色养殖外还应注意以下问题。

① 要注意市场预测。特种水产品养殖成本较高，产品销售价格较贵。因此，在发展某种特种水产品时，要认真分析市场的需要和容纳量，预测发展趋势，合理控制规模。

② 要注意饲养技术的成熟性。特种水产品的生物学特性与一般养殖鱼类的差异往往较大，因此其养殖技术也不能简单地沿用普通鱼类的养殖技术。特别是部分种类要求条件较为苛刻，就更需要有较完善的设备和饲养技术，否则发展生产极为困难。

③ 要注意饲料供应的品种和数量。特种水产品的养殖中，饲料供应问题相当关键。饲料供应问题也是降低养殖成本、提高经济效益必须要重视的问题。许多特种水产品养殖时需要动物性饵料，如鳜鱼、乌鱼、虹鳟等，有的甚至需要鲜活的动物性饵料，如牛蛙。养殖这些品种时必须考虑动物性饵料的来源和供应量。同时，还必须考虑饲料成本。

④ 要注意苗种来源。特种水产品养殖中，一般苗种成本较高，因此要尽可能选择能自繁的养殖品种，或附近天然水域中能稳定地获得苗源的品种。

第六章　绿色食品加工

人类生存所需的热能和各种营养成分主要是靠食品提供，它包括粮谷类、豆类、蔬菜水果、畜禽肉、鱼、蛋、奶和食用油脂等等。食品按来源可分为动物类、植物类及以这两类食物为原料制作的加工食品 3 大类。动、植物产品虽然有些可被人们直接食用，但其中绝大部分都须经过加工处理后才能食用或提高其利用价值。食品加工是以农、林、牧、渔业产品为直接原料进行的谷物磨制、饲料加工、植物油和制糖加工、屠宰及肉类加工、水产品加工，以及蔬菜、水果和坚果等食品的对农、畜等产品的人工处理过程，是广义农产品加工业的一种类型。

经过加工的食品容易贮存，可以改变食品的安全性和适口性，在去除有害物质的同时，最大限度地保持食品的营养，增加食品的多样性和经济性。食品加工生产是食品生产最后的一道重要环节，它直接关系到农产品资源充分利用和增值。现代食品加工已不再是传统农业生产的延伸与继续，或是一般初级的加工，已具有制造工业的性质，农畜产品经工业化规模生产，最终以工业产品形态进入市场。

21 世纪是"绿色"世纪，面对日益严重的环境和资源问题，世界各国相继开展了绿色食品生产的实践探索。政府方面，无论是在美国、欧盟等发达国家，还是在阿根廷、斯里兰卡等发展中国家，甚至非洲的肯尼亚等国也已开始绿色食品生产的研究和探索。民间方面，在生产领域，无论是发达国家的农场主，还是发展中国家小规模经营的农户，对从事绿色食品生产感兴趣的越来越多；在消费领域，随着经济发展和收入水平的不断提高，人们的食品安全意识进一步增强，消费者对绿色食品的需求日益增长。毋庸置疑，绿色食品产业作为一项新兴的"朝阳产业"，已在世界消费市场上具有极大的吸引力和竞争力，并将成为 21 世纪世界农业发展的主导产业和新的经济增长点。所以绿色食品加工行业的发展也越来越重要。

绿色食品加工是以绿色农、畜产品为原料，遵循有机生产方式进行的食品加工过程。1990 年，农业部依据农业生产新形势，启动了绿色食品开发和管理工作。三十多年来，绿色食品事业蓬勃发展，经历了"奠定基础、加速发展、整体推进、规范运行"四个阶段。绿色食品的加工不同于普通食品的加工，它对原料和生产过程的要求更加严格，不仅要考虑产品本身，做到安全、优质、营养和无污染，还要兼顾环境影响，即把加工过程对于环境造成的影响降到最低程度，因此绿色食品的加工有其特殊的要求。

第一节 绿色食品加工概述

一、中国食品加工业发展重点

食品工业总产值与农业总产值之比是衡量一个国家食品工业发展程度的重要标志。中国食品工业产值与农业产值的比值在（0.6～0.8）：1之间，其中西部省区仅为0.18：1，远低于发达国家（2～3）：1的水平。中国粮食、油料、水果、豆类、肉类、蛋类、水产品等产量均居世界第一位，但加工程度相对较低。发达国家的农产品产后加工能力都在70%以上，加工食品约占饮食消费的90%，而中国仅为25%左右。此外，中国食品工业的综合利用也比较落后。科技在食品工业经济增长中的贡献率为40%左右，科技进步已成为食品工业的当务之急，必须依靠科技，积极采用新技术，充分开发利用食物资源；改变传统食品生产模式，提高产品技术含量和附加值；开发新产品，提高企业的经济效益。

今后中国食品工业行业和产品发展的重点主要集中在以下方面。

1. 粮食、油脂食品加工产业

（1）米、面食物加工 持续开发适应市场需求和食品工业专用的优质新产品、新品种；重点扶持大型企业，开发各类米、面制品加工新技术、新装备，提高传统主食品的工业化水平，扩大生产规模，开发新的主食品品种。加强采用生物工程等技术进行玉米深加工和对米、面副产品的加工；玉米深加工是优化产业结构，延长产业链，增加产品附加值的具体表现，也是解决三农问题的一个重要措施，例如可将玉米加工为生物酒精，解决能源短缺和环境污染的问题；将玉米加工为玉米胚芽粕、酒精胚芽粕饲料、玉米皮喷浆、玉米皮、玉米蛋白粉、麸皮等，可丰富玉米的产品种类，提高玉米的产品附加值。进而，提高米、面副产品中碎米、稻壳、米糠、麸皮、小麦胚芽等的综合利用率；扶持农民培育和引进优质甜玉米品种，建立甜玉米绿色基地，开发甜玉米系列产品，以满足国际、国内市场日益增长的需求。

（2）杂粮、薯类产业 中国是世界上杂粮、杂豆的主要产地，品种繁多，有"杂粮王国"的美誉，年产量在2000万吨以上，约占世界产量的10%。随着人民生活质量的提高，杂粮、杂豆及其制品将越来越为人们所喜爱，开发的前景十分广阔。薯类（红薯、马铃薯、木薯）是高产作物，块根（茎）富含淀粉，可作高能量饲料，茎叶也是较好的青绿饲料。加大对粟米、燕麦、荞麦、青稞、绿豆、红豆等杂粮及薯类资源开发利用的力度，关注西部地区杂粮资源开发；发展方便食品及高附加值衍生产品，以适应城镇居民对具有特殊营养价值的杂粮加工产品的需求。

（3）大豆产业 大豆不仅是油料、粮食作物，也是工业原料和经济作物。大豆从育种、种植、加工已经发展成了一个相当庞大的市场。对国民经济发展和国民健康有很大的影响。与大豆相关的种植、加工、物流形成的产业链条叫大豆产业。要高度重视大豆产业理性、健康发展，稳步发展大豆工业园区；加大对食品工业优质基础营养原料如大豆分离蛋白、大豆功能性蛋白、大豆组织蛋白及高附加值产品的开发力度；持续开发适宜不同群体营养需要的配餐豆奶以及高质量、强化营养的多品种花色豆奶、豆乳粉和豆腐；提高豆腐及各种传统豆制品在县级以上城市工业化、标准化生产的水平；重点加强对豆制品保鲜、冷藏链技术的研究应用。

（4）植物油脂加工业 加强精深加工技术的研发，提高油脂产品科技含量，并发展多种食品专用油脂；加强对特种油料的开发利用，生产功能性营养保健油；利用生物技术制备特殊功能的微生物油；持续推广应用油料膨化直接浸出、低温脱溶、酶工程等技术，以及在生产过程中控制、提取有毒有害成分的工艺技术和设备。

（5）粮油再生能源　关注粮油再生能源的研究开发力度，如对食品工业和餐饮业废弃的煎炸油等回收制取生物柴油，以及燃料乙醇的深入开发应用，促进有益于社会环保和食品业循环经济的发展。

2. 奶业、畜禽、水产类食品产业

① 随着监管力度的加大、质量安全意识的增强及奶业整体产业素质的提升，我国乳品质量安全水平不断提高。重点发展液体奶，积极发展绿色奶源，加强绿色奶源基地建设和奶畜品种质量提高以及畜群结构调整，提高奶源产量、质量、品种；增强乳制品生产自动化水平，严格执行《乳品企业生产技术管理规则》。加大学生奶推广力度，积极发展花色奶、有机牛羊奶、免疫牛羊奶等高质量、高营养乳制品。牛奶是世界人民公认的最为理想的蛋白食品，推广饮奶有助于普惠民生、强壮民族、加快经济结构调整。因此，奶业仍然是朝阳产业，未来发展前景广阔。

② 肉类食品是城乡人民的主要副食，包括畜禽类的肌肉、内脏及其制品，它能给人体提供必需的蛋白质、脂类、碳水化合物、无机盐及维生素等多种营养素。肉类食品易被人体消化吸收和利用，营养价值及食用价值均很高，且肉类食品的饱腹感强、味道鲜美。所以肉类食品加工业变得更加重要，并且要认真贯彻国务院《牲畜屠宰管理条例》，在大、中城市和重点县城全面推行工厂化屠宰；促进企业将技术装备和生产工艺的现代化向畜禽屠宰领域延伸，完善冷藏链和现代配送连锁营销方式建设，保证产品质量安全，以便有利于开拓国际、国内市场。

③ 水产加工业已发展成为以冷冻、冷藏水产品为主，鱼糜制品、调味休闲食品、干制品、海藻食品以及海洋药物等多个门类为辅的较为完善的水产加工体系。水产品加工业要研究开发新捕捞对象，扩大海水、淡水鱼以及富含特殊营养的海藻类和水生植物类的加工深度、广度，增加花色品种，开发合成水产品、水产保健食品、美容食品及海洋药物等；扶持一批规模大、出口创汇能力强的重点品种。

④ 重点加强对大宗水产品、低值水产品以及加工废弃物的精深加工和综合利用，如制成鱼丸、鱼肠等方便食品和调味品。

3. 果蔬、饮料、制糖产业

① 大力推动食品龙头企业、大中型企业与农村合作，结合农业"退耕还林"有序地开发绿色林果生产基地，注意合理布局。培育发展水果新品种及特种野生水果、野生植物、食用菌，为食品加工业提供优质特种原料；推动现有果蔬产区和特色果蔬生产基地的结构调整和生态环境保护建设，开发综合利用率高、附加值高的特色新品种。

② 果蔬不仅美味可口，还含有丰富的维生素和人体所需的元素，是老少皆宜的食物。随着果蔬加工业的发展，越来越多的果蔬制品出现在人们的购物车中。发展果蔬深加工，不仅可以减少浪费，还能增加农民收入。目前具有发展前景的果蔬制品有：冻干果蔬、蔬菜汁、发酵蔬菜饮料、乳酸发酵菜汁饮料、净菜、蔬菜膨化食品、果蔬粉、蔬菜脆片等。具有特殊功能的花色蔬菜制品有：美容蔬菜、蔬菜面条、蔬菜面包、蔬菜豆腐等。加快果蔬精深加工步伐，发展营养保健类果蔬汁饮料、小罐头、果蔬菜肴和速冻、保鲜、膨化果蔬产品及干果、蜜饯等方便、休闲新产品。

③ 我国饮料工业的发展方针是：天然、营养、优质、多品种、多档次，以普及碳酸饮料为主，积极发展果蔬类饮料、蛋白饮料和饮用矿泉水，适当发展固体饮料和特种营养饮

料，满足城乡 2 个市场不同人群和不同消费层次的需要，继而推向国外市场。饮料工业重点发展天然有机、营养保健的新品种，如复合果蔬汁饮料、豆奶、天然矿泉水、特色饮料及冷冻饮料；稳步发展纯茶、奶茶饮料，关注功能饮料的开发；大力扶持知名民族饮料品牌，鼓励企业开发新资源、特色新品种。

④ 食糖生产继续实行稳步发展的原则，推动糖料作物产区及糖厂的规模化、科工贸一体化经营；抓紧、抓好糖料作物科学种植和良种推广工作，提高糖料作物单产量和含糖量，降低食糖生产成本。加大糖料综合利用力度，在现有产品品种基础上，采用生物技术开发精细化工产品等。

4. 方便食品、罐头产业

① 大力发展工业化生产的各类面食、米饭等方便即时餐用主食，着力发展符合营养卫生质量标准的副食类方便食品，包括各种肉、禽、蛋、果蔬熟食制品，各种速冻熟食制品和多种风味配料调味的各类副食半成品，以适应家庭、餐饮业、食堂采用电器饮具加热即食或直接烹调的需求。

② 着力开发中餐工业化、标准化生产技术，实现从原料生产基地到餐桌的中餐加工、配送生产链。推广多样化、标准化中式、中西结合的配套团体餐、学生营养餐、午间工作餐、民工标准餐、旅游方便餐等。

③ 关注烘焙食品品种的开发创新，发展多样花色品种、低糖高营养的方便、休闲产品。

④ 关注罐头产品结构调整，提高罐头生产的连续化、机械化水平，加强自主创新能力，研究开发新资源、新品种。重点开发具有国际、国内市场前景的品牌罐头产品，以及地方特色传统风味产品；培育产品品牌，扩大出口创汇率。

5. 营养保健食品工业

① 随着食品工业的迅速崛起，越来越多的人意识到营养保健食品的重要性。大众对改善生命质量的渴求在一定程度上推动了营养保健食品的发展。坚持"以人为本"，大力发展无公害、无污染的安全、优质、营养类绿色保健食品；着力倡导科学开发、严格审批、诚信经营，强行治理夸大功能宣传，遏制假冒伪劣产品进入市场。

② 发展妇幼及学生保健食品。部分青少年因缺乏某种营养素出现营养不良情况，导致生长发育迟缓，孕产妇营养不良会对胎儿造成较大影响，甚至导致胎儿死亡。主要发展具有促进生长发育功能、免疫调节和改善功能的各类产品；推广各种泥糊状保健食品、乳酵食品、蜂蜜产品等。

③ 老年人对营养的特殊要求可概括为"四足四低"，即足够的蛋白质、足够的膳食纤维、足量的维生素与足量的矿物元素，以及低能量、低脂肪、低糖分和低钠盐。发展老年保健食品，重点发展低盐、低糖、高纤维、高蛋白食品和保健油脂，以及具有免疫调节功能、改善记忆功能和缓解衰老的保健产品。

④ 着力加强食品工业与中国传统中医药结合，坚持"药食同源"理念，建立研究开发中心，运用高科技，自主创新开拓具有中国民族特色的功能性保健食品，并大力扶持民族特色品牌，开拓国际市场。

6. 调味品、食品添加剂工业

① 重点扶持大型企业设备和工艺技术的更新改造，扩大规模，提高档次，提高行业企业集中度，促进产品更新换代。

② 调味品制造业要大力推进传统技术产业化进程，推广生物工程技术过程中的应用，持续加快生产运行中的规范化、连续化改造，防治污染，确保产品卫生质量；重点发展名牌

特色调味品、复合调味品、新型调味品，开发天然保健调味品和方便调料。

③ 着力提升酱腌产品卫生质量和营养水平；扶持重点企业利用新技术，大力发展绿色产品、野生植物产品和保持原色的腌渍产品。

④ 食品添加剂是构成现代食品工业的重要因素，它对于改善食品的色、香、味，增加食品营养，提高食品品质，改善加工条件，防止食品变质，延长食品的保质期有极其重要的作用。因此，食品添加剂工业在食品工业中占据重要地位，可以说没有食品添加剂工业就不可能有现代食品工业。食品添加剂工业继续发展营养强化剂、甜味剂、乳化增稠剂、品质改良剂、着色剂、防腐剂、抗氧保鲜剂等产品。重点加强对天然资源的研究开发，加强添加剂产品标准化生产，扩大出口贸易。

7. 酿酒、发酵制品工业

① 继续以普通酒向优质酒转变、高度酒向低度酒转变、蒸馏酒向酿造酒转变、粮食酒向水果酒转变为导向；重点发展葡萄酒，积极发展黄酒，稳步发展啤酒和名优白酒，开发特种资源的保健功能性酒品种；扶持知名民族传统品牌企业实行跨地区、跨行业的兼并资产重组，扩大生产规模，提高酒类各种产品生产的集中度以及高新技术的推广应用。

② 加强酿酒原料资源综合利用，运用高新生物工程技术，对酒糟所含营养成分及可供化工和其他领域应用成分的提取，发展循环经济，提高产品附加值；关注酒精生产的发展，提高变性燃料乙醇的生产能力，扩大、推广其应用范围，并加大实施清洁生产力度，提高经济效益。

③ 食品发酵工业在进入新世纪后，其发展前景巨大，在生物技术的助推下，食品发酵工业应注重在技术含量的增加、产品附加值的提高、产品类型的扩展等方面加以完善，以此谋求我国食品发酵工业持续稳定地发展，为我国工业产值的提升做出更大贡献。重视发酵制品制造业的发展和科技进步，借以促进相关食品工业行业的发展；重点加强对酵母、酶制剂、柠檬酸的精深开发和标准化生产，提高产品质量，开拓新资源，创新发展新的高效能制品；大力扶持有实力的品牌企业自主创新，增加产量，发挥品牌优势，扩大出口贸易。

8. 食品和食品包装机械工业

① 随着国民经济的发展和生活品质的提高，人们对产品的包装（特别是食品的包装）提出了更高的要求。快速发展的食品加工业，需要大量高品质的包装机械，这给食品包装机械制造行业带来了商机。根据国家统计局相关数据显示，2013 年我国食品与包装机械行业完成工业总产值 2920 亿元，同比增长 16.80%，超过全国机械工业当年的增长率。要大力提高自主创新能力，努力应用计算机技术、信息技术、自动化技术，与传统的机械制造技术相结合，振兴食品与食品包装机械制造业，促进食品工业各行业全面、较快发展。

② 倡导绿色制造，即构建注重环保因素、资源能源利用率和生产效率的现代制造模式，促进新型制造技术的开拓、应用。

③ 加大对包装材料新资源的开发，重点开发无公害、无污染、易回收利用、易被环境降解的材料和节约型食品包装，并开发相应的包装设备。关注纳米复合包装材料的研究开发。

二、发展绿色食品加工业的意义

1. 发展绿色食品加工业是提高农畜产品资源利用率及经济效益的重要途径

食品工业的发展表明，食品工业与农业的关系十分密切。可以说，没有农业就没有食品工业。绿色食品行业本身的特点将两者有机地结合到一起，因为绿色食品加工业要求，加工企业必须使用经过认证的绿色食品农畜渔业等产品作为原料，这使得充分合理利用农产品资源，加大农畜产品转化，提高加工深度，增加农产品附加值在绿色食品加工业中变成现实。部分地区出现了绿色食品加工业带动、促进区域经济全面发展的局面，大大提高了农业生产者的积极性，从而促进了农业的发展。

虽然食品加工业发展会带来人类不可食用的副产品，例如占渔业产量 30％的骨翅、内脏等，若加工成鱼粉则是一种高蛋白饲料。大豆加工的副产品豆饼也是极好的蛋白饲料。绿色食品加工联产绿色食品饲料，有利于将资源综合利用，使无污染的绿色食品产品合理地循环利用，促进绿色食品畜牧业发展，同时将可能浪费的资源转化为经济效益。

2. 发展绿色食品加工业是改善城乡人民食物营养结构的客观必要

中国全面实现小康水平的食物结构和膳食营养目标是达到人均每日摄取热量 2600kcal（1cal＝4.184J）、蛋白质 72g（优质蛋白质约占 1/3）、脂肪 72g 的合理食物搭配及适当营养强化要求，仅仅靠初级农产品的生产是不可能实现的，必须对初级产品进行合理的生产、加工，保证其营养价值并提高其品质，才能满足人们日益增长的需求，绿色食品加工产品以其优质、营养的特点，必将为中国城乡人民食品营养结构的改善做出巨大贡献。

3. 绿色食品加工业必将促进中国食品工业的发展

绿色食品加工业是中国食品工业发展的重点之一，绿色食品认证几乎涵盖了所有食品种类。绿色食品企业已经认识到提高加工深度、增加产品附加值是提高经济效益最有效的手段。至 2014 年底，全国有效使用绿色食品标志的企业总数 8700 家，产品总数 21153 个，涵盖农林产品及其加工产品、畜禽类产品、水产类产品、饮品类产品和其他产品 5 大类、57 小类。绿色食品总体规模持续扩大，发展趋势趋于稳定，企业及产品数量平稳增长。

绿色食品的快速发展极大地推动了中国食品行业出口贸易的发展。绿色食品标准严格，加工业对生产的标准化要求很高。绿色食品生产对企业的要求，对规程、工艺的要求以及对最终产品的要求，打破了中国食品行业中各管一段的传统格局，对企业的食品生产实行了全程质量控制，使产品质量得到了极大的提高。

三、绿色食品加工业存在的问题

第一，绿色食品存在初级农产品所占比重较大的现象。2007 年年底，中国绿色食品 15238 个产品中有初级农产品 5675 个（水果、蔬菜、蛋、牛羊肉、茶叶等），占产品总数的 37.24％。这种加工产品比重小（仅有 62.76％）的状况恰恰与国际食品行业食品加工业比重越来越大的发展趋势不一致。第二，加工产品品种单一，产品重复较多。2007 年年底，15238 个产品中仅大米就有 2065 个，面粉 754 个，蔬菜、水果、食用菌也占有较大比重。加工深度高、附加值高的产品数量还较少。第三，企业产品技术含量有待进一步提高。第四，管理仍需细化，突出绿色食品加工的特色，加工人员的素质也亟须提高。绿色食品按照从"土地到餐桌"全程质量控制的技术路线，要求实施"环境有监测、生产有规程、产品有检验、包装有标识"的标准化生产模式，并依据绿色食品标准和技术要求建立相应的绿色食品质量管理体系。加工产品涉及原料生产（采购）、原料加工、产品包装、产品贮运等多个环节，如畜禽肉深加工企业，涉及饲料种植、饲料加工、畜禽养殖、屠宰加工等几个环节，饲料种植加工和畜禽养殖部分缺少相应的质量管理体系。因此，加工企业或止步于绿色食品质量管理体系的建立，或不能达到绿色食品标准和技术要求，从而不能获得绿色食品标志。第五，品牌竞争力不强。目前，大部分初加工产品和深加工产品往往包装过于简单，甚至没有包装；没有商标或者商标并不知名；营销渠道也多为低端农贸市场或低端超市。相对于包装精良、商标知名、营销渠道为高端商超的产品，绿色食品品牌价值在这些产品上很难得到充分发挥。造成上述状况的主要原因是中国食品工业总的来说还比较落后，从而限制了绿色食品加工业的发展；而绿色食品对原料的严格要求、对企业的认真认证，客观上也限制了绿色食品加工品种的多样化，很多作坊式生产的传统食品被拒之门外。

今后绿色食品加工业的发展重点应突出特色产品的开发，名、优、新产品也应合理利用绿色食品加工原则。积极采用符合绿色食品生产原则的新技术，提高企业产品竞争力，改进传统食品工艺，使之脱离作坊式生产方式，达到绿色食品标准要求。绿色食品品牌价值是绿色食品的核心竞争力。充分挖掘绿色食品标志与加工产品的结合点，引导初加工产品和深加工产品利用绿色食品品牌影响力精良包装、高端营销，并积极参与绿色食品博览会和展销会，拓宽加工企业产品知名度和销售量等，充分利用和发挥绿色食品品牌价值。总之，绿色食品品牌宣传和建设的最终载体是安全、优质、获得绿色食品标志使用权的一件件商品，加工产品发展绿色食品是市场需要，也是绿色食品行业发展的需要，通过多方努力和协作，绿色食品产品结构将更加趋于合理，绿色食品事业也将迈上新台阶，迎来新的发展。

四、绿色食品加工的基本原则

绿色食品作为食品的一个特殊类别，对产品质量有着特别要求，即安全、优质、营养、无污染。生产加工方式则必须遵循有机生产方式，做到节约能源、持续发展、清洁生产。因此，绿色食品加工时必须尽量节约能源，使物质循环利用；保持食物本身营养；在加工中保证食品不受到任何污染；不对环境和人产生任何污染与危害。所以绿色食品加工应该遵循一定的原则。

1. 可持续发展原则

以食物资源为原料进行的绿色食品加工，必须坚持可持续发展，本着节约能源、物质再循环利用的原则，多层次综合利用，在产业加工利用链的长链中，反复循环再利用，既符合环境保护要求，又符合经济再生产原则。如以苹果为例：用苹果制果汁；制汁后剩余皮渣，采用固体发酵生产乙醇；余渣还可通过微生物发酵生产柠檬酸；再从剩下的发酵物中提取纤维素，生产粉状苹果纤维食品，作为固态食品的非营养性有机填充物；剩下的废物经厌氧细菌分解产生沼气，充分实现原料的综合多层面加工利用。这种长链生产利用，既提高了经济效益，又减少了废物产生，从而最大限度地提升经济价值，取得良好的社会效益。

2. 营养物质最小损失原则

绿色食品加工应能最大限度地保持原料的营养成分，使营养物质的损失降到最小限度。要保持食品的天然营养特性就必须采用一系列加工工艺，防止或尽量减少加工中营养物质的流失、氧化、降解，最大限度地保留营养价值。因此，加工绿色食品所采用的加工工艺要求较高，尽量保持食品天然的色、香、味，并赋予产品一定的形状，根据不同的加工方式提高食品营养价值。

3. 加工过程无污染原则

食品的加工过程是一个复杂的过程，原料的污染、不良卫生状况、有害洗涤液、劣质添加剂、机械设备、材料及生产人员操作失误等，都可造成最终的产品污染。因此，从原料入库到产品出库的每一个环节和步骤都要严格控制，防止因加工而造成的二次污染。具体要注意以下几个方面。

(1) 原料来源明确 要求加工的主要原料必须是经过专门的绿色食品认证组织如中国绿色食品发展中心或者有机食品认证组织如 ECOCERT（欧盟国际生态认证中心）、IMO（瑞士生态市场研究所）认证的原料，辅料也尽量使用已经得到认证的产品，这样才能保证加工产品是绿色安全的。

（2）企业管理完善　绿色食品生产企业必须经过认证机构和管理人员的考察，要求绿色食品加工企业地理位置适合、建筑布局合理、供排系统完善、具有良好的卫生条件、企业管理严格而有序，以保证生产的安全性和不受外界的污染。

（3）加工设备无污染　应选用对人体无害的材料制成绿色食品的加工机械设备，尤其是与食品接触的部位，必须保证不能对食品造成污染。另外，设备本身还应清洁卫生，以防油污和灰尘等造成污染。

（4）加工工艺合理　绿色食品加工尽量选用先进的技术手段，采用合理的工艺，选用天然添加剂及无害的洗涤剂，尽量采用先进技术、工艺、物理加工方法，减少添加剂、洗涤液污染食品的机会，避免交叉污染。还可用物理、生物办法进行保鲜、冻干、冷冻等，既改善了食品风味，又起到了防腐的作用。近年来开发的生物方法、酶法等一些新的技术用于绿色食品的加工和贮藏，可在避免污染的同时，改善食品风味，增加食品营养。在食品加工过程中，为改善食品的色、香、味、形、营养价值以及为保存和加工的需要，而加入食品中的化学合成或天然物质中，主要关注添加剂的安全性。添加剂主要有防腐剂、抗氧化剂、酶制剂、营养强化剂、风味剂、发色剂等。如在粉丝生产中加入明矾作为增稠剂和稳定剂，在食品加工中使用苯甲酸钠、亚硝酸盐等防腐剂，均由于其具有慢性毒性或"三致（致癌、致畸、致突变）作用"而不符合绿色食品标准的要求。

（5）选用适宜的贮藏和运输方法　绿色食品的贮藏是加工的重要环节，包括加工前原料的贮藏、加工后产品的保藏以及加工过程中半成品的贮藏。贮藏应选用安全的贮藏方法及容器，防止在此过程中造成产品的污染。绿色食品的运输过程也同样要求无杂质和污染源污染，严禁因混装而造成的污染。

（6）加强人员培训　对生产人员进行绿色食品生产的知识培训，让他们了解绿色食品基本知识和绿色食品加工原则，严格按规定操作，加强责任心，避免人为污染，保证食品安全。

4．环境无污染原则

绿色食品加工企业实施清洁生产的最基本原则，不仅避免生产的产品受到污染，而且还要注意加工过程中不使环境造成污染与危害，绿色食品加工企业，还须考虑对环境的影响，应避免对环境造成污染。加工后生产的废水、废气、废料等都需经过无害化处理，以避免对周边环境造成污染。

畜禽加工厂要求远离居民区，并有"三废"净化处理设备，加工后的废气、废水、废渣尽可能再生循环，多元、多级利用，对废物进行二次开发，使废物资源化，采用无废物产生的先进工艺。

不可避免产生的废气、废水和废渣必须经过无害化处理才能排放，不能对环境造成污染。以水产加工厂为例，其废水主要含有鱼、虾等固体残渣，其化学成分为蛋白质、油脂、酸、碱、盐及糖类等，虽然食品工业废水、废渣一般是无毒的，但是有机物含量高，若排入附近水体，将消耗水中大量的溶解氧，导致水生生物不能生长，水体变咸、发臭，同样给环境造成危害。因此，水产加工厂废水在排出之前须做必要处理。比如设置格栅去除固体残渣；除油池除去水中油脂，并加以回收等。总之，绿色食品加工一定要贯彻前述可持续发展、清洁生产和三绿策略。

五、绿色食品加工的基本原理

1. 食品腐败变质原因

食品是以动、植物为主要原料的加工制品，绝大多数食品营养丰富，是微生物生长活动的良好培养基，而动、植物机体内的酶也常常继续起作用，因而造成食品腐烂变质。如何控制和防止食品腐败以保证成品质量，是食品工业长期以来一直关注的焦点和难题。

食品腐败广义地讲，是指由于某一种或者某几种原因改变了食品原有的性质和状态，使食品质量变劣、无法食用的现象。一般表现为腐烂、霉变、变色、变味、浑浊、沉淀和组织状态发生变化等现象。食品的腐败变质主要由以下三方面引起。

(1) 微生物生长腐败变质 有害微生物的生长发育是导致食品腐败变质的主要原因。由微生物引起的腐败变质通常表现为生霉、酸败、发酵、软化、腐烂、产气、变色、混浊等，对食品品质危害最大，轻则使产品品质下降，重则不能食用，甚至会因误食造成食品中毒而死亡。

(2) 酶作用腐败变质 不管是新鲜的植物类食品还是刚屠宰后的动物类食品原料，其中含有大量的各种生物化学反应的酶，而这些酶是引起食品腐败变质非常重要的原因。如脂肪氧化酶引起脂肪酸败、蛋白酶引起蛋白质水解、淀粉酶引起淀粉降解、水果中的多酚氧化酶引起水果的褐变、果胶酶引起组织软化等，这些都会造成食品变色、变味、变软和营养价值下降。

(3) 理化反应引起的腐败变质 食品在加工和贮存过程中极有可能发生各种不良理化反应，如氧化、还原、分解、合成、溶解、晶析、沉淀等，这些都会造成食品理化腐败变质。理化腐败变质与微生物腐败变质相比，一般程度较轻，绝大多数无毒，但会造成色、香、味和维生素等营养组分严重损失，这类腐败变质与食品所含的化学组分密切相关。

2. 绿色食品加工保藏基本方法

针对食品腐败变质的原因，按照绿色食品加工原理，绿色食品加工保藏的方法有如下几种。

(1) 维持食品最低生命活动的加工保藏 主要用于果蔬等鲜活农副产品的贮藏、保鲜，采取各种措施以维持果蔬最低生命活动的新陈代谢，保持其天然免疫性，抵御微生物入侵，延长贮藏寿命。这要求了解果蔬贮藏的原理、基本贮藏方法和贮藏设施。新鲜果蔬是有生命活动的有机体，采收后仍进行着生命活动。它表现出来最易被察觉到的生命现象是其呼吸作用，必须创造一种适宜的冷藏条件，使果蔬采后正常衰老进程被抑制到最缓慢的程度，尽可能降低其物质消耗的水平，这就需要研究某一种类或某一品种果蔬最佳的贮藏低温、在这个适宜温度下能贮藏多长时间以及对低温的忍受力等。在贮藏保存中注意防止果蔬在不适宜的低温作用下出现冷害、冻害现象。温度是影响果蔬贮藏质量最重要的因素，湿度是保持果蔬新鲜度的基本条件，适当的氧气和二氧化碳等气体成分是提高贮藏质量的有力保证。做好果蔬原料的贮藏，对满足加工材料的供应有重要的意义。

(2) 抑制微生物活动的保藏方法 利用某些物理、化学因素抑制食品中微生物和酶的活动。这是一种暂时性保藏措施。属于这类保藏方法的有：冷冻保藏，如速冻食品；高渗透压保藏，如腌制品、糖制品、干制品等。

① 低温冷冻。大部分冷冻食品能保存新鲜食品原有的风味和营养价值，受到消费者的欢迎。速冻食品制品的出现以及耐热复合塑料薄膜袋和解冻复原加工设备的研究成功，已使冷冻制品在国外成为方便食品和快餐的重要支柱。速冻食品产销量已达到罐头食品的水平。

中国冷冻食品工业近些年发展迅速，速冻蔬菜、速冻春卷、烧麦及肉、兔、禽、虾等已远销国外。

果蔬速冻是目前国际上一项先进的加工技术，也是近代食品工业上发展迅速且占有重要地位的食品保存方法。

② 干制。果蔬干制是通过减少果蔬中所含的大量游离水和部分胶体结合水，使干制品中可溶性物质浓度增高到微生物不能利用程度的一种果蔬加工方法。果蔬中所含酶的活性在低水分情况下受到抑制。脱水是在人工控制条件下促使食品中水分蒸发的工艺过程。干制品的水分含量一般为 5%～10%，最低的水分含量可达 1%～5%。

③ 糖制和腌制。糖制和腌制都是利用一定浓度的食糖和食盐溶液来提高制品渗透压的加工保藏方法。

食糖本身对微生物并无毒害作用，它主要是减少微生物生长活动所能利用的自由水分，降低了制品水分活性，并借渗透压导致微生物细胞质壁分离，从而抑制微生物活动。为了保藏食品，糖液浓度至少要达到 50%～75%，以 70%～75% 为合适，这样高的糖液浓度才能抑制微生物的危害。1% 的食盐溶液能产生 0.618MPa 的渗透压，那么 15%～20% 的食盐溶液就可产生 9.27～12.36MPa 的渗透压，一般细菌的渗透压仅为 0.35～1.69MPa。当食盐浓度为 10% 时，各种腐败杆菌就完全停止活动。15% 的食盐溶液可使腐败球菌停止发育。

(3) 利用发酵原理的保藏方法　利用发酵原理的保藏方法称发酵保藏法或生化保藏法。利用某些有益微生物的活动产生和积累的代谢产物，抑制其他有害微生物活动。如乳酸发酵、酒精发酵、乙酸发酵。发酵产物乳酸、酒精、乙酸对有害微生物的毒害作用十分显著。这种毒害主要是氢离子浓度的作用，它的作用强弱不仅取决于含酸量的多少，更主要的是取决于其解离出的氢离子的浓度，即 pH 值的高低。发酵的含义是指在缺氧条件下糖类分解的产能代谢。

随着科学技术的不断发展，发酵食品的花色品种将不断增加以满足社会需要。发酵食品常常是糖类、蛋白质、脂肪等同时变化后形成的复杂混合物。对某类食品发酵必须控制微生物的类型和环境条件，以形成所需的特定发酵食品。

(4) 运用无菌原理的保藏方法　运用无菌原理的保藏方法即无菌保藏法，是通过热处理、过滤等工艺手段，使食品中腐败菌的数量减少或消灭到能使食品长期保存所允许的最低限度，并通过抽空、密封等处理防止再感染，从而使食品得以长期保藏的一类食品保藏方法。食品罐藏就是典型的无菌保藏法。

最广泛应用的杀菌方法是热杀菌。基本可分 70℃ 的巴氏杀菌法和 100℃ 及 100℃ 以上的高温杀菌法。超过一个大气压力的杀菌为高压杀菌法。冷杀菌法即是不需提高产品温度的杀菌方法，如紫外线杀菌法、过滤法等。

(5) 应用防腐剂的保藏方法　防腐剂是一些能杀死或防止食品中微生物生长发育的药剂，绿色食品加工对防腐剂有特殊的要求，应着重注意利用天然防腐剂如大蒜素、芥子油等。一般情况下，防腐剂主要用在半成品和成品的保藏上。

第二节　绿色食品加工厂基本要求

加工企业合理的布局、先进的设备、严格的管理与高素质的员工，是绿色食品产品质量的有力保障。

近年来随着农业生产领域和规模的不断扩大，农产品的产量和种类不断增加，促进了农产品加工业的迅速发展。由于农产品的种类繁多，对加工的要求也更加多样。例如，原料的清理、筛选、磨碎和分级，谷类、肉禽、乳蛋、烟酒、粮食、果蔬、食用菌等产品的制备和保藏（冷藏、干藏、罐藏）等，还有饲料的制备和保藏，都必须在加工过程中处理。因此，农产品加工，特别是绿色食品的加工，最后一道环节是最为挑剔、最为严格的，必须按可持续发展、清洁生产和三绿原则，严密筹划、设计、加工、管理、贮运，力求做到保质、保量、保安全、无公害、无污染。

加工企业的外部环境和厂内的卫生环境是直接影响产品质量的关键所在。绿色食品加工企业一定要选好厂址，在优越的环境基础上，还要严格按食品加工厂的卫生规范，改善自身卫生等条件，保证生产出全优产品。

一、绿色食品企业厂（场）址选择

新建、扩建、改建的食品企业在厂（场）址选择时，除符合整个规范区域规划外，还应注意如下几项。

1. 防止环境对企业的污染

食品中某些生物性或化学性污染物质常来自于空气或虫媒传播。因此，新建、扩建、改建的绿色食品企业在选择厂（场）址时，首先要考虑周围环境是否存在污染源。一般要求厂址应远离重工业区，必须在重工业区选址时，要根据污染范围设 500～1000m 防护林带。在居民区选址时，25m 内不得有排放尘、毒作业场所及暴露的垃圾堆、坑或露天厕所，500m内不得有粪场和传染病医院。除了距离上有所规定外，厂址还应根据常年主导风向，选在污染源的上风向。

2. 防止企业对环境和居民区的污染

一些食品企业排放的污水、污物可能带有致病菌或化学污染，污染居民区。因此屠宰厂、禽类加工厂等单位一般远离居民区。其间隔距离可根据企业性质、规模大小，按《工业企业设计卫生标准的规定》执行，最好在 1km 以上。其位置应位于居民区主导风向的下风向和饮用水水源的下游，同时应具备"三废"净化处理装置。

3. 满足企业生产需要的地理条件

(1) 地势高而且干燥的地区 厂址应处于地势较高并具有一定坡度的地区，而且最好地下水资源贫乏，防止地下水对建筑物墙基的浸泡和便于废水排放。

(2) 水资源丰富，水质良好 食品加工的特点就是要消耗大量的水，所以企业需要大量的生产用水，建厂必须保证有充足的供水量。用于绿色食品生产、容器设备洗涤的水必须符合国家饮用水标准；使用自备水源的企业，需对地下水丰水期和枯水期的水质、水量经过全面的检验分析，证明能满足生产需要后才能定址。

(3) 土壤清洁，便于绿化 干燥疏松的土壤在受到有机物污染时，可借助细菌和空气中氧的作用，使其无害化和无机化。

绿化能改善气候、美化环境，使人心情舒畅。绿化又能减少灰尘、减弱噪声，是防治污染的天然屏障，所以厂址应选在土壤清洁且适于绿化的地方。

(4) 交通便利 食品厂一定要选择在交通便利的地方，因为食品原材料和加工好的产品都需要有及时和良好的运输条件。但是也不能离公路太近，因为公路上尘土飞扬，很容易对食品造成污染。

二、建筑设计及卫生要求

1. 车间组成及布局

食品企业需有与产品品种、数量相适应的食品原料处理、加工、包装、贮存场所及配套的辅助用房（锅炉房、化验室、容器清洗室、办公室等）和生活用房（食堂、更衣室、厕所等）。

各部分建筑物要根据生产工艺顺序，按原料、半成品到成品保持连续性，避免原料和成品、清洁食品和污物交叉污染。锅炉房应建在生产车间的下风向，厕所应为便冲式且远离生产车间。

2. 卫生设备

食品车间的配置分垂直配置和水平配置 2 种。垂直式是按生产过程自上而下的配置，可避免交叉污染。水平配置通风采光好，运输方便，但增加了设置各种卫生技术设备的困难。食品车间必须具备以下卫生设备。

(1) 通风换气设备　分为自然通风和机械通风两种。必须保证足够的换气量，以驱除生产性蒸汽、油烟及人体呼出的二氧化碳气体，保证空气新鲜。

(2) 照明设备　分为自然照明和人工照明两种。自然照明要求采光门窗与地面的比例为 1：5；人工照明要有足够的照度，一般为 50Lux，检验操作台应达到 300Lux。

(3) 防尘、防蝇、防鼠设备　食品必须在车间内制作；原料、成品均要加盖；生产车间需装有纱门、纱窗；在货物频繁出入口处可安排风幕或防蝇道；车间外可设捕蝇笼或诱蝇灯等设备；车间门窗要严密。

(4) 卫生通过设备　中国《工业企业设计卫生标准》规定工业企业应设置生产卫生室，工人上班前在生产卫生室内完成个人卫生处理后再进入生产车间。生产卫生室可按每人 0.3～0.4m² 设置，内部设有更衣间和厕所。工人穿戴工作服、帽、口罩和工作鞋后，先进入洗手消毒室，在双排多个脚踏式水龙头洗手槽中用肥皂水洗手，并在槽端消毒池、盆中浸泡消毒，冷饮、罐头、乳制品车间还应在车间入口处设置低于地面 0.10m、宽 1m、长 2m 的鞋消毒池。

(5) 工具、容器洗刷消毒设备　绿色食品企业必须有与产品数量、品种相适应的工具、容器洗刷消毒间，这是保证食品卫生质量的重要环节。消毒间内要有浸泡、刷剔、冲洗、消毒的设备，消毒后的工具、容器要有足够的贮存室，严禁露天存放。

(6) 污水、垃圾和废弃物排放处理设备　食品企业生产、生活用水量很大，各种有机废弃物也比较多，在建筑设计时，要考虑污水和废弃物处理设备。为防止污水回溢，下水管直径应大于 10cm，敷管要有坡度。油脂含量高的沸水，管径应更粗一些并安装除油装置。

3. 地面、墙壁结构

(1) 地面　应由耐水、耐热、耐腐蚀材料组成；应有一定的坡度以便排水；地面要设有排水沟。

(2) 墙壁　要被覆一层光滑、浅色、不渗水、不吸水的材料；离地面 2.0m 以下的部分要铺设白瓷砖或其他材料的墙裙；生产车间四壁与屋顶交界处应呈弧形，以防止积垢和便于清洗。

三、绿色食品贮存

需要特别强调的是，如果加工企业生产的产品既有绿色食品又有非绿色食品，那么在生产与贮存过程中，必须将二者严格区分开来。例如用专用车间、专用生产线来生产、加工绿色食品产品，库房运输车也须专用。总之，绿色食品与非绿色食品之间必须有严格的界限区分，不能混淆，即使不具备专用生产线的条件，在生产线生产绿色食品前，也必须严格清洗该设备，避免可能产生的污染。

应该严格遵守《产品质量法》《标准化法》《计量法》《食品卫生法》《工业产品生产许可证试行条例》《查处食品标签违法行为规定》《产品标识标注规定》《加强食品质量安全监督管理工作实施意见》等相关法律、法规的规定，食品质量符合国家有关产品标准的要求。建立完善各项规章制度，努力提高企业质量管理水平。企业负责人和主要管理人员了解食品质量安全相关的法律、法规知识。具有与食品生产相适应的专业技术人员、熟练技术工人和质量工作人员。食品加工工艺流程科学、合理，生产加工过程严格、规范，对生产关键点进行严格控制。在生产全过程建立标准体系，实行标准化管理，从原材料采购、产品出厂检验到售后服务，实施全过程质量管理。食品的包装材料安全，贮存、运输和装卸食品的容器、包装、工具、设备安全，保持清洁，对食品无污染。产品出厂前经过严格检验，确保出厂产品检验合格。

第三节　绿色食品加工工艺要求

一、绿色食品加工原料的选择

原料是发展食品工业的基础。现代先进的食品工业对原料的质量提出了很高的要求。部分食品加工企业已自觉地禁用被农药污染的原料及不符合基本技术品质要求的原料品种（成熟度、含糖量、有病虫害等），企业已将原料质量控制作为其加工环节的"第一车间"。

绿色食品因其不同于普通食品的特性及对食品品质有较高的要求，更增加了原料选择的难度与严格程度。关于绿色食品加工产品原料的有关规定如下。

① 为加强对食品加工产品原料的管理、规范绿色食品加工产品的认证工作、确保产品质量，根据《绿色食品标志管理方法》，制定本规定。

② 所有绿色食品加工产品原料（包括食品添加剂）应达到食品级要求。

③ 获得绿色食品认证的原料含量不得少于90％。本规定中"获得绿色食品认证的原料"是指：绿色食品；绿色食品加工产品的副产品；产地环境质量符合《绿色食品 产地环境质量》（NY/T 391—2013）要求、按照绿色食品技术标准生产管理而获得的原料；绿色食品原料标准化生产基地生产的原料；绿色食品生产资料。本规定中"原料含量"是指该原料占产品加工过程中投入原料总重量或总体积（扣除加入水）的百分比。

④ 同一种原料不应同时来自获得绿色食品认证的原料和未获得绿色食品认证的原料。

⑤ 未获得绿色食品认证、原料含量在2％～10％的原料，要求有固定来源和省级或省级以上质检机构出具的产品检验报告，产品检验应依据《绿色食品产品标准适用目录》执行，原料产品标准若不在目录范围内，应按照国家标准、行业标准和地方标准的顺序依次选用。

⑥ 未获得绿色食品认证、原料含量不少于2％的原料，应有固定来源。

⑦ 食品添加剂的使用应符合《绿色食品 食品添加剂使用准则》（NY/T 392—2013）要求。

⑧ 禁止使用转基因原料。

⑨ 加工用水须监测 pH、砷、镉、六价铬、铅、汞、氰化物、氟化物、氯化物、总大肠菌群和菌落总数 11 个项目，评价标准按《生活饮用水卫生标准》（GB 5749—2006）中的规定执行。

⑩ 本规定由中国绿色食品发展中心负责解释。

1. 绿色食品加工业原料来源

食品加工一般都要求用新鲜的原料，新鲜才具有营养价值，特别是水果、蔬菜，只有新鲜时才是其维生素含量最高、损失最少的时候。

绿色食品加工的原料应有明确的原产地、生产企业或经销商的情况。固定的、良好的原料基地能够为企业提供质量、数量都有保证的原料。因此一些企业开始投资农业，建立自己的原料基地，这种反哺农业的集团发展趋势十分适合绿色食品加工业的发展，所以现在的很多企业都有自己的原料生产基地。

绿色食品加工产品的主要原料成分都应是已经认证的绿色食品。辅料，如盐应有固定供应来源，并应出具按绿色食品标准检验的权威的检验报告。"获得绿色食品认证的原料"是指：绿色食品；绿色食品加工产品的副产品；产地环境质量符合《绿色食品 产地环境技术条件》（NY/T 391）要求，按照绿色食品技术标准生产管理而获得的原料；绿色食品原料标准化生产基地生产原料；绿色食品生产资料。

水作为加工中常见的原料，因其特殊性，不必经过认证，但加工水必须符合中国饮用水卫生标准（也需经过检验，出具合法检验报告）。加工用水须监测 pH、砷、镉、六价铬、铅、汞、氰化物、氟化物、氯化物、总大肠菌群和菌落总数 11 个项目，评价标准按《生活饮用水卫生标准》（GB 5749—2006）中的规定执行。

非主要原料若尚无已认证的产品，则可以使用经中国绿色食品发展中心批准、有固定来源并已经检验的原料。

2. 原料的质量与技术要求

只有品质优良的原材料，才能加工出质量上乘的食品。比如有些加工产品，需要专用性较强的原料，像面包的专用面粉，以及加工番茄酱的优良品质的西红柿（可溶性固形物含量高、红色素应达到 20mg/kg、糖酸比适度）。

绿色食品加工原料首先须具备适合人食用的食品级质量，不能对人的健康有任何危害；其次，因加工工艺的要求以及最终产品的不同，各类食品对其原料的具体质量、技术指标要求也不同，但都应以生产出的食品具有最好的品质为原则。果汁质量的决定性因素是原料品种和成熟度、新鲜度等。倘若使用已腐败的水果原料制汁，霉菌（扩展青霉）则可能使水果原汁产生棒曲霉毒素，具有致癌、致畸等作用。所以只有选择适合加工工艺的高品质原料，才能保证绿色食品加工产品的质量。

绿色食品严禁用辐射、微波等方法将不宜食用的原料转化成可食用的食物作为加工原料。

对于非农、牧业来源的原料（盐及其他调味品等）须严格管理，在符合世界卫生组织（WHO）标准及国家标准的情况下尽量少用（水符合饮用水标准，用量可按加工要求量使用）。

3. 加工产品原料成分的标准及命名

有机食品对不同认证标准的混合成分要求有严格的标注，绿色食品加工也可遵循这个要求。食品标签中须明确标明该混合物中各成分的确切含量（用百分比表示），并按成分的不同而采用以下命名方式进行命名。

（1）加工品（混合成分）中最高标准的成分占 50％以上时，可命名为由不同标准认证的成分混合成的混合物。例如以下几种情况。

① 命名为含 A、B 两级标准的混合成分，则只能含 A、B 两级标准的成分，且 A 级标准的成分必须占 50％以上。

② 含 A、B、C 级标准的混合成分，必须有 50％以上 A 级成分。

③ 含 C 级成分的混合物，必须含 50％以上 B 级成分。

（2）若该混合成分中最高级成分含量不足 50％，则该混合物不能称为混合成分，而要按含量高的低级标准成分命名。如：含 B、C 级标准混合物，B 级占 40％，C 级成分占 60％，则该混合物被称为 C 级标准成分。

绿色食品对此目前尚无规定，而以上的标签方法比较科学，可以借鉴。

二、绿色食品加工工艺要求

绿色食品加工工艺应采用食品加工的先进工艺，只有先进、科学、合理的工艺，才能最大限度地保留食品的自然属性及营养，并避免食品在加工中受到二次污染，但先进工艺必须符合绿色食品的加工原则，较先进的辐射保鲜工艺就是绿色食品加工所禁止的工艺。超高压杀菌技术是目前农产品非热杀菌的研究热点之一，它可以较好地保持新鲜水果本身的香气成分、风味物质和营养成分，在果汁饮料领域成为研究重点。而国际食品法典委员会（CAC）规定果汁饮料应采用物理杀菌方法，禁用高温、化学及放射方法杀菌。此规定符合绿色食品营养（不用高温杀菌可减少对营养物质的破坏）、无污染（不加防腐剂、不用化学方法杀菌）的宗旨，所生产的食品也较易达到绿色食品标准的要求，但其先进的工艺对设备及加工条件的要求比较高，国内食品行业很少有企业做到。再如利用超临界二氧化碳萃取技术生产植物油，即可解决普通工艺中有机溶剂残存的问题。

绿色食品加工还应注意食品色、香、味的保持，尽量避免破坏其固有的营养和风味，例如果汁浓缩时对其香气成分的回收工艺，使不必再添加香精而只采用其本身香精就可以再次将浓缩汁恢复为果汁。

食品在加工过程中，加工工艺引起食品营养成分和色、香、味的流失，绿色食品加工则要求较多地（或最大限度地）保持其原有的营养成分和色、香、味。有资料表明，由于粮谷类中营养素（蛋白质、脂类、碳水化合物、矿物质、维生素等）分布的不均匀性，粮食加工研磨时将丢失部分营养素，其丢失量往往随加工精度提高而增多，如当小麦的出粉率由 85％递降至 80％、70％时，硫胺素的损失率相应地由 11％递增至 37％、80％。粮谷加工如果过分粗糙，虽然营养素丢失较少，但感官性状差，消化吸收率亦相应下降。因此，粮谷加工工艺的最佳标准应为：能保持最好的感官性状、最高的消化吸收率，同时又能最大限度地保持各种营养成分。果蔬的加工适应性很强，营养丰富，特别是含有大量的维生素、矿物质营养，可以制成各种制品，如速冻品、干制品、罐藏品、制汁、酿造品、腌制品、粉制品等。不论哪种制品，均应最大限度地保存其天然营养成分及原有的色、香、味。一般来讲，速冻品、干制品、罐藏品、汁、干粉制品均能较好地保存其营养成分。若在色、脆性、香味及风味上采取相应的保护措施则可大大提高其价值。蔬菜含有叶绿素，在加工过程中易引起叶绿素变化而使蔬菜变色，但叶绿素在磁性环境中则较稳定。因而在腌制蔬菜时如先将蔬菜浸泡在含有适量石灰乳、碳酸钠、碳酸镁的溶液中，则既能保持制品绿色，又能起保脆作用。

一些食品加工工艺中与绿色食品加工原则相抵触的环节，必须进行改进。粉丝生产中必须加入明矾增稠、稳定，才能使粉丝成形，但早在 1989 年，世界卫生组织（WHO）就已经把"铝"确定为食品中的有害元素加以控制，并认为铝是人体不需要的金属元素，因此粉丝生产工艺中明矾的问题得不到解决，粉丝就不可能通过绿色食品认证。

另外，咸鱼生产中，因鱼体本身含有丰富的三甲胺（氧化物），三甲胺极易转化成二甲胺。腌制咸鱼的粗盐中 NO_3^- 的含量通常很高，在一种嗜盐菌的作用下，NO_3^- 可被还原成 NO_2^-。在鱼体中，当二甲胺与 NO_2^- 达到一定浓度时，即使不经过化学途径，也可由于微生物的催化作用，促使大量二甲基亚硝胺生成，其对人体有强烈致癌作用。为将咸鱼中亚硝胺化合物降至最低水平，则在工艺上可采用以下改进措施。

① 腌制鱼制品时，不用硝酸盐和亚硝酸盐。采用一些天然香辛料（丁香、豆蔻等）来代替抑菌剂。

② 采用干腌法，并不断除去腌制过程中产生的水分，保持低温以减少微生物繁殖的机会。必要时可用乙酸或抗坏血酸加以处理，便可有效抑制亚硝胺的合成。

③ 将腌制品在紫外线或强烈阳光下曝晒，亚硝胺即发生分解反应：

$$R_2N\text{-}NO \longrightarrow R_2N \cdot + \cdot NO$$

采用这些工艺措施抑制亚硝胺的产生，从而使咸鱼达到绿色食品标准。因此，绿色食品加工必须针对自身特点，采用适合的新技术、新工艺，提高绿色食品产品的品质及加工率。

三、高新技术在绿色食品加工工艺中的应用

1. 生物技术

主要包括基因工程、细胞工程、酶工程和发酵工程。因为有机食品对基因工程持摒弃的态度，不能采用，故本节只对酶工程及发酵工程简要介绍。

酶工程是利用生物手段合成、降解或转化某些物质，从而使廉价原料转化成附加值高的食品（酶法生产糊精、麦芽糖等）；或用酶法修饰植物蛋白，改良其营养价值和风味；还可用于果汁生产中，分解果胶提高出汁率等。

发酵工程是利用微生物进行工业生产的技术，除传统食品外，还取得了许多新成就，例如美国 Kelco 公司用微生物发酵法生产黄原胶等。

生物技术应用于绿色食品加工中，必将对提高加工率有很大帮助。

2. 膜分离技术

包括反渗透（RO）、超滤（UF）和电渗析。反渗透是借助半渗透膜，在压力作用下进行水和溶于水中物质（无机盐、胶体物质）的分隔，可用于牛奶、豆浆、酱油、果蔬汁的冷浓缩。超滤是利用人工合成膜在一定压力下对物质进行分离的一种技术，如植物蛋白的分离提取。电渗析是在外电场作用下，利用一种特殊的膜（离子交换膜）对离子具有不同的选择透过性而使溶液中的阴、阳离子和溶液分离，可用于海水淡化、水的纯化处理等。

膜分离技术可广泛应用于加工中的水处理及饮料工艺中，可提高饮料质量。

3. 冷冻干燥

又称冷冻或升华干燥，即湿物料先冻结至冰点以下，使水分变成固态冰，然后在较高的真空度下，将冰直接转化为蒸汽使物料得到干燥。如加工得当，多数食品可长期保存且原有物理、化学、生物学及感官性质不变；需要时加水，可恢复到原有形状和结构。

4. 超临界提取技术

即利用某些溶剂的临界温度和临界压力去分离多组分的混合物。例如二氧化碳超临界萃取辣椒油，其工艺过程中无任何有害物质加入，完全符合绿色食品加工原则。

挤压膨化、无菌包装、低温浓缩等技术也都可以利用到绿色食品生产中去。

对于加工工艺中各项参数指标、加工的操作规程必须严格执行，以保证产品质量的稳定性。

高新技术在杀菌工艺中的应用如脉冲磁场杀菌技术、超高温杀菌技术、辐照杀菌技术、电磁杀菌技术；高新技术在食品安全检测中的应用如生物芯片技术、免疫检测技术、现代仪器分析技术；在食品保鲜中的应用如气调保鲜、生物技术保鲜、纳米保鲜；在食品加工中的应用如超临界流体萃取技术、微胶囊技术、膜分离技术、挤压膨化技术、高压加工技术、超微粉碎技术、超声技术。

四、绿色食品生产企业加工设备要求

不同食品加工的工艺、设备区别较大，所以机械设备材料的构成不能一概而论。一般来讲，不锈钢、尼龙、玻璃、食品加工专用塑料等材料制造的设备都可用于绿色食品加工。食品工业中利用金属制造食品加工用具的品种日益增多，国家标准规定铁、不锈钢、铜等金属可以应用。铜、铁制品毒性极小，但易被酸、碱、盐等食品腐蚀，且易生锈；不锈钢食具也存在铅、铬、镍在食品中溶出的问题。故应注意合理使用铜、铁制品，并遵照执行不锈钢食具食品卫生标准与管理办法。

加工过程中，使用表面镀锡的铁管、挂釉陶瓷器皿、搪瓷器皿、镀锡铜锅及焊锡焊接的薄铁皮盘等，都可能导致食品含铅量大大增高。特别是在接触 pH 值较低的原料或添加剂时，铅更容易溶出。

铅主要损害人体的神经系统、造血器官和肾脏，可造成急性眼痛和瘫痪，严重者甚至休克、死亡。

镉和砷主要来自电镀制品，砷在陶瓷制品中有一定含量，在酸性条件下易溶出。

因此，在选择设备时，首先应考虑选用不锈钢材质的设备。在一些常温常压、中性 pH 值条件下使用的器皿、管道、闸门等，可采用玻璃、铝制品、聚乙烯或其他无毒的塑料制品代替，但食盐对铝制品有强烈的腐蚀作用，应特别注意。

加工设备的轴承、枢纽部分所用润滑油的部位应全封闭，并尽可能用食用油润滑。机械设备上的润滑剂严禁使用多氯联苯。

食品机械设备布局应合理，符合工艺流程，便于操作，防止交叉污染。设备管道应设预观察口并便于拆卸修理，管道转弯处呈弧形以利冲洗消毒。

生产绿色食品的设备应尽量专用，不能专用的应在批量加工绿色食品后再加工常规食品，加工后对设备进行必要的清洗。

第四节　绿色食品食品添加剂使用技术

食品是人类生存的物质基础，它提供给人类生活所需要的各种营养素和能量。随着人民生活水平的提高和生活节奏的加快，人们对饮食提出了越来越高和越来越新的要求。一方面要求色、香、味、形俱佳，营养丰富；另一方面要求食用方便，清洁卫生，无毒无害，确保安全。此外，还要求适应快节奏和满足不同人群的消费需要，这些构成了促进中国食品工业发展的外部因素，而食品加工制造技术、食品原料、食品添加剂则构成了促进食品工业发展的内部因素，其中，食品添加剂是最活跃的因素。食品添加剂是现代食品工业的四大支柱之一，也是食品工业最具"魔力"的基础原料，虽然它只在食品中添加 $0.01\% \sim 0.1\%$，但在改善食品色、香、味，调整食品营养构成，提高食品质量和档次，改善食品加工条件，延长食品货架寿命等方面，均发挥着重要的作用。曾有专家指出，食品添加剂是食品工业设计中的配方核心组成部分之一，没有优质的食品添加剂就没有现代食品工业。当今，食品添加剂已渗透到所有的食品加工领域，包括粮食加工、肉禽加工、果蔬加工、发酵工艺以及酿造、饮料、糖制品、乳制品、水产品、营养品等，还为烹饪所必需，进入了家庭的一日三餐中，可谓是食品制造中的秘密武器。在食品生产中，使用食品添加剂可以改善食品品质，使其达到色、香、味俱佳，并能延长食品保存期，增加食品营养成分，便于食品加工，改进生产工艺和提高生产率，因此，食品添加剂已成为现代食品工业的重要支柱。

一、食品添加剂的种类

进入 20 世纪以来，随着工业的发展，食品和食品添加剂工业迅速发展起来，食品添加剂的品种显著增多。《中华人民共和国食品卫生法》和《食品添加剂使用卫生标准》施行后，GB 2760 从 2010 年到 2014 年年底颁布了 13 次公告共计 196 个食品添加剂，其中包括 45 个食品添加剂新品种、15 个食品用香料新品种、138 个扩大使用范围（含来源及用量调整）等。目前，《食品添加剂使用标准》（GB 2760—2014）规定我国许可使用的食品添加剂品种已达 23 个类别，包括 2325 个食品添加剂品种，食品用香料和等同香料 1870 种，不限用量的加工助剂 38 种，限定使用条件的助剂酶制剂及其他共计 417 种。GB 2760—2014 对食品添加剂的定义进行了变更，删除了食品营养强化剂，并且将食品营养强化剂和胶基糖果中的基础剂物质及其配料名单调整由 GB 14880—2012、GB 29987—2014 进行规定。

国际上通常按来源把食品添加剂分成三大类：一是天然提取物，天然食品添加剂是指利用动植物或微生物的代谢产物等为原料，经提取所获得的天然物质；二是用发酵法等制取的柠檬酸、味精等，还有虽是化学法合成但其化学结构和天然的相同且能被人体代谢的统称似同天然物，也称为天然同等物，如天然同等香料、天然同等色素等；三是纯化学合成物，化学合成的食品添加剂是指采用化学手段，使元素或化合物经过氧化、还原、缩合、聚合、成盐等合成反应而得到的物质。目前使用的添加剂大多属于化学合成食品添加剂。但是，天然添加剂较安全。其实以后添加剂的发展趋势就是要朝着天然、无公害、对人体没有健康损害的方向发展。

中国规定使用的食品添加剂种类有：防腐剂、抗氧化剂、发色剂、漂白剂、酸味剂、甜味剂、凝固剂、疏松剂、增稠剂、消泡剂、着色剂、乳化剂、品质改良剂、抗结剂、酶制剂、营养强化剂、食品加工助剂、增味剂、保鲜剂、酸度调节剂、护色剂、香料和其他等 21 类等。

二、食品添加剂的安全性问题

使用食品添加剂最重要的原则是安全性和有效性，其中安全性更为重要。正因为如此，各国对食品添加剂的使用大都采取许可使用名单制，并通过一定的法规予以管理。中国有关食品添加剂方面的法规有：①《食品卫生法》；②《食品安全性毒理学评价程序》；③《食品添加剂卫生管理办法》；④《食品添加剂使用卫生标准》；⑤《食品营养强化剂使用卫生标准》；⑥《食品添加剂生产管理办法》；⑦《食品工业用酶制剂卫生管理办法》；⑧《食品用香料与香精厂卫生规范》等法规和条例。

应该指出，按照国家有关规定正确使用食品添加剂是安全的；要保证食品添加剂的安全使用，必须严格遵守国家的有关规章制度。食品添加剂在使用时应符合以下基本要求：①不应对人体产生任何健康危害；②不应掩盖食品的腐败变质；③不应掩盖食品本身或加工过程中的质量缺陷或以掺杂、掺假、伪造为目的而使用食品添加剂；④不应降低食品本身的营养价值；⑤在达到预期效果的前提下尽可能降低其在食品中的使用量。在食品中使用添加剂的主要目的：①保持或提高食品本身的营养价值；②作为某些特殊膳食用食品的必要配料或成分；③提高食品的质量和稳定性，改进其感官特性；④便于食品的生产、加工、包装、运输或者贮藏。

食品添加剂可以通过食品配料（含食品添加剂）带入食品中：①根据《食品安全国家标准、食品添加剂使用标准》GB 2760—2014 规定，食品配料中只能使用 GB 2760—2014 允许的食品添加剂；②食品配料中所使用添加剂的用量不应超过允许的最大使用量；③应在正常生产工艺条件下使用这些配料，并且食品中所使用添加剂的含量不应超过由配料带入的水平；④由配料带入食品中的添加剂的含量应明显低于直接将其添加到食品中通常所需要的水平。当食品配料作为特定终产品的原料时，批准用于特定终产品的添加剂允许添加到这些食品配料中，同时添加剂在终产品中的用量应符合标准的要求。在所述特定食品配料的标签上应明确标示用于上述特定食品生产的食品配料。

绿色食品加工主要是关心添加剂的安全性。日本著名的"森永奶粉砷中毒"事件，就是由于使用了含砷的磷酸添加剂导致万余名婴儿中毒。

要保证食品添加剂使用安全，必须对其进行安全性评价。这是根据国家标准、卫生要求，以及食品添加剂的生产工艺、理化性质、质量标准、使用效率、范围、加入量、毒理学评价及检验方法等做出的综合性和安全性的评价，其中最重要的是毒理学评价。通常，每种物质当以足够大的剂量进行喂饲试验时，都可产生某种有害的作用。安全性评价则应鉴定这种可能的有害作用，并利用足够的毒理学资料来确定认为该物质安全的使用剂量。

毒理学评价需要进行一定的毒理学试验。在中国，毒理学评价通常分为 4 个阶段的不同试验：①急性毒理性试验；②遗传毒理试验，包括传统致畸试验、短期喂养试验；③亚慢性毒性试验，包括 90 天喂养试验、繁殖试验、代谢试验；④慢性试验，包括致癌试验等。

绿色食品必须符合质量标准，并接受有关部门验收、监督和检查。总之，食品添加剂是食品中只占千分之几甚至更少的物质，但却是食品检验中最重要的质量指标之一。要贯彻预防为主的方针，坚持安全第一、质量第一和市场第一的原则，依法办事。

绿色食品加工时，酶制剂、营养强化剂等一般符合国家标准要求即可，但抗氧化剂、防腐剂、色素、香精等物质，在加工中要求十分严格。若加工中必须使用上述添加剂，则尽量使用天然添加剂，化学或人工合成的添加剂必须严格按照《绿色食品　添加剂使用准则》选定合适种类及用量。对于危害人体健康、有慢性毒性或致病、致畸、致突变作用的添加剂严禁使用（如苯甲酸钠、亚硝酸盐）。某些产品工艺中必须添加、无法以更安全的添加剂替代的产品，需严格限制其产品中添加物的检出限量。例如葡萄酒中，总二氧化硫含量必须小于 250mg/L。具体的添加剂使用要求，须严格遵守《绿色食品　添加剂使用准则》。

三、绿色食品添加剂的使用技术

1. 绿色食品添加剂的一般要求

作为食品的辅料之一，添加剂要符合以下要求。

① 食品添加剂应有公定的名称，产品应有严格的质量标准，有害物质不得检出或不能

超过允许限量。

② 食品添加剂有助于食品的生产和贮藏，具有保持食品营养、防止腐败变质、改善感官质量、提高产品品质等作用。食品添加剂与其他配料复配，不应产生不良后果，并应在较低使用量条件下有显著效果。

③ 食品添加剂的使用必须对消费者有益，价格低廉，来源充足，使用方便，易于贮存和运输处理。

（4）添加于食品后能分析鉴定出来。

2. 绿色食品加工应遵循的标准和准则

《绿色食品 食品添加剂使用准则》本着严格、具体可操作的原则，参照国际标准，以IFOAM（国际有机农业联盟）和 EEC（欧洲经济共同体）以及 GB 2760 为基础，在广泛的调研基础上进行了制定。

目前食品检测的情况是：95％以上的食品只检测理化指标，各级、各类机构在管理、监督上最重视的是卫生指标（100％）；对于食品添加剂，如果不是产品相应的国标上规定要检测此项，一般不作检测；食品的配方中基本都含添加剂，但许多企业标准中根本不列这一项。对这种状况，该标准对 A 级与 AA 级绿色食品中食品添加剂的使用范围、禁用种类、使用量都作出具体的规定并严于国标，目的之一是为了引起注意，在绿色食品监督、管理、检测、产品标准中一定要有这一项，在对绿色食品的制造、检测、审批中，有关人员都会参照本标准更全面地进行监督，从整体上确保绿色食品的质量。

该标准限定化学合成食品添加剂的最大使用量低于 GB 2760 中的规定，允许使用种类少于 GB 2760 中的规定；在 AA 级绿色食品中不允许使用化学合成食品添加剂，以确保绿色食品的高质量。该标准中规定 A 级绿色食品中化学合成食品添加剂的最大使用量为普通食品中相同添加剂最大使用量的 60％，理由有如下三点。

① GB 2760 中的食品添加剂最大使用量，主要出发点是无不良反应的上限，在实际食品生产中，要达到添加剂的效果，一般不需要添加到这一数量，因此依据本标准的第 4 项内容，参照食品生产中添加剂的使用状况，将 A 级绿色食品中化学合成食品添加剂的最大使用量作了较大比例的降低，目的是使 A 级绿色食品中也尽量使用天然食品添加剂。

② 标准制定过程中，从河南省产品质检所、河南省卫生厅食品卫生监督检验所、河南省进出口商检局、郑州市技术监督局等单位提供的食品添加剂（葡萄酒中二氧化硫，白酒中己酸乙酯，酱油中苯甲酸，肉制品中亚硝酸钠，强化食品中铁、锌、钙制剂）超标案例中来看，超标的最大量一般都低于标准值的 100％。

③ 从国际、国内有关的资料中来看，该标准没有具体规定绿色食品中化学合成添加剂的最大使用量。由数理统计科学中"黄金分割"的概念出发，将指标定于普通食品中国标规定上限的 60％，保证化学合成添加剂的使用量在绿色食品和普通食品中的差异具有显著性，以此体现绿色食品的安全性。

该标准与 GB 2760 相比，内容更全面，对绿色食品中使用的食品添加剂的卫生指标进行了限定，供生产、使用食品添加剂的企业参考。该标准与所参照的国际标准相比更具体，国际标准中原则性内容多、具体规定少。本标准除参照使用国际标准中的原则之外，通过调研具体确定了各种添加剂的使用范围和最大使用量，这是一个重要的区别与特色，这一方法的采用使实际操作更为准确。

3. 绿色食品生产中食品添加剂的应用

中国国家标准《食品添加剂使用卫生标准》（GB 2760）明确规定了食品添加剂的品种、

使用范围及最大使用量。该标准规范性地引用了《食品营养强化剂使用卫生标准》（GB 14880）、《食品用香料分类和代码》（GB/T 14156）等标准。对未列入《食品添加剂使用卫生标准》中的其他食品添加剂，按《食品添加剂新品种管理办法》规定的审批程序经批准后方可使用。

在绿色食品生产中，可以按照国家标准合理使用添加剂，这是因为，除了生、鲜食品，及在能达到商业无菌条件中生产、贮存、无包装的食品外，加工食品都要直接或间接、或多或少地使用食品添加剂。就拿食盐这一原料来说，中国法定在食盐中加碘元素，而加入的碘强化剂，就是食品添加剂中的一类。所以生产绿色食品的企业，在 AA 级绿色食品中只允许使用天然的食品添加剂，不允许使用人工化学合成的食品添加剂；在 A 级绿色食品中可以使用人工化学合成的食品添加剂。

绿色食品的加工产品，在生产中应该以更高的水平合理使用添加剂，开发出各种花色品种的产品和不断地创新，以满足消费者的需要。从目前绿色食品加工企业所反映的问题来看，在食品添加剂的使用上主要有以下两个问题：第一，由于对食品添加剂安全性认识的误区，人们往往认为天然的食品添加剂比人工化学合成的安全，实际上许多天然产品的毒性因目前的检测手段、检测的内容所限，尚不能做出准确的判断，而且，就已检测出的结果进行比较，天然食品添加剂并不比合成的毒性小。在卫生部出台的《关于进一步规范保健食品原料管理的通知》中，以下的天然原料禁用：八角莲、土青木春、山茛菪、川乌、广防已、马桑叶、长春花、石蒜、朱砂、红豆杉、红茴香、洋地黄、蟾酥等 59 种。第二，对天然食品添加使用成本的误区。由于绿色食品附加值高，加之消费者普遍存在"天然的就是健康的"意识，在食品加工过程中，生产者广泛使用天然食品添加剂，以达到食品特有的风味、延长食品的保质期。因此，绿色加工食品的生产中，生产厂在使用天然食品添加剂时一定要掌握合理的用量。天然食品添加剂的使用效果在许多方面不如人工化学合成添加剂，使用技术也要求很高的水平，所以在使用中要仔细研究、掌握天然食品添加剂的应用工艺条件，不得为达到某种效果而超标加入。虽然绿色食品的附加值较高，但仍然需要控制产品成本，因为天然添加剂的价格一般较高，这就要求绿色食品的生产厂家提高自身的研发能力。科学使用天然食品添加剂的复配技术可以减少添加剂使用量和更新产品，食品添加剂的复配可使各种添加剂之间产生增效的作用，在食品行业中称为"协同效应"，"协同"的结果已不是相加，大多数情况中可以产生"相乘"结果，可以显著减少食品中食品添加剂的使用量，降低成本。最近中国对于复配型食品添加剂的管理法规可能有重大调整，各绿色食品的加工企业不妨相应地进行生产工艺技术的革新，提高绿色食品添加剂的使用功效。食品添加剂是食品工业中研发最活跃、发展和提高最快的内容之一，许多食品添加剂在纯度、使用功效方面提高很快（例如酶制剂），许多产品的活力、使用功效等年年甚至每季度都有新的进展。所以绿色食品的加工企业应时刻注意食品添加剂行业发展的新动向，不断提高产品加工中食品添加剂的使用水平。

祝群英、刘捷报道了多功能绿色食品添加剂——植酸，指出植酸具有独特的化学特性及特殊的生理和药理功能，涉及人类生活的全过程，即工、农、食品、医药、日化、金属防腐等各个领域。植酸的开发利用作为一项绿色工程，发展前景非常广阔。

生产绿色食品时不得以掩盖食品腐败变质或伪造为目的而使用食品添加剂，不得使用污染或变质的食品添加剂。使用食品添加剂时，应尽可能不用或少用，必须使用时，应严格控制使用范围和使用量。

使用的食品添加剂产品的卫生指标应符合表 6-1 的规定。

表 6-1　绿色食品使用食品添加剂产品卫生指标

项　　目	指　　标
砷(以 As 计)/(mg/kg)	≤0.5
铅(以 Pb 计)/(mg/kg)	≤0.8
铜(以 Cu 计)/(mg/kg)	≤0.5
黄曲霉毒素 B1/(μg/kg)	≤5
细菌总数/个	≤600
大肠菌群/(个/100g)	≤50
致病菌(指肠道致病菌及致病性球菌等)	不得检出

A 级绿色食品中食品添加剂的使用示例如表 6-2、表 6-3 所示。

表 6-2　A 级绿色食品中食品添加剂的使用示例

食品种类	添加剂	使用量	备　　注
谷物产品	磷酸钙	2.4g/kg 以下	用于面粉
	碳酸钙	0.03g/kg 以下	
	硫酸钙	1.5g/kg 以下	
酒　类	二氧化硫	0.25g/L 以下	
	焦亚硫酸钾	0.006g/kg 以下	
	柠檬酸	适量	
	酒石酸及其盐类	适量	
	蛋清白蛋白	适量	
糖果蜜饯	酒石酸及其盐类	适量	
	磷酸三钠	0.3g/kg 以下	
	碳酸钾	适量	
大豆产品	硫酸钙	适量	
	氯化镁	适量	
奶产品	氯化钙	适量	仅限用于奶制品
	硫酸钙	0.9g/kg 以下	
肉产品	乳酸	适量	
	柠檬酸钾	适量	
	柠檬酸钠	适量	
果蔬产品	柠檬酸	适量	只用于浓缩果蔬汁和菜、果酱
	黄原胶	适量	饮料
	乙二胺四乙酸二钠	0.25g/kg 以下	酱菜、罐头
	乳酸	适量	浓缩果蔬汁和蔬菜制品
	D-异抗坏血酸	适量	果蔬罐头、果酱
油脂产品	茶多酚	0.3g/kg 以下	油脂、火腿、糕点
	磷脂	适量	
糕点产品	柠檬酸钾	适量	糕点、起酥油
	黄原胶	10g/kg 以下	
	碳酸钾	适量	
茶叶	天然香料(花卉)	适量	用于制茶工艺
不限制添加剂	谷氨酸钠		
	二氧化碳		
	卡拉胶、瓜尔胶		
	槐豆胶、果胶		
	氧		
	蜂蜡		

表 6-3 食品添加剂在 A 级绿色食品中的使用示例

添加剂种类	名称	使用范围	最大使用量 /(g/kg)	备 注
防腐剂	苯甲酸 苯甲酸钠	酱油、醋、果汁、冰棍类、果酱（罐头除外）、复合调味料、调味糖浆	1.0	（1）浓缩果汁以苯甲酸计，固体饮料按稀释倍数增加使用量 （2）二者同时使用时，以苯甲酸计且不得超过最大使用量
		果酒	0.8	
		配制酒	0.4	
		胶基糖果	1.5	
		除胶基糖果以外的其他糖果	0.8	
		蜜饯凉果	0.5	
防腐剂	山梨酸 山梨酸钾 丙酸钠 丙酸钙	风味冰、冰棍类、经表面处理的鲜水果、蜜饯凉果、经表面处理的新鲜蔬菜、加工食用菌和藻类、酱及酱制类 人造黄油（人造奶油）及其类似制品（如黄油和人造黄油混合品）、果酱、腌渍的蔬菜、豆干再制品、新型豆制品（大豆蛋白及其膨化食品、大豆素肉等）、面包、糕点、风干、烘干、压干等水产品、熟制水产品（可直接食用）、其他水产品及其制）、调味糖浆、醋、酱油、复合调味料	0.5 1.0	（1）浓缩果蔬汁以山梨酸计，固体饮料按稀释倍数增加使用量 （2）二者同时使用时，以山梨酸计，不得超过最大使用量
		胶基糖果、蛋制品、肉灌肠类、方便米面制品、其他杂粮制品	1.5	
抗氧化剂	丁基羟基茴香醚 二丁基羟基甲苯 没食子酸丙酯 D-异抗坏血酸钠	油脂产品、干鱼制品	0.12	二者混合使用时总量不得超过 0.12g/kg
		腌腊肉产品	0.12	
		肉及肉产品	0.06	
		果蔬罐头、果酱	0.6	
护色剂	硝酸钠 亚硝酸钠	肉类制品、肉类罐头	0.3	残留量以亚硝酸钠计，肉类罐头不得超过 0.03g/kg；肉产品不得超过 0.02g/kg
		肉类制品、肉类罐头	0.09	
漂白剂	SO_2、焦亚硫酸钠 焦亚硫酸钾 亚硫酸钠、亚硫酸氢钠	葡萄酒、果酒	0.15	（1）SO_2 残留量不得超过 0.03g/kg （2）残留以 SO_2 计，均不得超过 0.06g/kg
		糖果、蜜饯、糕点、饼干	0.24	
		饴糖、食糖、葡萄糖	0.27	
酸度调节剂	柠檬酸 乳酸、酒石酸 苹果酸 偏酒石酸 磷酸、乙酸	糖果、糕点、饮料、酱 酱类、糖果、饮料 罐头 调味料、罐头		
甜味剂	甜菊糖（苷） 天门冬酰苯丙 氨酸甲酯 天门冬酰胺酸钠 甘草酸钠 麦芽糖醇 D-山梨糖醇	饮料、糖果、糕点 饮料、酒 饮料 调料、糖果、蜜饯 冷饮类、糕点、饼干 酱菜类、糖果 糕点	1.8 3.0 3.0	与蔗糖的混合按正常生产需要
增味剂	谷氨酸钠 5'-鸟苷酸二钠 5'-肌苷酸二钠 5'-呈味核苷酸二钠	不限制 不限制 不限制 不限制	0.5	

添加剂种类	名称	使用范围	最大使用量 /(g/kg)	备 注
凝固剂	硫酸钙(石膏) 氯化钙 葡萄糖酸-δ-内酯	罐头、豆制品 豆制品		
膨松剂	碳酸氢钠 碳酸钠 轻质碳酸钙 磷酸氢钙	饼干、糕点 配制发酵粉 代乳品		
增稠剂	明胶 酪朊酸钠 琼脂 果胶及其他天然胶 羧甲基淀粉钠(CMS) 羧甲基纤维素钠(CMC) 淀粉磷酸钠	糖果、肉制品、啤酒、果汁、冰淇淋 肉制品、面类制品、冰淇淋、果冻、果酱、果酒、调味料 果蔬产品、软糖、速溶饮料粉、酸牛奶饮料 面制品、乳饮料、冰淇淋 面制品、果蔬制品 汤料、调味料、饮料、冰淇淋	 0.1 0.15 0.1	正常生产需要
乳化剂	大豆磷脂 SPAN 类 TWEEN 类 蔗糖酯 SSL(CSL) 单硬脂酸甘油酯	糖果 冰淇淋、巧克力 脱水食品 人造奶油、起酥油 面点、面包 巧克力、人造奶油	8.0 1.0 1.0 1.2 3.0 3.0	
水分保持剂	三聚磷酸钠 六偏磷酸钠 焦磷酸钠 磷酸三钠 磷酸氢二钠 磷酸二氢钠	豆制品、奶制品、果汁饮料 奶制品、豆制品 同上 罐头、果汁饮料、奶制品、豆乳 乳制品、肉制品 鱼肉制品	1.2 0.6 0.6 0.3 0.3	二者应配合使用
着色剂	苋菜红、胭脂红、赤藓红 叶绿素铜钠 越橘红 辣椒红(橙) 酱色(不含铵盐) 红曲红 黑豆红 栀子黄 高粱红 玉米黄 萝卜红 玫瑰红 β-胡萝卜素	果蔬制品、糖果、糕点 糖果、配制酒 果汁、冰淇淋 罐头、糕点 罐头、糖果、饮料、酱油、醋、冰淇淋 冰淇淋、糖果 饮料、糕点、糖果 饮料、糕点、配制酒 熟肉制品、糕点 黄酒、人造奶油、糖果 饮料、糖果、蜜饯、配制酒 饮料、糖果、配制酒 奶油、膨化食品	0.03 0.3 0.48 0.18 0.24 4.00 0.12	用于 A 级绿色食品 天然含量 正常生产需要 正常生产需要 正常生产需要 正常生产需要 正常生产需要 正常生产需要
消泡剂	乳化硅油 DSA	味精 制糖、味精生产	0.12 0.4	
抗结剂	黄血盐	食盐	0.005	仅限于食盐
香精香料			按普通食品中最大使用量60%	
营养强化剂				暂定按 GB 14880—1994 执行

第五节　绿色食品产品质量要求

一、绿色食品产品标准

绿色食品涵盖的范围广，产品种类繁多，各种产品在原料生产、生产工艺、加工设备、技术条件等各方面都存在很大差异，因此需要对各种产品制定相应的产品标准。为此，中国绿色食品发展中心在全国范围内组织有关技术力量，有计划、有步骤地制定了一批绿色食品产品标准。

该标准是衡量绿色食品最终产品质量的指标尺度。它虽然跟普通食品的国家标准一样，规定了食品的外观品质、营养品质和卫生品质等内容，但其卫生品质要求高于国家现行标准，主要表现在对农药残留和重金属的检测项目种类多、指标严。而且，使用的主要原料必须是来自绿色食品产地的、按绿色食品生产技术操作规程生产出来的产品。绿色食品产品标准反映了绿色食品生产、管理和质量控制的先进水平，突出了绿色食品产品无污染、安全的卫生品质。

目前，中国绿色食品现行有效的使用标准共计 108 项，其中产品标准有 89 项，产品标准涉及种植业、养殖业及农产食品加工业等各个方面。今后，还将陆续制定或修订更多的绿色食品产品标准，加快绿色食品产品质量和标准建设的步伐。

从目前标准的具体实施和对绿色食品的管理实践来看，今后在绿色食品产品标准的制定中，除了一般的安全卫生指标外，对各种比较初级的农产食品应根据中国的具体生产情况和有关国际标准增加应检的农药、兽药残留指标，新鲜蔬菜还应增加硝酸盐含量等指标。而加工产品则需要增加化学合成防腐剂及人工色素、香精以及其他食品添加剂含量指标等内容。

二、绿色食品产品质量要求

绿色食品产品标准对绿色食品产品质量提出了具体要求，一般包括原料要求、感官要求、品质质量要求、卫生安全要求、试验方法等方面，体现了绿色食品"无污染、安全、优质、营养"的特征。

1. 原料要求

绿色食品的主要原料要求来自绿色食品产地，即经过环境监测部门检测符合绿色食品产地环境质量标准，按照绿色食品生产操作规程生产出来的产品。对于某些进口原料，例如果蔬脆片所用的棕榈油、生产冰激凌所用的黄油和奶粉等无法进行原料产地环境检测的原料，经中国绿色食品发展中心指定的食品监测中心按照绿色食品产品标准进行检验，符合标准的产品才能作为绿色食品加工原料。

2. 感官要求

感官要求包括外形、色泽、气味、口感、质地等。感官要求是食品给予用户或消费者的第一感觉，是绿色食品优质性的最直观体现。绿色食品产品标准中感官要求严于同类非绿色食品。例如，《绿色食品　食用植物油》（NY/T 751—2011）中豆油"感官"指标，要求大豆油澄清、透明、具有各种食用植物油正常的气味和滋味，无焦臭、酸败及其他异味。

3. 理化要求

理化要求是绿色食品的内涵要求，包括品质质量指标和卫生安全指标。

品质质量指标主要包括蛋白质、脂肪、糖类、维生素、矿质元素等营养成分指标，以及对产品的其他品质要求。

卫生安全指标主要包括农药残留量、兽药残留量、重金属、添加剂等指标，其中农药类以有机氯、有机磷、氨基甲酸酯等为主，兽药类以抗生素、硫胺类药物、硝基呋喃类药物等为主，有害重金属元素类以汞、铅、砷、镉等为主，添加剂以防腐剂、甜味素、抗氧化剂、护色剂、漂白剂、乳化剂等为主，这些指标要求与国外先进标准或国际标准接轨。

4. 微生物学要求

对于活性酵母菌、乳酸菌等含菌食品，微生物学特性是产品的质量基础，此外，还需检测如菌落总数、大肠菌群、黄曲霉毒素和致病菌（如金黄色葡萄球菌、蜡样芽孢杆菌、志贺氏菌、沙门氏菌、大肠杆菌等）等有害微生物污染指标，保证绿色食品的安全性。

目前，中国绿色食品产品标准中规定的卫生安全指标项目，一般多于和严于现行国家标准、行业标准的规定，等同或接近国际同类产品的规定；在品质指标方面也主要采用了相关标准中对优等品的要求。

以《绿色食品 咖啡》（NY/T 289—2012）为例，该标准对咖啡的卫生质量包括农药、其他有毒物质（如氯化物、氰化物、硫化物等）、重金属（如铜、铅、锡、铬、砷、汞等）以及有害微生物（如大肠杆菌、黄曲霉素等）等含量指标作出了明确而严格的规定。咖啡中这些有害物质有些来自大气、土壤、水质等生态环境，有些来自栽培管理过程中的生产资料投入，有些来自加工机械及咖啡加工、包装、贮运甚至销售过程中的不良操作。这就要求从咖啡园选地、开垦种植、栽培管理、肥料使用、病虫防治等生态环境保护、厂区建设、产品加工到包装、运输、销售等实行全程的质量控制。例如咖啡园选地、开垦，环境条件的好坏与咖啡生长发育有密切的关系，应该根据咖啡生长习性和对环境要求来决定。尽量避免选用冷空气容易积聚和凝霜的低地；咖啡根系好气，要选择排水良好疏松地土壤；咖啡需要静风环境，因此在无原生林的地区，要考虑规划防风林。规划咖啡园大小，主要依据当地风害的严重程度来考虑，一般 10～15 亩（1 亩≈667m²）为宜。开垦时注意保持原来林地静风环境，需要留下的大树作荫蔽的做好标记，予以保留，其余树木先砍伐后清理。园地的水土保持，是一项非常重要的工作，10°以下的缓坡地可采用等高开垦方法，10°以上的坡地修筑等高梯田。挖穴可结合修筑梯田进行，植穴一般采用 60（长）cm×60（宽）cm×50（深）cm 的规格。挖穴时，表土、底土要分开放置，以便表土回穴。植穴在定植前要施足基肥，一般施腐熟的牛栏肥、猪栏肥或堆肥均可，每穴施 15～25kg，混入过磷酸钙 0.25kg，基肥施完后再回表土，并混匀。如系密植，可挖水平穴，植穴在定植前 2～3 个月挖好，充分风化。

还有以《绿色食品 稻米》（NY/T 419—2014）为例，该标准对稻米的卫生质量包括农药、其他有毒物质（如氯化物、氰化物、硫化物等）、重金属（如铜、铅、锡、铬、砷、汞等）以及有害微生物（如大肠杆菌、黄曲霉素等）等含量指标作出了明确而严格的规定。稻米中这些有害物质有些来自大气、土壤、水质等生态环境，有些来自栽培管理过程中的生产资料投入，有些来自加工机械及稻米加工、包装、贮运甚至销售过程中的不良操作。这就要求从稻米园选地、开垦种植、栽培管理、肥料使用、病虫防治等生态环境保护、厂区建设、产品加工到包装、运输、销售等实行全程的质量控制。

以《绿色食品 坚果》（NY/T 1042—2014）为例，该标准对坚果的卫生质量包括农药、其他有毒物质（如氯化物、氰化物、硫化物等）、重金属（如铜、铅、锡、铬、砷、汞等）以及有害微生物（如大肠杆菌、黄曲霉素等）等含量指标作出了明确而严格的规定。原料产地环境应符合 NY/T 391 的规定，生产原料应符合绿色食品的规定，加工用水应符合 GB 5749 的规定，食品添加剂应符合 NY/T 392 的规定，加工环境应符合 GB 14881 的规定。

第六节　绿色食品加工产品质量控制

一、国际环境管理标准 ISO 14000

目前，广泛采用并实施的国际环境管理标准 ISO 14000，完全不同于以往的气、水、声、渣的质量和排放标准，其体现出国际标准的通用性和公平性。ISO 14000 是由国际标准化组织编制并推出的一套环境管理体系标准，主要针对企业或公司在生产和服务的过程中环境因素的分析和重要环境因素制定环境目标和环境管理方案，定期对环境运行情况进行监控，保障将最终的环境影响降低到最低点。

ISO 14000 的主要内容有环境管理体系、环境审计、环境标志、环境行为评价、寿命周期评定及术语定义等（由 ISO 14001～ISO 14049 组成）。ISO 14000 作为一个多标准组合系统，按标准性质分三类：第一类为基础标准——术语标准；第二类为基础标准——环境管理体系、规范、原则、应用指南；第三类为支持技术类标准（工具），包括环境审核、环境标志、环境行为评价、生命周期评估。如按标准的功能，可以分为两类：第一类为评价组织的标准，包括环境管理体系、环境行为评价、环境审核；第二类为评价产品的标准，包括生命周期评估、环境标志、产品标准中的环境指标。

ISO 14000 五大部分包括：①环境方针；②规划；③实施与运行；④检查与纠正措施；⑤管理评审。这五个基本部分包含了环境管理体系的建立过程和建立后有计划地评审及持续改进的循环，以保证组织内部环境管理体系的不断完善和提高。

ISO14000 的 16 个要素包括：①环境方针；②环境因素；③法律与其他要求；④目标和指标；⑤环境管理方案；⑥机构和职责；⑦培训、意识与能力；⑧信息交流；⑨环境管理体系文件；⑩文件管理；⑪运行控制；⑫应急准备和响应；⑬监测；⑭不符合、纠正与预防措施；⑮记录；⑯环境管理体系审核。

这一标准是以消费者的消费行为为根本动力，而不是以政府行为为动力。虽然没有法律上的约束力，但它可用来向消费者推荐有利于保护生态环境的产品，以形成强大的市场及社会压力，从而引起世界各国的高度重视，被誉为企业通向世界市场的"绿色通行证"。该标准已开始在中国试点实施。有一些企业已通过了中国有关认证机构的认证。

这一体系强调了持续改进、潜在要求，企业组织全面考察其环境行为，并有计划地实施改进措施。不仅要求自己达到标准要求，而且对原料供应商也提出环境要求，从而推动整个行业、产业体系的环境状况改善，尤其是污染较为严重的原料生产行业将为此付出代价。

二、企业内部环境质量控制

企业要实施绿色制造，必须按照 ISO14000 的有关要求和步骤，首先分析企业运行中存在的环境质量问题，并制定相关标准，监测、控制和约束企业的生产经营活动。

企业内部环境质量控制的内容包括以下方面。

① 能源利用：产品生命周期的能耗总量及再生能源、消耗的电力。

② 水资源消耗（消耗淡水总量等）。

③ 材料使用（生产过程中有毒有害材料的使用量，产生的废料总量，产生的有害物质、废气、废水排放，产生的温室气体以及消耗臭氧物质的排放）。

④ 回收及其再利用（再利用材料的比重）。

⑤ 产品（产品有效使用寿命，处理焚烧产品的百分比，可循环利用的包装和容器）。

⑥ 暴露及风险（有害废弃物的集中程度，人力及生态负效应可能造成人口发病率）。

⑦ 经济风险（生产者的平均生产周期成本，设计改进引起的成本）。

企业内部环境质量标准，亦即绿色制造及其工艺技术的实施与应用首先必须得到企业自身的重视，从企业内部的管理入手，不断进行工艺及管理创新，加强人员管理与培训，按照 ISO 14000 的各项要求，对企业的运行进行全过程控制，企业最终取得经济效益、社会效益和环境效益的同步发展。

总之，这些国际标准指导了生产企业总体的标准和行为，是严谨的、高标准的、与国际接轨的、权威性的标准，是把中国企业的环境质量管理与 ISO 14000 国际标准接轨，籍以取得企业通向世界的绿色通行证的必然趋势和步骤。

三、质量管理体系

1. ISO 9000

加工企业应具有完善、科学和高标准的管理系统，现在大部分绿色食品加工企业已通过 ISO 9000 系列认证。为了企业的质量管理有较为可靠的保证，绿色食品企业应多多借鉴国际经验和标准，从原料到产品，对所有环节进行监控，实行制度化、规范化、科学化的管理，力求与国际标准和质量要求接轨，以便获得国际权威的认证，取得通往国际市场的"绿色通行证"。

ISO 9000 是质量管理体系标准，它不是指一个标准，而是一种标准的统称。ISO 9000 是由 TC176（TC176 指质量管理体系技术委员会）制定的所有国际标准。ISO 9000 是 ISO 发布的 12000 多个标准中最畅销、最普遍的产品，ISO 9001 质量管理和质量保证标准是现代化质量管理理论发展的结晶。ISO（国际标准化组织）成立于 1947 年 2 月 23 日，是世界上最大的非政府性国际标准化组织，是由各国标准化团体组成的世界性的联合会。ISO 9000 是最基本的质量管理方法，因而它具有广泛的适用性。根据 IAF 公布的专业领域来看，ISO 9000 标准认证几乎覆盖了全球社会经济活动的各个层面。中国自 1992 年起，在制造业方面广泛推广 ISO 9000 标准，并逐步拓展到服务行业等领域，获得认证注册的企业现有 5000 多家。

ISO 9000 质量管理体系分为 ISO 9001、ISO 9002、ISO 9003、ISO 9004 等认证。

（1）ISO 9000（GB/T 19000）系列标准的兴起

① 国际贸易与市场竞争需要有一个统一的市场质量行为规范。

② 顾客期望所采购和消费的产品有质量保证。

③ 企业期望赢得市场，获得信誉和经济效益。

④ 人类对安全、环境保护和资源利用的关注。

一个企业在质量方针确立之后，质量管理的主要内容是质量体系的建设。质量体系是指"为实现质量管理所必需的组织结构、程序、过程和资源"。

（2）ISO9000系列标准遵循的原则

① 明确主要的质量目标和质量职责，这是质量体系建设的重要环节。

② 满足以顾客为中心的 5 个受益者的期望。5 个受益者是指顾客、员工、所有者、供方和社会。

③ 区别产品质量要求与质量体系要求。质量体系的建设是为了保证和提高产品质量。

④ 划分产品 4 大类别，即硬件、软件、流程材料和服务。质量体系建设应分类指导，

在 ISO9000 系列标准中，针对不同产品类别分别制定标准。

⑤ 注意影响产品质量的 4 个方面，即产品需要的质量、产品设计的质量、产品设计符合性的质量和产品保障性方面的质量。

⑥ 深入理解过程、过程网络以及它们与质量体系间的关系，即所有工作都是通过过程来完成的。

⑦ 重视质量体系的评审，不流于形式。

⑧ 强调质量体系文件的重要性。质量体系文件是描述质量体系的一整套文件，是一个企业 ISO 9000 贯标、建立并保持企业开展质量管理和质量保证的重要基础，是质量体系审核和质量体系认证的主要依据。一般包括：质量手册、程序文件、作业书、产品质量标准、检测技术规范与标准方法、质量计划、质量记录、检测报告等。

（3）ISO 9000 系列标准适用性

① 指导企业质量管理。

② 供需双方签订合同。

③ 需方对供方质量体系的认定。

④ 独立于供需双方的第三质量体系的认证。

⑤ ISO 9001～ISO 9003 标准是在合同环境下用以指导企业质量管理的标准；ISO 9004 标准是在非合同环境下用以指导企业质量管理的标准。在合同环境下，供需双方间有契约关系。

（4）ISO 9000（GB/T 19000）系列标准构成

① ISO 9000-1（GB/T 9000.1）质量管理和质量保证，第一部分：选择和使用指南。

② ISO 9001（GB/T 19001）质量体系：设计、开发、生产、安装和服务的质量保证模式。

③ ISO 9002（GB/T 19002）质量体系：生产、安装和服务的质量保证模式。

④ ISO 9003（GB/T 19003）质量体系：最终检验和试验的质量保证模式。

⑤ ISO 9004-1（GB/T 19004.1）质量管理和质量体系要素，第一部分：指南。

（5）ISO 9001、ISO 9002、ISO 9003、ISO 9004 的关系

ISO 9001《质量体系设计、开发、生产、安装和服务的质量保证模式》用于自身具有产品开发、设计功能的组织；ISO 9002《质量体系生产》用于自身不具有产品开发、设计功能的组织；ISO 9003《质量体系 最终检验和试验的质量保证模式》用于对质量保证能力要求相对较低的组织；ISO 9004《质量管理体系业绩改进指南》已经可以单独认证。

2. 质量管理 GMP 体系

绿色食品质量要与国际接轨，必须对国际上所采取的质量管理的目标、方法、法规等有比较透彻的了解。

GMP（good manufacturing practice，即生产质量管理规范）是一种具有专业特性的品质保证（QA）或制造管理体系，称为良好生产规范。GMP 较多应用于制药工业，许多国家也将其用于食品工业，制定出相应的 GMP 法规。美国最早将 GMP 用于工业生产，FDA（美国食品药品监督管理局）于 1963 年发布药品的 GMP 法规，并在第二年开始实施；1969 年又发布了食品制造、加工、包装和储存的良好生产规范（联邦法规第 128 节），简称 GMP 或 FGMP 基本法，并陆续发布各类食品的 GMP。经多次修改，1996 年版的联邦法规第一章中称其为"近代食品制造、包装和贮存的良好生产规范"（简称 CC，MP），并以 110 节代替原 128 节。

食品 GMP 是指食品优良制造标准。我国食品行业应用 GMP 始于 20 世纪 80 年代。

1984 年，为加强对我国出口食品生产企业的监督管理，保证出口食品的安全和卫生质量，原国家商检局制定了《出口食品厂、库卫生最低要求》。该规定是类似 GMP 的卫生法规，于 1994 年卫生部修改为《出口食品厂、库卫生要求》。1994 年，卫生部参照 FAO/WHO 食品法典委员会《食品卫生通则》（CAC/RCP Rev.2—1985），制定了《食品企业通用卫生规范》（GB 14881—1994）国家标准。随后，陆续发布了《罐头厂卫生规范》《白酒厂卫生规范》等 19 项国家标准。食品 GMP 很快被 FAO/WHO 的 CAC（食品法典委员会）采纳，并研究收集各种食品的《卫生操作规程》或 GMP 及其他各种规范作为国际规范推荐给 CAC 各成员国政府。

食品 GMP 是一种具体的质量保证制度，其宗旨是使食品工厂在制造、包装及贮运食品过程中，有关人员、建筑、设施、设备等设置，以及卫生、制造过程、质量管理等均能符合良好的生产条件，防止食品在不卫生条件或可能引起污染或品质变坏的环境下操作，减少生产事故的发生，确保食品安全卫生和质量稳定。

GMP 工作规范的重点是确认食品生产过程的安全性，防止异物、毒物、微生物污染食品；双重检验制度防止出现人为的损失；标签的管理；生产记录、报告的存档以及建立完善的管理制度。

自美国之后，世界上不少国家和地区，如日本、加拿大、新加坡、德国、澳大利亚、中国台湾等都在积极推行食品 GMP。中国台湾地区食品工业比较重视 GMP 的实施，早在 1989 年已全面推行食品 GMP 标准。

为了保护消费者和生产者的权益，维护生产企业之间进行公平竞争，促使企业完善管理体制、提高质量水平，我国在推行 GMP 方面取得了显著的成绩。

3. 食品质量管理 HACCP 体系

食品的质量管理是绿色食品生产最关键的问题。为了提高绿色食品质量，借鉴国际上先进的质量管理法规的经验，用来制定中国绿色食品质量管理的最严密、最科学的实施办法和规定是非常必要的。HACCP（即危害分析关键控制点）的运作涉及食品企业经营活动的各个环节：从原料采购、运输直至原料的贮藏，同时也包括生产加工与返工和再加工、包装、仓库贮放，到最后成品的交货和运输，整个经营过程中的每个环节都要通过生物、物理、化学的危害分析，然后找出关键控制点。

HACCP 危害分析关键控制点是鉴别和控制食品安全性的至关重要的一个体系方法和手段。1971 年，由美国开始将 HACCP 的原理在航天飞机制造和太空食品上应用，用来分析其失败原因和控制其关键环节，非常有效。为了解决存在已久的食品污染问题，我国从 1990 年开始引进 HACCP 体系。

近年来，有关沙门氏菌、李斯特菌、弯杆菌、大肠杆菌和其他细菌引起的肉品微生物污染时有报道，运用 HACCP 系统可以大大减少因微生物污染而引起的食物中毒，所以 HACCP 系统在农场、工厂、贮运、运输、销售、加工与食品卫生立法等方面的运用是非常重要的。由于食品工业规模的庞大和多样化，食品引发的疾病越来越引起人们的关注，除了微生物污染，还有化学污染，为了确保食品供应的安全性，美国及欧洲一些国家开始要求在本国内，根据 HACCP 安全保障体系的要求进行加工和生产。

HACCP 体系对食品安全的控制具有以下优点：①实现控制食品潜在的危险，是比较完整、科学的质量控制体系；②因为保存了公司符合食品安全法的长时间记录，能够让政府部门的工作人员更加有效和快速地对食品进行安全检测，有助于保证食品安全；③能够识别可能的、合理的潜在危害，提前预防食品问题；④对条件允许设备设计的改进，使产品的开发技术以及加工技术提高；⑤HACCP质量管理体系与世界质量安全体系接轨，能够提高企业在国际市场上的竞争力，提高食品的安全度，使贸易得到快速发展。同时，ISO9000系列标准包括了很多HACCP管理体系的内容，其中包括过程控制、监视和测量、质量记录的控制、文件和数据控制、内审等。

HACCP是一个以预防食品安全为基础的食品控制体系，并被国际权威机构认可为控制由食品引起的疾病最有效的方法。它适用于控制影响食品安全的微生物、化学和物理危害。HACCP最大的优点是它使食品生产或供应厂将以最终产品检验（即检验不合格）为主要基础的控制观念转变为在生产环境下鉴别并控制住潜在危害（即预防产品不合格）的预防性方法。它为食品生产等提供了一个比传统的最终产品检验更为安全的产品控制方法。

HACCP也是一种质量保证体系，但它与其他质量保证体系相比，有其特殊性，主要在于它是一种简便、易行、合理、有效的食品安全保证体系。

HACCP体系还为将生产安全食品的食品业体系与进行监督管理的政府体系联系起来提供了可行性。生产厂对生产安全食品有基本责任，政府机构对生产安全食品有监督责任，HACCP提供了实际内容和程序。美国于1995年起，在国内食品工业行业全面推行HACCP体系。

四、绿色食品企业管理

1. 技术管理

技术管理是质量管理和质量控制的保证。为了保证产品质量管理的稳定性和可靠性，必须做下列工作。

① 企业应根据产品质量需要，确定最好的工艺流程。对于生产中发现的问题及难点，要组织专业技术人员联合攻关，一切为了提高产品质量。

② 为了保证产品的高质量，需对工艺要求、检验方法等制定逐项说明条文，并针对主要生产环节，制定操作规程，要求上墙标示，以便于操作和检查。

③ 为全面控制产品质量，应对整个生产过程做质量控制框图。其内容包括：各生产环节所需控制的项目，检查和检验的方法，检查的频率、检查的人员、数据的记录，异常值的处理及质量问题的反馈等。

④ 根据工厂的规章制度要编制与之相应的绿色食品推广技术操作规程，这个规程要符合生产绿色食品所要求的条件，要有先进性和可操作性。随着科学的进步、技术的革新，可随时修订操作规程，并上报绿色食品管理部门和当地技术监督局备案。除调动职工自觉遵守操作规程外，对违反操作规程的行为，要适当给予惩处，为绿色食品质量创造条件和优势。

2. 生产人员管理

食品是肠道性传染病和食源性疾病的主要传播媒介，食品生产者若患有肠道传染病或带菌，极易通过污染食物造成传染病传播或流行，甚至引起食物中毒，因此，食品生产者必须每年至少进行一次健康体检，接触食品的生产者必须体检合格才能从事该项工作。绿色食品生产人员及管理人员必须经过绿色食品知识系统培训，对绿色食品标准有一定理解和掌握，才可以从事绿色食品加工生产。

3. 生产过程管理

除了完善的生产规程和健全的规章制度，绿色食品加工企业还必须拥有具体的生产记录。企业编制的涉及绿色食品生产的生产记录必须包括下列内容。

(1) 原料来源（采购物资）

① 供货企业名称、地址、绿色食品产品编号。

② 进货日期。

③ 进货数量、产品、种类。

④ 原料批号及标签（生产日期、储存方法等）。

（2）加工过程

① 加工产品数量（生产数量）。

② 加工损失数量。

③ 加工原料配比、生产情况。

④ 生产批量、批号、存储。

（3）销售

① 销售量。

② 买主（企业名称、地址、是否做绿色食品原料或出口、专柜销售等）。

③ 批号、代码。

以上记录可促进企业对绿色食品生产的管理，提高企业自律性，还将为中国绿色食品发展中心的认证、管理、抽检提供详实的审查依据。

4. 加工产品质量检测

绿色食品加工产品质量是否符合上述标准，判定的方法是检测。

（1）采样必须有代表性和均匀性，要认真填写采样记录，写明样品的生产日期、批号、采样条件和包装情况等。

（2）外地调入的食品应根据运货单、食品检验部门和卫生部门的化验单等了解起运日期、来源、地点、数量和品质以及运输、贮藏情况，并填写检测项目及采样人。

（3）采样的数量必须满足检验的需求，并且一式三份，供检验、复检和备查用。一般需0.5kg以上。

为使申请绿色食品认证产品的抽样工作顺利进行，保证样品的代表性、真实性和一致性，绿色食品的产品抽样有一定的操作规范。

① 抽样程序。

a. 省级绿色食品办公室（中心）委派绿色食品检查员进行抽样。

b. 抽样应有2名以上（含2名）检查员参加。抽样人员应持《绿色食品检查员证书》和《绿色食品产品抽样单》。

c. 抽样人员应配带随机抽样工具、封条，与被抽样单位当事人共同抽样。抽样结束时应如实填写《绿色食品产品抽样单》，双方签字，加盖公章，抽样单一式四联，被抽单位、绿色食品定点监测机构、中国绿色食品发展中心认证处、抽样单位各持一联。

d. 样品一般应在申请人的产品成品库中抽取。抽取的产品应已经出厂检验合格或交收检验合格。

e. 抽取的样品应立即装箱，贴上抽样单位的封条。被抽样单位应该在2个工作日内将样品寄、送绿色食品定点监测机构。

f. 抽样人员根据现场检查和国内外贸易的需要，有权提出执行标准规定项目以外的加测标准。

g. 下面的情况不能进行抽样：抽样人员少于2人；抽样人员无《绿色食品检查员证书》；提供的抽样产品与申请认证的产品名称或规格不符；产品未经被抽样单位出厂检验合格或交收检验合格。

② 抽样方法。抽样应遵循的原则如下。

a. 根据国家标准 GB 10111—2008 中随机数的产生及其在产品质量抽样检验中的应用程序。

b. 总体数应包括所有出厂检验合格或交收检验合格的欲进入流通市场的产品，而非特制或特备的样品。

c. 抽取的样品应在保质期内。

③ 成品库抽样步骤如下。

a. 确定样品重量。样品净含量应不超过 3000g。价格昂贵的产品，如茶叶等按分析要求样量的 3 倍取样，即分析样、复验样及副样各 1 份。需测净含量的小包装样品应取 10 个包装进行净含量测定，如饮料、乳制品等。大包装样品可不必测净含量，如粮食等初级农产品及酒等加工品。

b. 确定样本个体数 n。样本个体数由以上样品重量决定，若在 1 箱中则 $n=1$；若在 2 箱中则 $n=2$，依此类推。

c. 确定总体数 N。总体数应包括成品库中所有出厂检验合格或交收检验合格的产品。

d. 确定随机数 R1、R2 及 R3。R1 表示成品库中存放各堆中该取的堆，例如有 6 堆，则用 1 个随机骰子投出 1 至 6 的任意数，若非 1 至 6 的数字，则重新投，直到 1 至 6 的数字出现，即为 R1。如投出 2，则在第 2 堆中取样。堆序数排列可预先规定从里到外，或从外到里。R2 表示取样堆的层数中该取的层，例如有 5 层，则用 1 个随机骰子如上法投出 1 至 5 的任意数，即为 R2。如投出 4，则在第 4 层中取样。层序数排列可预先规定从上到下，或从下到上，以取样方便为准。R3 表示从取样层中该取箱的序数，例如取样层中有 200 箱，应取 2 箱，则用 3 个骰子一次投掷，或用 1 个骰子三次投掷，如上法投得随机数分别为 016、145，则在该层中取第 16 箱及第 145 箱。箱序数排列可预先规定从里到外，或从外到里，或从一侧到另一侧，以取样方便为准。

④ 非包装产品抽样方法。

a. 液体、半流体食品（如植物油、鲜乳、酒或其他饮料），如用大桶或大罐盛装，应充分混匀后再采样。样品应分别盛放在三个容器中。

b. 固体食品（如粮食、水果等）应自每批产品上、中、下三层中的不同部位分别采取部分样品，混合后按四分法对角取样，再进行几次混合，最后取有代表性的样品。

⑤ 同类多品种产品的抽样。原则上对每个申请认证的产品均应实施抽样，但同一企业生产的同类多品种产品可按如下方法抽样。

a. 抽样个数的确定。同类产品 1~5 个，抽 1 个样；若超过 5 个，则每增加 1~5 个，多抽 1 个样。

b. 主、辅原料（不包括水）相同，加工工艺相同的同类产品。商品名称相同而商标名称不同的同类产品，随机抽 1 个样，做所抽样品的全项目分析。商品名称相同而质量规格不同的同类产品，如不同酒精度的白酒（葡萄酒、啤酒）、不同原果汁含量的果汁饮料，按抽样原则确定抽样个数，按随机抽样方法确定抽样样品后，做所抽样品的全项目分析，其他同类产品各抽 250g，做非共同项目分析。商品名称不同的同类产品，如系列大米、系列红茶、系列绿茶等，确定抽样个数后，做所抽样品的全项目分析。

c. 主、辅原料（不包括水）相同而形态加工工艺不同的同类产品，如不同等级的小麦粉（包括特一粉、特二粉、标准粉、饺子粉等）；不同加工精度的玉米（包括玉米粒、玉米渣、玉米粉等）、不同形态加工工艺的白糖（包括白砂糖、绵白糖、方糖、单晶糖、多晶糖等），按抽样原则确定抽样个数后，随机抽样，做所抽样品的全项目分析，其他同类产品各抽 250g，做非共同项目分析。

d. 主原料（不包括水）相同，加工工艺相同而调味辅料不同且其总含量不超过原料总量 5％的同类产品，如不同滋味的泡菜、豆腐干、牛肉干、锅巴、冰淇淋等，确定抽样个数后，做所抽样品的全项目分析。

e. 主原料（不包括水）相同，加工工艺相同而营养强化辅料不同的同类产品，如加入不同营养强化剂的巴氏杀菌乳、灭菌乳或乳粉等，确定抽样个数，并随机抽样后，做所抽样品的全项目分析，其他同类产品各抽 250g，做营养强化项目分析。

中国绿色食品发展中心对全国绿色食品抽样工作实施统一的监督管理，省级绿色食品办公室（中心）负责本区域内绿色食品抽样工作的实施。

（4）绿色食品的检测内容和方法与卫生检测的内容大致相同，主要有感官指标、理化指标和微生物指标。

绿色食品最终的产品必须由中国绿色食品发展中心指定的食品监测部分依据绿色食品卫生标准检测合格，绿色食品卫生标准参照有关国家、部门、行业标准制定，通常高于或等同现行标准，有些还增加了检测项目。绿色食品卫生标准一般分为三部分：农药残留、有害重金属和细菌等。

（5）检测的主要项目有如下几项。

① 一般成分分析：相对密度（容重）、水分、灰分、蛋白质、脂肪、还原糖、蔗糖、淀粉、粗纤维等。

② 有害元素的测定：汞、砷、铅、镉、锡、氟等。

③ 食品中添加剂的测定：亚硝酸盐与硝酸盐、亚硫酸盐、糖精、山梨酸、苯甲酸、禁用防腐剂、人工合成色素等。

④ 食品中细菌的测定：细菌总数、大肠菌群数、沙门氏菌、病原性大肠埃希菌、副溶血性弧菌、葡萄球菌等。

⑤ 农药残留质量的测定：有机磷农药残留量、六六六、DDT 等数十种。农药残留通过检测杀螟硫磷、倍硫磷、敌敌畏、乐果、马拉硫磷、对硫磷、六六六、DDT、二氧化硫等物质的含量来衡量；细菌通过检测大肠杆菌和致病菌等来衡量，另外，有些产品的卫生标准中还包括黄曲霉毒素和溶剂残留量等。

5. 质量认证

质量认证，也叫合格评定，是国际上通行的管理产品质量的有效方法，可分为产品质量认证和质量体系认证。产品质量认证的对象是特定产品（包括服务）。认证的依据或者说获准认证的条件是产品（服务）质量要符合指定标准的要求，质量体系要满足指定质量保证标准的要求，证明获准认证的方式是通过颁发产品认证证书和认证标志。近年来，由于国际市场竞争日益激烈，质量认证已被越来越多的国家所重视和采用。质量认证并不是强迫的，但有了质量认证后消费者就有了安全感和责任感，市场上的购买率就高于同类其他产品，出口贸易中也以有无认证标志作为产品能否被选用的先决条件。

欧洲是实行质量标准时间较早的地方，若产品出口到欧洲，对有质量认证的企业是极有利的。为建立食品生产从原料投入到成品产出的全过程质量保证体系，树立企业形象，扩大出口食品的国际影响，国家出入境检验检疫局决定实施国家《安全食品标志》标准。

（1）出口食品生产厂实施经出入境检验检疫部门认可的"良好生产规范"（GMP），采用"危害分析关控制点"（HACCP）及 ISO 9000 质量保证体系。即通过对产品生产加工应具备的硬件条件（如厂房、设施、设备和用具等）和管理要求（如生产和加工控制、包装、仓储、分销、人员卫生和培训等）加以规定，并在生产的全过程实施科学管理和严格监控来获得产品预期质量的全面质量管理制度。

（2）出口食品生产工厂获得出入境检验检疫部门颁发的卫生注册证书。

（3）国内出口食品厂、库，向国外申请卫生注册程序。

（4）取得中国出入境检验检疫部门的国内卫生注册证书和批准编号。

① 按我国法规、政策，获得所在政府卫生部门颁发的卫生许可证。

② 填写《出口食品卫生注册申请书》，报主管部门审查同意。

③ 向当地出入境检验检疫机构提交经审查同意的申请书，并附有关证明、文件。

④ 接受出入境检验检疫部门的考核和审查，出入境检验检疫部门在受理申请后，将派出人员对出口食品厂、库的环境、出口加工设施、原料及辅料、人员、工序、包装、贮存、运输以及卫生检验和管理等方面进行调查。

⑤ 经考核审查符合《出口食品厂、库最低卫生要求（试行）》的厂、库，由当地的出入境检验检疫机构报经国家出入境检验检疫局审核后，颁发出口食品（厂、库）卫生注册证书和批准编号（代码），有效期 2 年。期满后经复查合格，可重新获得注册证明和批准编号。否则，将自动失效或吊销。

（5）填写《向国外卫生注册申请书》。

（6）将经审查同意的《向国外卫生注册申请书》递交商检机构，初审合格的，报国家出入境检验检疫局统一对外办理国外注册手续。

（7）派员考查。有关食品进口国卫生当局接到由国家出入境检验检疫局提交的申请单后，派员来我国对有关厂、库进行考查。

（8）颁发证书。有关食品进口国对经考核合格的我国厂、库颁发该国卫生注册证书、授予兽医卫生编号。

第七章　绿色食品包装和贮运技术

　　田间收获的果品和蔬菜，一般都是大小不同、颜色各异、成熟度不均等的产品混杂在一起，有的还带有病虫及机械伤害，如不加以分级、选择、包装等商品化处理并做好运输工作，势必加速果蔬衰老溃败，促使其腐烂变质，影响果蔬产品的商品质量和商品价值。其他的绿色食品，如不采用合理的包装和贮运技术，会造成食品污染，引起腐败变质。因此，做好绿色食品的包装和贮藏保鲜工作，可减少绿色食品在贮藏、加工、运输和流通销售等环节中质量和数量的损失，稳定并强化它们的商品性能，提高产品的市场占有率和竞争力，达到获取最大经济效益的目的。

第一节　绿色食品果蔬的采收与分级

　　采收（harvest）是果品、蔬菜（包括野生蔬菜）生产的最后一个环节，又是果蔬商品化处理、贮运、加工的最初环节，具有很强的季节性和技术性。采收成熟度、采收期及采收工具是否恰当，采收技术操作是否科学合理即采收质量的高低，直接影响到采后果蔬品质、贮运消耗和加工制造质量以及经济效益的高低。

一、绿色食品果蔬的采收

1. 采收期

　　果蔬的采收期是根据果实的成熟度和采收后的用途来决定的。果实的采收成熟度又要根据果实本身的生物学特性与采收后的用途、市场的距离、加工和贮运条件而定。如果采收过早，营养物质和果实的色、香、味欠佳，不能显现出品种固有的优良性状和品质，达不到鲜食、贮藏、运输、加工的要求。若采收过迟，则不耐贮运，其原因是果实过熟，接近衰老。

　　果蔬的成熟度一般可分为可采成熟度、食用成熟度和生理成熟度三种。可采成熟度是指果蔬已经完成了生长和营养物质的积累，大小已经定形，出现了本品种近于成熟的色泽和形状，已达到可采阶段，这时有的果蔬还不完全适于鲜食，但适于长期贮藏，如供贮藏用的苹果、香蕉、番茄都应在此时采收。食用成熟度是指果蔬已经具备本品种固有的色、香、味、形等形状特征，达到最佳食用期的成熟度状态，这时采收的果蔬适于就地销售及短途运输等。生理成熟度是指果蔬种子已经充分成熟，果蔬已不适于食用，更不便贮藏运输，一般水果都不应在这时采收，蔬菜仅供菜种用，只有以食用种子为目的的核桃、板栗在该阶段采收。

果品、蔬菜种类很多，且不同种类、品种的采收成熟度不同，所以很难制定统一的采收成熟度标准。现介绍一般采用的方法作为判断采收成熟度的参考。

(1) 果蔬颜色　果蔬成熟时，大多首先表现为表皮颜色的变化，绿色消退的同时显露出果蔬固有的颜色。在生产实践中，果蔬的颜色是判断果蔬成熟度的重要标志之一。如苹果、桃的红色为花青素，葡萄的果皮中含有单宁、戊醣酐、儿茶酸及某些花青素等而显红色。番茄的红色和黄色是由番茄红素和番茄黄素所形成的，长途运输的番茄应在果实由绿变白的绿熟期采收，近地销售的番茄可在破色期即果顶为粉红色或红色时采收，加工用的番茄则在全红时采收。甜椒一般在绿熟期采收，罐藏、制酱或制干的辣椒则在全红时采收。西瓜在接近地面部分由白灰变为酪黄时采收。甜瓜色彩由绿到斑绿和稍黄时表示已成熟。草莓应在着色80%～90%时采收，在这时采收既能得到风味较好的果实，又能减少因过熟而带来的损失。

(2) 果梗脱落的难易程度　某些种类的瓜果如苹果、西瓜、枣等在成熟时果柄与果枝间常形成离层，一经震动即可脱落，即所谓的瓜熟蒂落。此类瓜果以离层形成为品质最好的成熟度，如不及时采收，就会造成大量落果。

(3) 果蔬的硬度　由于果蔬供食用的部分不同，成熟度的要求不一，硬度也是判断果蔬成熟度的标准之一。果实的硬度是指果肉抗压力的强弱，抗压力越强，果实的硬度就越大。果肉硬度与细胞之间原果胶的含量成正相关，即原果胶含量越多，果肉的硬度也就越大。随着果实成熟度的提高，原果胶逐渐分解为果胶或果胶酸，细胞之间也就松弛了，果肉硬度也就随之下降。有的蔬菜不用硬度而一般用坚实度来判断采收成熟度，如白菜、菜花、甘蓝等。有的蔬菜要求硬度不能过高，若硬度高则表示品质下降，如莴苣、芹菜应在叶变坚硬之前采收。茄子、黄瓜、豌豆、四季豆、甜玉米等应在幼嫩时采收，质地变硬就意味着组织粗老，鲜食和加工品质低劣。

(4) 主要化学物质含量　果蔬中的主要化学物质有淀粉、糖、有机酸、总可溶性固形物、抗坏血酸等。在生产和科学试验中常用总可溶性固形物含量高低来判断成熟度，或以可溶性固形物与总酸之比来衡量品种的质量，要求固酸比达到一定比值时才进行采收。淀粉和糖含量是衡量果蔬采收成熟度的重要指标，青豌豆、甜玉米、菜豆等食用幼嫩组织，要求含糖多、含淀粉少；而马铃薯、芋头等，淀粉含量高则产量高、品质好、耐贮藏，用于加工制淀粉，出粉率高。

(5) 生长期　栽种在同一地区的果蔬作物，在正常的栽培条件下，其果实、蔬菜从生长到成熟，大体都有一定的天数，因此，也可根据生长期确定适宜的采收成熟度。如山东济南的金冠苹果4月20日前后开花，9月15日前后成熟，生长期145天左右；陕西渭北秦冠苹果盛花后180d以上采收为宜。各地可根据多年平均生长天数得出当地适宜的采收期。

(6) 植株生长状态　洋葱、马铃薯、芋头、荸荠、姜等蔬菜在地上部分枯黄后开始采收为合适，此时产品开始进入休眠期，采收后最耐贮藏。

2. 采收方法

果蔬鲜嫩多汁，在采收过程中容易碰破擦伤，且果蔬破伤后愈合能力很差，极易造成腐烂。因此，果蔬采收是一项很细致的工作，必须在采前做好各项准备工作。

(1) 人工采收　所谓人工采收，是指手摘、剪采、刀割、杆打、摇落、用锹用镢挖等方法。由于果蔬种类多，成熟度不均，以及供作鲜销和贮存的果蔬要求，如水果带梗、番茄带萼等，为提高产品的商品价值，减少损耗，都要求人工采收。因此，国内外绝大多数果蔬都一直采用人工采收方法。

美国和日本用作鲜销的柑橘类果实，用圆头剪剪齐萼片、剪断果梗，将果实装入随身背带的特制帆布袋内，盛满后打开袋底扣子，将果实倾入大木箱（约 500kg），用吊车将大木箱装上汽车，送至包装场。苹果和梨成熟时，其果梗与果枝间产生离层，采收时以手掌将果实向上一托即可脱落。对于果梗与果枝结合牢固的果实如葡萄、柑桔、荔枝、龙眼等，一般用采果剪剪下。核桃、板栗、枣等果实，多采用杆打、摇落等方法采收。

萝卜、胡萝卜、马铃薯、芋头、山药、大蒜、洋葱、藕等地下根茎类蔬菜，采收时用锹或镢等工具刨挖，也可用犁翻，要求挖得够深，否则会伤及蔬菜根部。有些蔬菜采收时用刀割，如石刁柏、甘蓝、大白菜、芹菜、西瓜、甜瓜等。

山野菜是否耐贮藏，与其采收方法有密切的关系。采收方式和适当处理是保持山野菜品质的必要条件。不正确的采收和粗放的处理，不仅直接影响到山野菜的销售、品质，而且会引起损伤和变色，导致呼吸强度显著提高，生理病害发生，即使是轻微的表皮损伤，也会成为微生物侵入的通道而招致腐烂，缩短贮藏寿命。掌握正确的采收方法，对防止山野菜大量损耗有着重要的意义。目前山野菜的采收方法为人工采摘，由于山野菜多生长在偏远山区或深山老林，机械作业几乎不可能。故目前的采摘几乎是山民手工采摘，再由加工厂集中收购，然后再进行保鲜贮藏或加工处理。地下根茎类山野菜的采收，如山药、大黄，应挖得深些，以免伤及其根部。根茎类山野菜采收时要求块茎的湿度比较低，所以在挖掘前应提早割去枝叶，或挖后将块茎在地上摊晾 60～120min。用手采摘山野菜时要特别注意轻拿轻放，避免损伤。用刀割的山野菜，收割时应留 2～3 片包叶作为衬垫保护。

人工采收虽然费工费时，劳动强度大，生产效率低，但其最大的优点是能够做到精细采收，保证果蔬质量，减少不必要的损耗。所以，即使在机械化程度很高的国家，供鲜食和贮藏的果蔬目前仍然主要采用人工采收的方法。

（2）机械采收　机械采收可节省大量劳力，提高生产效率，减轻劳动强度，降低成本。对于那些在成熟时果梗与果枝间易形成离层的果实和根茎类蔬菜可采用机械采收。

果实机械采收的主要方式为强风压式和振动式。采果之前在植株上喷洒催熟剂或脱落剂，促使果梗与果枝间离层的形成。机械采果时迫使离层分离脱落，但必须在树下布满柔韧的传送带，以承接果实，并自动将果实送到分级包装机内。美国用此类机械采收樱桃、葡萄、苹果等，采收效率很高。国外正在研究柑橘果实的脱落剂，使机械采收进一步完善，比较有效的是环六氧、抗坏血酸和萘乙酸等。

地下根茎类蔬菜如马铃薯、萝卜、芋头、山药等，国外常用机械采收，其采收机械是由挖掘器、收集器、运输带这几部分连接在一起的。收后运到拖车上，有的还附加分级、装袋等设备。美国绝大部分加工用的番茄都是用机械采收的，其他如菜豆、甜椒、莴笋、大白菜等国外也有采用机械采收的。

机械采收最大的缺陷是果蔬机械损伤较严重，而且一般只能进行一次。对于成熟不一致的果蔬来说，采用机械采收损失较大。此外，由于果蔬种类很多，其特性各异，采收机械很难通用。采收机械采收的果蔬产品主要用于加工处理。

3. 采收注意事项

（1）要备好采摘设备　准备好采摘袋、果箱和梯子。冲洗和清洁所有用来采摘水果的设备。

（2）尽量避免机械损伤　伤口是病原微生物入侵之门，是导致果蔬腐烂最主要的原因。自然环境中存在许多致病微生物，它们绝大多数是通过伤口侵入果蔬体内的。即使有些果蔬轻微的伤口能自然愈合，但在不同程度上导致果蔬呼吸强度提高而加速其衰老进程，且伤痕和斑疤也影响果蔬的商品价值。

（3）选择适宜采收的天气　阴雨天气、露水未干或浓雾时采收，因果蔬表皮细胞膨压大，容易造成机械损伤，加上表面潮湿，便于微生物侵染；高温天气的中午和午后采收，果蔬体温高，其呼吸、蒸腾作用较强烈，容易萎蔫，加快衰老，而且田间热不易散发，易引起腐烂变质，对贮藏、运输不利。因此，果蔬应在晴天上午露水已干时采收。

（4）分期采收　同一植株上的果实，由于开花有先后，着生部位有上下、内外之分，故不可能同时成熟。柑橘、葡萄、枣、番茄、辣椒等果实的成熟期差异更大。为了提高果蔬产量，保证产品质量，应做到分期、分批采收。此外，对于大多数水果来说，采果时应先采树冠下部、外围果，后采树冠内膛和上部果，以免人为碰落果实；防止粗放采摘，以确保质量。

4. 绿色食品果蔬采收实例

（1）水蜜桃　凤凰"白花"水蜜桃在 7 月下旬至 8 月上旬成熟；"红花"水蜜桃在 8 月下旬成熟；"新白花"水蜜桃在 8 月下旬成熟，要适时进行采收。

（2）柑橘　根据柑橘果实组织结构和着色阶段的生理特点必须保证"适时"采收。首先必须成熟度适当，除柠檬外，过早采收（尤其是"采青"）必然影响原有的品质风味与产量。实践也证明，早采与迟采同样影响耐储性。通常当果实着色面积达到 3/4、糖酸比达到该品种应有的比例时采收。如广东红江橙，以 12 月下旬到 1 月上旬采摘的果实皮色鲜、风味佳、耐贮藏。其次是采摘时间也要适当，应避免大雨后或早晨朝露未干时采果。要做到"无伤"，最起码的要求是采收人员必须剪指甲，加手套，用圆头果剪和采果袋；齐肩平蒂下剪，一次不平要复剪；装果的容器要加垫，装果不过满。一切操作必须贯彻轻拿、轻放、轻装的原则。

（3）芒果　通常芒果采收的是硬绿果实，经自然成熟或人工催熟之后出售。采收的果实必须是完全成长的，过早采收严重影响品质，过迟采收不利于贮运销售。所谓完全成长，实际上是指果实生理成熟，即果实生长发育到一定程度，大小定型，果肩浑圆，果身尚硬而果肉已开始由白转黄。

（4）番茄　番茄果实成熟度不同，适宜的贮藏条件和贮藏期也不同。番茄可分成 5 个成熟阶段：绿熟期、微熟期（转色期至顶红期）、半熟期（半红期）、坚熟期（红而硬）、软熟期（红而软）等。鲜食的番茄多为半熟期至坚熟期，此时呈现出果实成熟时应有的色泽、香气和味道，品质较佳。但该期果实已逐渐转向生理衰老，难以较长时期贮藏。绿熟期至顶红期的果实已充分长大，糖、酸等成分的积累基本完成，生理上处于呼吸的跃变初期；此期果实健壮，具有一定的耐储性和抗病性；在贮藏中能够完成后熟转红过程，接近在植株上成熟时的色泽和品质，作为长期贮藏的番茄应在这个时期采收。贮藏用的番茄，采收前两天不宜灌水，以备增加果实干物质含量及防止果实吸水膨胀。膨胀后果皮易产生裂痕，微生物易从此感染，引起番茄腐烂变质。一天中适宜的采摘时间是在早晨或傍晚无露水时，此时果温较低，果实本身及容器带的田间热少。采摘时要轻拿轻放，不要造成伤口。盛装容器不宜过大，以免互相压伤。

（5）红菜薹　菜薹在长 30～40cm 并带有初花时采收，采收时选晴天的上午和阴天下午为宜，避免雨天采摘。主薹采收节位是从间节明显伸长的基部节位掐下，侧蔓则从基部第 2、3 节掐下。一般早熟品种在 10 月上旬开始采收，中晚熟品种在 10 月下旬开始采收。采摘的菜薹用清水清洗干净。

(6) 结球甘蓝 等叶球充分长大，结球紧实时，可开始采收。采收可连根拔起，亦可用刀从地表处割收。

(7) 山野菜 山野菜的采收主要依据品种特性、成熟度、贮藏期的长短和气候状况而有早有晚。采收的总原则应是"及时而无伤"，达到保质保量、减少损耗的目的。山野菜采收成熟度、采收时间、采收方式，都应考虑到贮运的目的、方法和设备条件。山野菜是否耐贮藏与其采收方法有密切的关系。采收过早，组织幼嫩，呼吸强度大，还未形成山野菜固有的风味与品质，不耐贮藏，有时还会增加某些生理病害的发病率；采收过晚，山野菜进入过熟阶段，接近衰老死亡期，运输时碰伤率高，亦不耐贮藏。所以确定最佳采收期对山野菜保鲜贮藏尤为重要。山野菜的采收期大致在每年的 3～5 月，但因品种的不同和各地气候条件的差异而有所不同。

二、绿色食品果蔬的分级

果蔬在生长发育过程中，由于受多种因素的影响，其大小、色泽、形状、成熟度及病虫害状况等差异较大。只有按一定的标准，通过分级处理，使其达到商品标准化或商品性状大体一致，这样才便于产品的包装、运输、销售和贮藏加工。

1. 分级的目的和意义

果蔬分级是根据果蔬产品的大小、重量、形状、色泽、成熟度、新鲜度及病虫害、机械损伤等商品性状，按照一定的标准，进行严格挑选。分级是果蔬产品商品化处理的基础环节，是现代化社会生产和市场商品经济的客观要求。果蔬分级的目的和意义可以概括为以下几点：①实现优质优价；②满足不同用途的需要；③减少损耗；④便于包装、运输与贮藏；⑤提高产品市场竞争力。

2. 分级标准

果蔬的种类、品种很多，产品器官各异，因此分级标准不同。我国目前果蔬等农产品的商品规格标准还不完善，国家只对少数主要出口果蔬产品如苹果、柑橘、梨等，颁布了部分标准，而大量的果蔬产品尤其是内销产品，还没有制定明确的规格标准，主要是按照地方标准进行分级。

果品分级标准的主要项目，因种类、品种不同而略有出入。我国目前一般是在果形、新鲜度、颜色、品质、病虫害和机械损伤等方面已符合要求的基础上，再按大小进行分级。如我国出口的红星苹果，河北、山东两省从 65mm 到 90mm，每差 5mm 为一组，分为五组；四川省对西欧国家出口的柑橘分为大、中、小三组；广东惠阳地区对香港、澳门出口的柑橘、蕉柑等从 51mm 到 85mm，每差 5mm 分为一组，共分 7 组，甜橙从 51mm 到 75mm，每差 5mm 分为一组，共分 5 组。从上述这些例子可以看出，大小分级是根据果实的种类、品种以及销售对象而制定的。

蔬菜由于供食用的部分不同，成熟标准不一致，所以没有一个固定统一的规格标准，只能按各种蔬菜品质的要求制定个别的标准。蔬菜分级通常根据坚实度、清洁度、大小、重量、颜色、形状、成熟度、新鲜度，以及病虫感染和机械损伤等各个方面综合考虑。通常的级别有三种，即特级、一级和二级。

3. 分级方法

果蔬产品的分级方法大体可分为人工分级和机械分级 2 种。

(1) 人工分级 人工分级是国内普遍采用的方法，即根据人的视觉判断，按照果蔬分级标准，将果蔬分成若干等级。人工分级能减轻机械伤害，适用于各种果蔬，尤其是鲜嫩多汁、容易损伤的果蔬如桃、杏、葡萄等。但工作效率低，级别标准易受人心理因素的影响。

（2）机械分级 采用机械分级，不仅可消除人为心理因素的影响，更重要的是能显著提高工作效率。美国、日本等发达国家除对容易损伤的果实和大部分蔬菜仍采用人工分级外，其余果蔬一般采用机械分级。各种选果机械都是根据果实直径大小进行形状选果，或是根据果蔬的不同重量进行重量选果而设计制造的。此外，近年来有些国家研制出了光电分级机，已用于柑橘、番茄等果实的挑选分级。

果实分级机械按工作原理可分为大小分级机、重量分级机、果实色泽分级机和既按大小又按色泽进行分级的果实色泽重量分级机。

① 果实大小分级机。按果实大小进行分级，由于选出的果实大小形状基本一致，有利于包装贮存和加工处理，故在果实分级中应用最广泛。

工作原理：使果实沿着具有不同尺寸的网格或缝隙的分级筛移动，最小果实先从最小网格漏出，较大果实从较大网格漏出，按网格尺寸的差别，依次选出不同级别的果实。为减少果实碰撞，提高好果率，有的分级机是利用浮力、振动和网格相配合的办法进行分级。在选果槽的上部装设网眼尺寸不同的选果筛，水槽里面设振动部件。分选时，先将果实送入水槽里面，振动部件振动时，槽中果实获得动能而移动，当果实移到与其大小相应的网眼时，果实便通过网眼浮出水面，停留在相应的格槽中，然后收取，即完成果实分级工序。这种方法的优点是避免了果实间的互相碰撞，在分级的同时可对果实进行清洗和消毒作业。

② 果实重量分级机。按重量分级的分级机械是利用杠杆原理进行工作的。在杠杆的一端装有盛果斗，盛果斗与杠杆间是铰链连接，杠杆的另一端上部由平衡重压住，下部有支撑导杆以保证水平状态，杠杆中间由铰链点支撑，当盛果斗的果实重量超过平衡重时，杠杆倾斜，盛果斗翻倒，抛出果实。承载轻果的杠杆越过此平衡重的位置沿导杆继续前移，当遇到小于果实重量的平衡重时，杠杆才倾斜，盛果斗翻倒在新的位置，抛出较轻的果实，由此，果实可按重量不同被分成若干等级。

目前较先进的微机控制的重量分级机，采用最新电子仪器测定重量，可按需选择准确的分级基准，分级精度高，使用特别的滑槽，落差小，水果不受冲击、不损伤。分级、装箱所需时间为传统的1/2。

③ 果实色泽分级机。按色泽分级的分级机工作原理是：果实从电子发光点前面通过时，反射光被测定波长的光电管接受，颜色不同，反射光的波长就不同，再由系统根据波长进行分析和确定取舍，达到分级效果。在意大利的果品贮藏加工业生产中，使用颜色分级机较早，主要是对苹果进行颜色分级，其原理是按照绿色苹果比红色苹果的反射光强的道理进行的。工作时，果实在松软的传送带上跳跃移动，光线可照射到水果的大多数部位，这样就避免了水果单面被照射。反射光传递给电脑，由电脑按照反射率的不同来将果实分开，一般分为全绿果、半绿（半红）果、全红果等级别。

④ 果实色泽重量分级机。既按果实着色程度又按果实大小来进行分级，是当今世界生产上最先进的果实采后处理技术，该机首先在意大利研制成功并应用于生产。工作原理是：将上述的自动化色泽分级和自动化大小分级相结合。首先是带有可变孔径的传送带进行大小分级，在传送带的下边装有光源，传送带上漏下的果实经光源照射，反射光又传送给电脑，由电脑根据光的反射情况不同，将每一级漏下的果实又分为全绿果、半绿半红果、全红果等级别，又通过不同的传送带输送出去。

第二节　现代绿色食品包装技术

一、食品包装材料

传统的包装材料主要是玻璃瓶、金属罐、纸盒、纸箱。现代食品包装材料主要有塑料类、纸类、复合材料类（塑/塑、塑/纸、塑/铝、箔/纸/塑等各种类型的多层复合材料）、玻璃瓶类、金属罐等。

1. 复合材料

复合材料是种类最多，应用最广的一种软包装材料。目前用于食品包装的塑料有30多种，而含塑料的多层复合材料有上百种。复合材料一般用2~6层，但特殊需要的可达10层甚至更多层。将塑料、纸或薄纸机、铝箔等基材，科学合理地复合或层合配伍使用，几乎可以满足各种不同食品对包装的要求。例如，用塑料/纸板/铝塑/塑料等多层材料制成的利乐包装牛奶的保质期可长达半年到一年；有的高阻隔软包装肉罐头的保质期可长达3年；有的发达国家的复合材料包装蛋糕保质期可达一年以上，一年后蛋糕的营养、色、香、味、形及微生物含量仍符合要求。设计复合材料包装应特别注意各层基材的选择，搭配必须科学合理，各层组合的综合性能必须满足食品对包装的全面要求。

2. 塑料

我国用于食品包装的塑料也多达十五六种，如聚乙烯（PE）、聚丙烯（PP）、聚酯（PET）、尼龙（PA）、聚偏二氯乙烯（PVDC）、乙烯-乙酸乙烯共聚体（EVA）、聚乙烯醇（PVA）、聚氯乙烯（PVC）等。其中高阻氧的有PVDC、PET、PA等；高阻湿的有PVDC、PP、PE等；耐射线辐照的如PS等；耐低温的有PE、EVA、PA等；阻油性和机械性能好的有PA、PET等；既耐高温灭菌又耐低温的有PET、PA等。各种塑料的单体分子结构不同，聚合度不同，添加剂的种类和数量不同，性能也不同，即使是同种塑料不同牌号，性质也会有差别。因此，必须根据要求选用合适的塑料或塑料与其他材料的组合，选择不当可能会造成食品品质下降甚至失去食用价值。例如，东北某地用PVC塑料瓦楞箱代替瓦楞纸箱包装苹果，因为PVC阻隔二氧化碳、氧气、水的性能远远大于纸箱的阻气性和阻湿性，使苹果不能维持一定的呼吸，导致其大量腐烂。

3. 玻璃瓶

传统的玻璃瓶易破损，重量/容积比大。现代包装多采用薄壁轻瓶（轻质瓶），这种经特殊处理或物理方法处理的容器重量可减少1/3~1/2，但强度却大大提高，从而提高了玻璃容器在食品包装市场中的竞争力。

4. 金属罐

传统的金属包装主要是马口铁（镀铝薄钢板）制作的三片罐。现代食品包装除马口铁外，还采用了薄铝板等制的罐。罐的形式除了三片罐外，还有两片罐、异型罐、喷雾罐等。

5. 纸和纸板类

现代包装主要用各种加工马铃薯纸（纸板）、复合纸、层合纸（纸板）等，如高分子材料加工纸、蜡加工纸、油加工纸、玻璃纸、羊皮纸、镀铝纸、纸/铝箔层合纸等。在运输包装中，瓦楞纸板用量最多，瓦楞纸箱、托盘几乎大部分代替了木箱。蜂窝纸箱是最新的高强度纸板容器。此外，有一点应注意，镀铝纸、镀铝塑料与纸/铝箔层合材料，塑料/铝箔层合材料的内在结构、性质、成本等方面不同，应根据不同的保护要求和成本要求恰当选用。在纸、塑料、金属、玻璃四大包装材料中，纸包装材料的价格最便宜，而且可回收再利用，有利于环保，因此发展最快。

二、绿色食品包装应具备的条件

（1）根据不同的绿色食品选择适当的包装材料、容器、形式和方法，以满足食品包装的基本要求。

（2）包装的体积和质量应限制在最低水平，包装实行减量化，即在保证盛装及保护运输、贮藏和销售功能的前提下，包装首先考虑的因素是尽量减少材料使用的总量。

（3）在技术条件许可与商品有关规定一致的情况下，应选择可重复使用的包装；若不能重复使用，包装材料应可回收利用；若不能回收利用，则包装废弃物应可降解。

（4）纸类包装要求：可重复使用、回收利用或可降解；表面不允许涂蜡、上油；不允许涂塑料等防潮材料；纸箱连接应采取黏合方式，不允许用扁丝钉钉合。

（5）金属类包装应可重复使用或回收利用，不应使用对人体和环境造成危害的密封材料和内涂料。

（6）玻璃制品应可重复使用或回收利用。

（7）塑料制品要求：使用的包装材料应可重复使用、回收利用或可降解；在保护内装物完好无损的前提下，尽量采用单一材质的材料；使用的聚氯乙烯制品，其单体含量应符合GB 4806.7要求；使用的聚苯乙烯树脂或成型品应符合相应国家标准要求；不允许使用含氟氯烃（CFS）的发泡聚苯乙烯（EPS）、聚氨酯（PUR）等产品。

（8）外包装上印刷标志的油墨或贴标签的黏着剂应无毒，且不应直接接触食品。

（9）可重复使用或回收利用的包装，其废弃物的处理和利用按GB/T 16716.2的规定执行。

（10）包装尺寸的要求如下。

① 绿色食品运输包装件尺寸应符合GB/T 13757的规定。

② 绿色食品包装单元应符合GB/T 15233的规定。

③ 绿色食品包装用托盘应符合GB/T 16470的规定。

（11）标志与标签：绿色食品外包装上应印有绿色食品标志，并应有明示使用说明及重复使用、回收利用说明；标志的设计和标识方法按有关规定执行；绿色食品标签除应符合GB 7718的规定外，若是特殊营养食品，还应符合GB 13432的规定。

① 获得绿色食品标志使用权的企业，应尽快使用绿色食品标志。

绿色食品标志是中国绿色食品发展中心在国家工商行政管理局商标局注册的质量证明商标。作为商标的一种，该标志具有商标的普遍特点，只有使用才会产生价值。若取得标志使用权后长期不使用绿色食品标志，还会妨碍绿色食品发展中心的管理工作。因而，企业应尽快使用绿色食品标志。

② 绿色食品产品的标签、包装必须符合《中国绿色食品商标标志设计使用规范手册》的要求。

绿色食品生产企业在产品内、外包装及产品标签上使用绿色食品标志时，绿色食品标志的标准图形、标准字体、图形与字体的规范组合、标准色、编号规范必须按照《中国绿色食品商标标志设计使用规范手册》的要求执行，并报中国绿色食品发展中心审核、备案。包装、标签上必须做到"四位一体"，即绿色食品标志图形、"绿色食品"文字、编号及防伪标签必须全部体现在产品包装上。凡标志图形出现时，必须附注册商标符号"R"。在产品编号正后或正下方须注明"经中国绿色食品发展中心许可使用绿色食品标志"的文字，其规范英文为"Certified China Green Food Product"。产品标签还必须符合《食品标签通用标准》GB 7718。标签上必须标注：食品名称；配料表；净含量及固形物含量；制造者、销售者的名称和地址；日期标志（生产日期、保质期/保存期）和贮藏指南；质量（品质等级）和产品标准号。另外，还须注明防腐剂、色素等的所用种类及用量。

在宣传广告中使用绿色食品标志。许可使用绿色食品标志的产品在其宣传广告中应注意使用绿色食品标志。使用在所有可做广告宣传的物体和媒体上，如在名片、台历、灯箱、运输车和办公楼上或电视广告中使用绿色食品标志，必须符合《中国绿色食品商标标志设计使用规范手册》的要求。

③ 绿色食品生产企业不能扩大绿色食品标志的使用范围。

绿色食品标志在包装、标签上或宣传广告中使用，只能用在许可使用标志的产品上。例如：某饮料生产企业产品有苹果汁、桃汁、橙汁等，其中仅苹果汁获得了绿色食品标志使用权，则企业不能在桃汁、橙汁的包装上使用绿色食品标志，广告宣传中也不应用"某某果汁，绿色食品"之类的广告语，只能讲"某某苹果汁，绿色食品"，以免给消费者造成误解。另外，在系列产品上，如某茶厂的云雾绿茶获得标志使用权后，在未申报的银毫绿茶上使用绿色食品标志；在联营、合营厂的产品上，如山东省某奶粉厂生产的 A 牌奶粉获得标志使用权后，擅自在其河南省联营企业生产的 B 牌奶粉上使用绿色食品标志等，都是擅自扩大绿色食品标志的使用范围，是不允许的。

三、果蔬类食品的包装

绿色食品经过包装，可以减少运输、贮藏及销售等环节中，因相互摩擦、碰撞、挤压而造成的机械损伤，减少病害蔓延和水分消耗，避免果蔬散堆发热而引起腐烂变质，使果蔬产品在较长时期内保持良好的商品状态、品质和食用价值。此外，果蔬经过包装后，还可以提高商品价值，促进销售，强化市场竞争能力。良好的包装对生产者、经营者和消费者都是有利的。

1. 保护果品免受伤害

果品在处理和分配的时候应避免所有的物理伤害，有些很明显的伤口（如切伤、刺伤）在包装前即已产生，这部分可通过完善监督和挑拣而减少，然而有些伤口是通过处理阶段积累起来的，这就要求包装操作过程和包装物能避免下列伤害。

① 冲击伤害　冲击伤害是由于单个果品在包装内相互撞击或与硬物撞击而造成的。冲击伤害在外观上可能看不出，包装时果品随意丢落于包装内通常是造成伤害的主要原因。因此，在箱底要仔细衬垫，充填包装时，容积充填物应软而有弹性，这些都可减少冲击伤的发生和严重性。包装后果品用托盘化装卸时底部衬垫可减轻伤害。要防止叉车粗放操作。因此，为减少果品冲击伤害，必须精心操作并加强监督。

② 压缩伤害　压缩伤害是由于不适当包装和不合适的包装性能造成。包装大小应仔细调整以适合被包装的果品容积，避免过量包装造成的压缩伤害。包装过满和过高堆叠，包装歪曲，果品吸收大部分的堆叠压力，是造成压缩伤害的原因。因此，包装必须要求有足够支持压力的强度和抗高湿度的能力。

③ 震荡擦伤　果品在包装箱内因运输震荡造成的伤害较少受人注意。震荡造成的伤害通常只限在果品的表面，但降低了销售品质。软果类可能使深层果肉受损。为防止震荡伤害，果品在包装内应保持适当密度并固定于包装箱内。手工包装时，应在包装箱侧面附加固

定材料。卷缠包裹、浅盘、杯、薄垫片、衬垫和护具等都有效。容积充填包装时，可用衬垫和盖子来固定。一种称为果实包装的特殊操作是专门设计用来固定容积、充填果品的，充填后使果品保持固定。包装外观必须保持正常，不得使内含物之间有更多空隙，否则更易发生运输伤害。

2. 温度管理

果品包装必须能适应有特殊温度要求的果品。温度管理应满足包装内果品能与外部环境良好接触。通常，通气可以迅速除去包装内的热量，在一定限度内增加通气孔大小可促进热的交换。瓦楞纸箱包装，有 5% 的侧边通气面积或在底部垫板条，通气就可以迅速致冷，并且不会受潮而过分软化包装。适当少量大的通气孔优于众多小通气孔。运输时，这些通气孔的效果主要由装载模式决定，装载时应使得冷气能到达通风孔。有些水果在零售前要后熟，需要均匀加温并要用乙烯处理，包装也要适于加温和通气。包装箱上的孔不要被内部包装物或衬垫物阻塞。

3. 防止水分损失

很多果品在采后处理和销售期间，由于水分损失而发生凋萎、皱缩和干燥现象。失水是由于果品和周围干燥环境产生一种水蒸气压差引起的。贮藏期间，可以保持高的相对湿度以减少水分损失，但大运输和销售时就很难控制环境湿度，因此，包装就必须具有保温作用。很多包装都可阻隔果品水分损失。开小孔的塑料薄膜衬垫既便于气体交换，又可使包装内仍维持基本饱和的水汽。开口的聚乙烯蜡乳剂，涂覆在瓦楞板表面。包装内水分阻隔物一定不能阻隔通过包装孔的气流流动，聚乙烯膜浅盘包装桃，在冷藏时增加气流流动可以弥补密封包装阻隔。

4. 便于特殊处理

某些需要特殊处理的果品一定要考虑包装的选择和设计。如葡萄用二氧化硫熏蒸以控制病害，一些水果用甲基溴熏蒸以控制虫害，这些处理都需要通气良好的包装以便于熏蒸气流通过。一般能迅速制冷的通气设计也适合于熏蒸。但葡萄用二氧化硫衬垫包装，以逐渐释放二氧化硫，这种包装要求包装物或塑料衬垫限制通气。乙烯，对不同果品可以有利或有害，果品后熟时乙烯的处理需要通气包装以取得一致的加温。相反，某些果品必须防止乙烯作用，在包装内放置排除或吸收乙烯的物质，这时应限制通气。某些果品的自发气调贮藏，特别是苹果和梨，使用部分密封的聚乙烯包装衬垫，衬垫内可积聚 2%～3% 的二氧化碳以延长果实寿命，但是，由于这种包装衬垫抑制热交换并延缓果品制冷，因此，目前看来，真正的效益是有疑问的。近来这种技术的使用已逐渐减少，而包装内单果薄膜包装的兴趣增加。

5. 与其他机械处理相适合

大多数处理系统仍要人工搬运，因而限制了包装重果，有些系统是为托盘木箱和机械搬运而设计的（如西瓜），因此，包装的设计要能配合包装机械搬运及其处理过程，大小要适合于整体和混合装载处理。包装也应预先考虑到可能的气候和污染。为适应特殊的需要，包装应使用不同的材料，木板包装适合果品的机械搬运和长期贮藏或高湿条件下贮藏，目前有的已使用泡沫塑料包装替代。

四、成品分割肉的包装

肉在常温下的货架期只有半天，冷藏鲜肉约 2～3 天，充气包装生鲜肉 14 天，真空包装生鲜肉约 30 天，真空包装加工肉约 40 天，冷冻肉则在 4 个月以上。目前，分割肉越来越受到消费者的喜爱，因此分割肉的包装也日益引起加工者的重视。

1. 分割鲜肉的包装

分割鲜肉的包装材料透明度要高，便于消费者看清生肉的本色；其透氧率较高，以保持氧合肌红蛋白的鲜红颜色；透水率（水蒸气透过率）要低，防止生肉表面的水分散失，造成色素浓缩，肉色发暗，肌肉发干收缩；薄膜的抗湿强度高，柔韧性好，无毒性，并具有足够的耐寒性。但为控制微生物的繁殖也可用阻隔性高（透氧率低）的包装材料。

为了维护肉色鲜红，薄膜的透氧率至少要大于 5000mL/（m² · 24h · atm · 23℃）。如此高的透氧率，使得鲜肉货架期只有 2～3 天。真空包装材料的透氧率应小于 40mL/（m² · 24h · atm · 23℃），这虽然可使货架期延长到 30 天，但肉的颜色则呈还原状态的暗紫色。一般真空包装复合材料为 EVA/PVDC（聚偏二氯乙烯）/EVA、PP（聚丙烯）/PVDC/PP、尼龙/LDPE（低密度聚乙烯）、尼龙/Surlgn（离子型树脂）。

充气包装是以混合气体充入透气率低的包装材料中，以达到维持肉颜色鲜红、控制微生物生长的目的。另一种充气包装是将鲜肉用透气性好但透水率低的 HDPE（高密度聚乙烯）/EVA 包装后，放在密闭的箱子里，再充入混合气体，以达到延长鲜肉货架期、保持鲜肉良好颜色的目的。

2. 冷冻分割肉的包装

冷冻分割肉的包装采用可封性复合材料（至少含有一层以上的铝箔基材）。代表性的复合材料有：PET（聚酯薄膜）/PE（聚乙烯）/AL（铝箔）/PE、MT（玻璃纸）/PE/AL/PE。冷冻的肉类坚硬，包装材料中间夹层使用聚乙烯能够改善复合材料的耐破强度。目前，国内大多数厂家考虑到经济问题，更多采用的是塑料薄膜。

第三节　现代绿色食品贮藏与保鲜技术

绿色食品贮存环境必须洁净卫生，应根据产品特点、贮存原则及要求，选用合适的贮存技术和方法；贮存方法不能使绿色食品发生变化，引入污染。

一、绿色食品贮藏的要求

1. 贮藏设施的设计、建造、建筑材料

（1）用于贮藏绿色食品的设施结构和质量应符合相应食品类别的贮藏设施设计规范的规定。

（2）对食品产生污染或潜在污染的建筑材料与物品不应使用。

（3）贮藏设施应具有防虫、防鼠、防鸟的功能。

2. 贮藏设施周围环境

周围环境应清洁和卫生，并远离污染源。

3. 贮藏设施管理

（1）贮藏设施的卫生要求

① 设施及其四周要定期打扫和消毒。

② 贮藏设备及使用工具在使用前均应进行清理和消毒，防止污染。

③ 优先使用物理或机械的方法进行消毒，消毒剂的使用应符合 NY/T 393 和 NY/T 472 的规定。

（2）出入库　经检验合格的绿色食品才能出入库。

（3）堆放

① 按绿色食品的种类要求选择相应的贮藏设施存放，存放产品应整齐。

② 堆放方式应保证绿色食品的质量不受影响。

③ 不应与非绿色食品混放。

④ 不应和有毒、有害、有异味、易污染物品同库存放。

⑤ 保证产品批次清楚，不应超期积压，并及时剔除不符合质量和卫生标准的产品。

（4）贮藏条件　应符合相应食品的温度、湿度和通风等贮藏要求。

4．保质处理

（1）应优先采用紫外光消毒等物理与机械的方法和措施。

（2）物理与机械的方法和措施不能满足需要时，允许使用药剂，但使用药剂的种类、剂量和使用方法应符合 NY/T 393 和 NY/T 472 的规定。

5．管理和工作人员

（1）应设专人管理，定期检查质量和卫生情况，定期清理、消毒和通风换气，保持洁净卫生。

（2）工作人员应保持良好的个人卫生，且应定期进行健康检查。

（3）应建立卫生管理制度，管理人员应遵守卫生操作规定。

6．记录

建立贮藏设施管理记录程序。

① 应保留所有搬运设备、贮藏设施和容器的使用登记表或核查表。

② 应保留贮藏记录，认真记载进出库产品的地区、日期、种类、等级、批次、数量、质量、包装情况、运输方式，并保留相应的单据。

二、绿色食品保鲜技术

绿色食品的贮藏保鲜，是根据各类食品的贮藏性能和各种贮藏技术的机理、生产可行性和卫生安全性、食品在贮藏中的质量变化及影响质量变化的诸因素和控制措施，依据贮藏原理和食品贮藏性能，选择适当的贮藏方法和较好的贮藏技术的过程。在贮藏期内，要通过科学的管理，最大限度地保持食品的原有品质，不带来二次污染，降低损耗，节省费用，促进食品流通，更好地满足人们对绿色食品的需求。

1．物理贮藏

（1）低温贮藏　低温贮藏（low temperature storage）是指在低于常温 15℃以下环境中贮藏食品的方法。由于低温贮藏能延缓微生物的繁殖活动、抑制酶的活性和减弱食品的理化变化，因而在贮藏期内能够较好地保持食品原有的新鲜度、风味品质和营养价值。

食品低温贮藏温度，根据食品种类、特性和贮藏期限的不同，可将低温贮藏温度划分为4 类。冷却食品贮藏：温度多控制在 0～10℃，此方法多用于果品、蔬菜的贮藏。冷冻食品贮藏：它是先将食品在低于冰点的温度下冻结，再在 0℃以下低温进行贮藏的方法，一般温度控制在 −30～−18℃，采用冷冻贮藏的食品主要有肉类、禽类、鱼类等易腐性食品。半冻结食品贮藏：一般温度为 −3～−2℃，多用于短期贮藏或运输食品，如肉类、鱼类等。冷凉食品贮藏：一类温度控制在 0～±1℃，另一类温度控制在 −5～5℃，这种方法多用于肉类运输途中的贮藏，也多见于水果、蔬菜的贮运保藏。

（2）气调贮藏　气调贮藏（controlled atmosphere storage）是一种通过调节和控制环境中气体成分的贮藏方法，其基本原理是：在适宜的低温下，改变贮藏库或包装中正常空气的组成，降低氧气含量，增加二氧化碳含量，以减弱鲜活食品的呼吸强度，抑制微生物的生长繁殖和食品中化学成分的变化，从而达到延长贮藏期和提高贮藏效果的目的。

气调贮藏除了用于果蔬的贮藏外，而且开始用于粮食、油料、肉类制品、鱼类和鲜蛋等多种食品的贮藏。

（3）辐射贮藏　辐射保藏食品，主要是利用钴 60（^{60}Co）或铯 137（^{137}Cs）发生的 γ 射线，或由能量在 1 千万电子伏以下的电子加速器产生的电子流。γ 射线是穿透力极强的电离射线，当它穿过生命有机体时，会使其中的水和其他物质电离，生成游离基或离子，从而影响到机体的新陈代谢过程，严重时则杀死细胞。电子流穿透力弱，但也能起电离作用。从食品保藏的角度来说，就是利用电离辐射引起的杀虫、杀菌、防霉、调节生理生化等效应来延长贮藏期。

辐射保藏食品处理后不会留下残留物，可减少环境公害，改善食品卫生质量，远比农药熏蒸等化学处理优越。但是，所有果蔬经射线辐射后都可能产生一定程度的生理损伤，主要表现为变色（褐变）和抗性下降，甚至细胞死亡。不同产品的辐射敏感性差异很大，因此，致伤剂量和病情表现也各不相同。高剂量照射食品，特别是对肉类，还常引起变味，即产生所谓的辐射味。这种情况一般在 50 万拉德以上才发生，但也有人指出有些果蔬在较低剂量下也有异味产生。照射会不会使食品产生有毒物质，这是个很复杂的问题。迄今为止的研究情况是，还未见到确证会产生有毒、致癌和致畸物质的报告。至于有无致突变作用，有人指出是存在的，对此许多国家都很重视，并在继续深入研究中。

（4）电离贮藏　食品的电离处理贮藏，是将食品置于电磁场下使其受到一定剂量的磁力线切割作用，从而改变生物的代谢过程。

迄今在农业生产和果蔬贮藏上做过试验的大致有：高压静电场处理、电磁场处理、高频电磁波处理、离子空气处理、臭氧处理等。例如，应用高频电磁波，或弱电磁场，或强电磁场，处理作物种子，在磁场的影响下，通过核糖核酸分子按磁场定向使种子内在结构发生变化，从而起到提高种子发芽率、发芽势，苗株生长健壮及抗病、早熟、丰产等效应。又如用磁化水浸种、灌溉，也有一些好的效应。

2. 化学贮藏

食品化学贮藏是指在生产和贮藏过程中，添加某种对人体无害的化学物质，增强食品的贮藏性能和保持食品品质的方法。按化学贮藏剂贮藏原理的不同，可分为三类：防腐剂、杀菌剂、抗氧化剂。食品化学贮藏的卫生安全是人们最为关注的问题，因此，生产和选用化学贮藏剂时，首先必须符合食品添加剂标准，绿色食品选用添加剂时必须符合绿色食品添加剂使用标准。

3. 天然保鲜剂贮藏

长期以来，人们主要采用化学合成物质作为保鲜剂对贮藏的果蔬保鲜，虽有较好的保鲜防腐效果，但很多化学合成物质对人体健康却有一定的不利影响，甚至出现致癌、致畸、致突变等毒性作用。因此，人们开始把注意力转向天然果蔬保鲜剂的开发与研究，近年来取得了可喜的成果。

研究发现，在食用香料植物的防腐保鲜中，芥菜籽、丁香和桂皮、小豆蔻、芫荽籽、众香子、百里香等精油都有一定的防腐作用。草药类植物中，魔芋（*Amarphalus konjac K.*）的提取液无色、无毒、无异味，对水果的保鲜及鱼、肉类食品的防腐均有一定的作用。高良姜（*Alpinia officinarum*）、大蒜（*Allium sativum*）等药类植物的提取液也具有一定的防腐作用。植酸是广泛存在于植物种子中的一种有机酸，以植酸为原料配制的果蔬防腐剂，可用于易腐果蔬及食用菌的防腐保鲜，可以维持新鲜度微弱的生理作用，达到理想的透水、透气性能。雪鲜（snow fresh），可延缓新鲜果蔬的氧化作用和酶促褐变，对于果蔬原料去皮、去核后的半成品保鲜具有较好的效果。雪鲜由四种安全无毒的成分组成：焦磷酸钠、柠檬酸、抗坏血酸和氯化钙。森柏保鲜剂（semper fresh）是一种无色、无味、无毒、无污染、无不良反应、可食的果蔬保鲜剂，广泛应用于果蔬的保鲜。森柏保鲜剂的活性成分是"蔗糖酯"，该保鲜剂是通过抑制果蔬的呼吸作用和水分蒸发而达到保鲜效果的。其目的是让果实休眠，使它放慢老化或成熟的速度。一般光皮瓜果蔬菜，使用浓度为 $0.8\%\sim1.0\%$，粗皮水果可适当增大浓度，而草莓及叶菜类蔬菜可适当降低浓度。此外，复合维生素 C 衍生物、岩盐提取物等，均具有一定的保鲜效果。

三、绿色食品贮存管理实例

（1）绿叶蔬菜 贮存时应按照品种、规格分别贮存。贮存的适宜温度为：菠菜 $0\sim2℃$，莴苣 $0\sim1℃$，茼蒿 $0\sim2℃$。贮存的适宜湿度为 $90\%\sim95\%$。

（2）根菜 贮存时应按照品种、规格分别贮存。贮存的适宜温度为：萝卜 $0\sim3℃$，胡萝卜 $0\sim2℃$。贮存的适宜湿度为：萝卜 90%，胡萝卜 95% 左右。库内堆码应保证气流均匀流通、不挤压。

（3）瓜类蔬菜 贮存时应按照品种、规格分别贮存。贮存的适宜温度为：黄瓜 $10\sim13℃$，南瓜 $3\sim4℃$，苦瓜 $9\sim12℃$。贮存的适宜湿度为 $90\%\sim95\%$。库内堆码应保证气流均匀流通。

（4）柑橘 不同种类和品种的柑橘，对低温的敏感性差异极大，其中最不耐低温的是柠檬、葡萄柚，适合的贮温为 $10\sim15℃$；其次是柚、柑，适合的贮温为 $5\sim10℃$；桔和甜橙类一般较耐低温，能忍受 $1\sim5℃$ 的低温。贮存的适宜湿度为 $80\%\sim85\%$。

（5）李 采收下来的李果在常温下变化很快，所以，采后能否迅速降温是延长贮运期的关键。贮运适温为 $0\sim1℃$，相对湿度为 $90\%\sim95\%$。在低温下成熟缓慢，贮期可达 1 个月。超过一个月则果肉容易变褐，风味下降。如果采用聚乙烯塑料薄膜小包装，利用自发气调的作用，耐藏期可以延长。

（6）鲜肉 鲜肉入库时，要分清品种、级别，点清数量，并与发货单位及时核对清楚；入库肉品应有兽医检验合格证，无血、无毛、无污染，不带头、蹄、尾，符合内外销要求，否则不得入库；肉品冷却、冷冻应符合标准规定；并及时清理冷却、冷冻间的冰霜，以提高制冷效能，使冷却间温度达到 $-2℃$，冷冻间温度达到 $-23℃$。

第四节　绿色食品的运输技术

一、绿色食品运输的基本要求

1. 运输工具

① 应根据绿色食品的类型、特性、运输季节、距离以及产品保质贮藏的要求选择不同的运输工具。

② 运输应专车专用，不应使用装载过化肥、农药、粪土及其他可能污染食品的物品而未经清污处理的运输工具运载绿色食品。

③ 运输工具在装入绿色食品之前应清理干净，必要时进行灭菌消毒，防止害虫感染。

④ 运输工具的铺垫物、遮盖物等应清洁、无毒、无害。

2. 运输管理

(1) 控温

① 运输过程中采取控温措施，定期检查车（船、箱）内温度以满足保持绿色食品品质所需的适宜温度。

② 保鲜用冰应符合 SC/T 9001 的规定。

(2) 其他

① 不同种类的绿色食品运输时应严格分开，性质相反和互相串味的食品不应混装在一个车（箱）中。不应与化肥、农药等化学物品及其他任何有害、有毒、有气味的物品一起运输。

② 装运前应进行食品质量检查，在食品、标签与单据三者相符的情况下才能装运。

③ 运输包装应符合 NY/T 658 的规定。

④ 运输过程中应轻装、轻卸，防止挤压和剧烈振动。

⑤ 运输过程应有完整的档案记录，并保留相应的单据。

二、绿色食品运输工具和设备

1. 公路运输

公路运输（highway transportation）主要指汽车或其他机动车辆，它们多以短途运输为主，是交售与收购、分配与批发和转运的主要交通工具，没有这些交通工具就难以把分散在各个果园、菜园的产品集中起来，就难以把大量的食品送到火车站和海河港口整运批发。这类交通工具设备比较简单、成本低、灵活方便，是部分食品运输，特别是果蔬产品运输中不可缺少的主要力量。但由于设备简陋、振动力强、速度缓慢，因此必须注意如下几个问题。

① 装载时要求排列整齐，逐件紧扣，不宜留过大的空隙，以防互相碰撞，引起机械损伤。

② 根据当地的气候条件和温度情况，采用不同的遮盖物，以避免日晒雨淋，防热防冻。

③ 堆叠层数不宜过高，以免压坏下层产品。必要时，留出装卸工人坐立的空位。严禁在货堆上坐人或堆放重物。

④ 运送时间最好在气温条件比较适宜的时候，尽量避免在炎热的中午前后或果蔬受冻害的时候运送。

⑤ 崎岖路面要慢行，停车时要选择阴凉地方，卸车时要逐层依次搬下。

2. 水路运输

水路运输工具，既包括产地交送使用的和附近销区调拨使用的木船、小艇、拖驳和帆船，也包括海、河上的大型船舶、远洋货轮等。船舶运行平稳，振动损伤小，运载量大，运输费低廉，对新鲜易腐产品具有特殊的优越性。我国领土广阔，海岸线长，江河纵横交错，沿江河湖海之滨多为新鲜水果、蔬菜盛产之地，因而水路运输也是绿色果蔬产品运输的重要途径。

由于船、舶等水路运输设备不是专为食品运输设计的，多是综合使用的交通运输工具，因此用船舶运输食品时要注意以下几点。

① 装载食品前，应清洗船舱，必要时还应消毒杀菌，尽量避免与其他不同性质的货物混装在同一舱房，防止各种有毒、有味物质的污染和刺激性气体的残留。

② 一般舱底部凹凸不平，堆放时应设法使其平稳，以不致引起倒塌。

③ 没有遮盖的设备应准备遮盖物。散装装载的舱底应铺上一层软绵的材料。

④ 大型货轮装载采用机械装卸时，应注意安全性和科学性，防止包装容器挤压变形而损伤果蔬商品。近年来远洋运输中大量采用集装箱装卸运输。

⑤ 注意货舱内温度的调节和空气的更换，防止闷热导致食品腐败。

3. 铁路运输

铁路运输（railway transportation）具有运量大、速度快、行驶平稳、安全可靠、时间准确和运费低廉等特点，它是我国长距离调运食品的主要运输形式。食品在铁路运输中除采用无温度调控设备的普通棚车外，主要是使用有控制温度设备的机械保温车和冰箱保温车两种。

(1) 普通篷车 即普通有篷货车，设有温度及调节控制设备，受自然气温的影响大。用篷车运输食品类的商品，要特别注意温度的变化，既要注意防热，又要重视防冻。防热可采取通风换气或加冰块降温的办法。防冻可在车厢内果蔬包装上盖苫布、棉被、干草等覆盖物保温，必要时可生火加温。

(2) 机械保温车 即机械冷藏车，它是利用机械制冷降低车厢内的温度。我国现有的机械保温车有 B_{16}、B_{17}、B_{18}、B_{19}、B_{20} 等，按其供电和制冷的方式可分为：集中供电、集中制冷的列车，如 B_{16} 和 B_{17} 型，车厢内温度可调节在 $-10\sim5$℃，温度稳定；集中供电、单独制冷的列车，如 B_{19} 型，温度可在 $-18\sim14$℃调节。

单节式机械保温车，每辆车厢内都装有小型发电机组和制冷设备，可单独供电和制冷，也可与发电车联挂集中供电，如 B_{18} 型车辆，可分可合，能在下列三种条件下使用。

① 单独发电，作为一个独立的保温冷藏车。

② 集中供电，组成列车。

③ 利用外来电源单独挂靠或组合使用，还可作为活动冷藏库使用。

机械保温车备有电热器和鼓风机等设备，当外界温度偏低或运送热带、亚热带果蔬需要加温时，可调节控制车内温度，并强制空气循环，加强通风换气，使车厢内温度均匀，排除过多的二氧化碳和乙烯气体。若列车装有调节气体成分的设备，即可作为气调冷藏车使用。

(3) 冰箱保温车 又称加冰冷藏车。车厢有隔热保温设备，并有储冰箱，用冰来冷却。由于单独使用冰块不易将车厢内温度降低，更不能使温度降到0℃以下，因此通常在加冰时掺进一定比例的盐，可使降温比较迅速，并能达到 $-10\sim-6$℃的低温。新鲜食品，特别是果蔬产品运输时，在始发站加冰掺盐量一般为 $3\%\sim10\%$，加冰冷藏车可单独使用，或几节车厢挂在其他客、货列车上，也可组合成冷藏专列。

加冰冷藏车依加冰的冰箱放置位置不同可分为车端式冰箱冷藏车和车顶式冰箱冷藏车。前者是将加冰的冰箱设置在车厢的两端，该冷藏车装冰量少，降温效能低，而且车厢内温度分布不均匀，现正逐渐被淘汰；后者是将加冰冰箱设置在车顶，车顶的冰箱个数多为4~8个，每个冰箱可载冰1t，这种冷藏车较前者有占有有效货位少、通风条件好、降温快、温度均衡（相差不超过 $1\sim2$℃）、加冰次数少等优点。

秋冬季节，当外部气温低于食品适宜温度时，要在车内壁和车底加设稻草垫，并将冰箱以棉絮堵塞，必要时可在车厢内生炉火，但必须注意车厢内温度要尽可能均匀稳定，以适应食品安全运输的需要。

(4) 空中运输 空中运输（airlift）也称航空运输，与其他运输相比，速度快、损失少、食品品质好，但载量小、运费昂贵。食品经营者怯于高昂的运费，一般不进行空中运输。有时为了市场竞争或满足某种特殊需要，对某些名贵高档、易腐的果蔬产品实行空运，但数量有限。随着我国航空运输事业的发展，空运果蔬产品的数量将会逐渐增加。

（5）集装箱运输　集装箱运输（containerization）是现代化的一种运输方式。集装箱是便于机械化装卸的一种运输货物的容器，具有足够强度，可以长期反复使用，在途中转运时可直接换装，便于货物的装卸，具有 $1m^3$ 以上的容积。集装箱适用于多种运输工具，具有安全、迅速、简便、节省人力、便于装卸的机械化操作的特点。

集装箱种类很多，用于食品运输的集装箱主要有冷藏集装箱及冷藏气调集装箱两种。后者是在前者的基础上加设气密层和调气装置制成的，二者都能使食品在运输途中保持良好的品质和商品价值。用冷藏集装箱和气调集装箱运输的食品，可直接进入冷库贮藏。国外使用集装箱运输的情况已相当普遍，我国多在对外出口远洋运输上使用。

第八章　绿色食品检测与安全控制

第一节　绿色食品产品检测技术

一、绿色食品产品检测

1. 检测目的

食品检验是指研究和评定食品质量及其变化的一门学科，它依据物理、化学、生物化学的研究方法及实验技术，按照制定的技术标准，如国际、国家食品卫生/安全标准，对食品原料、辅助材料、半成品、成品及副产品的质量进行检验，以确保产品质量合格，是食品工业中必不可少的环节。

目前，绿色食品无论在国内还是在国际上，都已得到社会公众的认可和关注。为了确保绿色食品具有安全、优质、营养的属性，必须依照《食品安全法》《农产品质量安全法》及《绿色食品标志管理办法》中的相关规定，根据绿色食品特定的检测项目及判定原则，对绿色食品进行检验。另外，绿色食品终产品检验还是对绿色食品生产、加工过程是否符合要求的进一步确认，是十分必要的质量保证措施。因此，为保证绿色食品健康持久地发展，建立一套科学、系统、可靠的食品质量监测机构是十分重要的。

2. 监测机构

为保证绿色食品检测数据、结果具有公正性、权威性、可比性，目前，农业部中国绿色食品发展中心在全国范围内指定了一批经国家技术监督部门认定的、具有一定权威性的食品质量监测机构负责绿色食品产品质量监测工作，在人员配备、技术装备、质量控制、实验室管理等方面，均能适应绿色食品质量检测的需要。

中国绿色食品发展中心为全面提高绿色食品监测机构的检测水平和能力，协调规范各监测机构的业务工作，有效保证检验工作的科学性、公正性和权威性，依照产品质量检验机构《计量认证/审查认可（验收）评审准则》和《绿色食品监测机构管理办法》的要求，制定了《绿色食品监测机构能力验证办法》，对食品质量监测机构进行能力验证。

3. 检测程序及抽样要求

绿色食品认证机构对绿色食品产品质量检测的普遍做法大体有两种，一种是在绿色食品认证机构进行工厂体系检查前，由企业将申请认证的产品送绿色食品认证机构指定的检测机构做型式试验；另一种是在工厂现场检测通过后，由检查（审核）组对产品进行抽样，由企业送往绿色食品认证机构指定的检测机构检测。

对产品的抽样可以在生产部门生产线、仓库抽取，也可以在市场上、柜台上抽取，且是抽样人员与被抽样单位当事人共同抽取。在《绿色食品标志管理办法》中规定，对产品的抽检率要超过30％。这个抽检比例是所有食品中比例最高的。

为了保证样品的代表性、真实性和一致性，中国绿色食品发展中心特制定了《绿色食品产品抽样准则》（NY/T 896—2015）和《绿色食品产品抽样技术规范》，对抽样程序、方法、要求及样品的运送与管理等都作了详细的规定，所有步骤都要按准则程序化认真执行。

4. 检测分类

（1）交收检验 每批产品交收前都应进行交收检测，包括包装、标志、标签、净含量、感官品质等，对加工产品还包括理化指标，检验合格并附合格证方可交收。

（2）型式检验 对产品标准规定的全部指标进行检验，同类型的加工产品每年进行 1 次，养殖产品每个生产周期进行 1 次。

（3）认证检验 申请绿色食品认证的食品，应按照相关标准规定的全部指标进行检验。

（4）监督检验 对获得绿色食品标志使用权的食品质量进行跟踪检验，应根据抽查食品生产基地的环境情况、生产过程中投入品及加工品种食品添加剂的使用情况、所检产品中可能存在的质量风险来确定检测项目。

5. 绿色食品产品检测内容

（1）绿色食品产品感官检验 感官检验是以人的感觉为依据，用科学试验和统计方法来评价食品质量的一种检验方法。其方法简单、灵敏，使用器材简便。消费者对食品接受性的评价有些还只能通过感官检验来实现，因此，感官检验是绿色食品质量综合评价的主要手段之一。

感官检验的方法可分为视觉检验法、嗅觉检验法、味觉检验法和触觉检验法。

① 视觉检验法。视觉检验法是判断食品质量的一个重要感官手段。食品的外观形态和色泽对于评价食品的新鲜程度、食品是否有不良改变以及蔬菜、水果的成熟度等有着重要意义。视觉检验应在白昼的散射光线下进行，以免灯光阴暗发生错觉。检验时应注意整体外观、大小、形态、块形的完整程度、清洁程度、表面有无光泽、颜色的深浅色调等。在检验液态食品时，要将它注入无色的玻璃器皿中，透过光线来观察；也可将瓶子颠倒过来，观察其中有无夹杂物下沉或絮状物悬浮。

② 嗅觉检验法。食品的气味是一些具有挥发性的物质形成的，进行嗅觉检验时常需稍稍加热，但最好是在 15～25℃ 的常温下进行，因为食品中的挥发性气味物质常随温度的高低而增减。在检验食品的异味时，液态食品可滴在清洁的手掌上摩擦，以增加气味的挥发。识别畜肉等大块食品时，可将一把尖刀稍微加热后刺入深部，拔出后立即嗅闻气味。

③ 味觉检验法。味觉器官不但能品尝到食品的滋味如何，而且对于食品中极轻微的变化也能敏感地察觉。味觉器官的敏感性与食品的温度有关，在进行食品的滋味检验时，最好使食品处在 20～45℃ 之间，以免温度的变化增强或减低对味觉器官的刺激。几种不同味道的食品在进行感官评价时，应当按照刺激性由弱到强的顺序，最后检验味道强烈的食品。在进行大量样品检验时，中间必须休息，每检验一种食品之后必须用温水漱口。

④ 触觉检验法。凭借触觉来鉴别食品的膨、松、软、硬、弹性（稠度）等，以评价食品品质的优劣，也是常用的感官检验方法之一。例如，根据鱼体肌肉的硬度和弹性，常常可以判断鱼是否新鲜或腐败；评价动物油脂的品质时，常须检验其稠度等。

（2）绿色食品产品理化检测 食品理化检验是运用现代科学技术和检测分析手段，监测和检验食品中与营养及卫生有关的化学物质，具体指出这些物质的种类和含量，说明是否合乎质量要求和卫生标准，是否存在危害人体健康的因素，从而决定有无食用价值及应用价值的检验方法。食品理化检验的目的在于根据测得的分析数据对被检食品的品质和质量做出正确客观的判断和评定。

绿色食品理化检验的内容包括常规理化指标和卫生指标。以下着重介绍绿色食品产品卫生指标的检测。

① 农药残留。农药是农业生产中重要的生产资料之一。使用农药可以有效地控制病虫害、消灭杂草，从而提高作物的产量和质量等。然而，当前农药的不合理使用，又带来了环境污染、食品农药残留等一系列问题。目前，食品中农药残留已成为全球性的共性问题和一些国际贸易纠纷的起因，也是当前中国绿色食品出口的重要限制因素之一。因此，在绿色食品的原料生产过程中必须按照《绿色食品 农药使用准则》（NY/T 393—2013）合理使用农药，准则中明确禁止了部分农药的使用。食品中农药残留的来源有施药后直接污染、从环境中吸收、通过食物链污染和其他途径污染等，中国绿色食品产品标准中对可使用农药的最大允许残留量有明确的规定。

AA 级和 A 级绿色食品生产均允许使用的农药见表 8-1 与表 8-2；当所列农药和其他植保产品不能满足有害生物防治的需要时，A 级绿色食品生产还可按照农药产品标签或 GB/T 8321 的规定使用下列农药，见表 8-3。

表 8-1 AA 级和 A 级绿色食品生产均允许使用的农药和其他植保产品清单 I

类别	组分名称	备注
I . 植物和动物来源	楝素（苦楝、印楝等提取物,如印楝素等）	杀虫
	天然除虫菊素（除虫菊科植物提取液）	杀虫
	苦参碱及氧化苦参碱（苦参等提取物）	杀虫
	蛇床子素（蛇床子提取物）	杀虫、杀菌
	小檗碱（黄连、黄柏等提取物）	杀菌
	大黄素甲醚（大黄、虎杖等提取物）	杀菌
	乙蒜素（大蒜提取物）	杀菌
	苦皮藤素（苦皮藤提取物）	杀虫
	藜芦碱（百合科藜芦属和喷嚏草属植物提取物）	杀虫
	桉油精（桉树叶提取物）	杀虫
	植物油（如薄荷油、松树油、香菜油、八角茴香油）	杀虫、杀螨、杀真菌、抑制发芽
	寡聚糖（甲壳素）	杀菌、植物生长调节
	天然诱集和杀线虫剂（如万寿菊、孔雀草、芥子油）	杀线虫
	天然酸（如食醋、木醋和竹醋等）	杀菌
	菇类蛋白多糖（菇类提取物）	杀菌
	水解蛋白质	引诱
	蜂蜡	保护嫁接和修剪伤口
	明胶	杀虫
	具有驱避作用的植物提取物（大蒜、薄荷、辣椒、花椒、薰衣草、柴胡、艾草的提取物）	驱避
	害虫天敌（如寄生蜂、瓢虫、草蛉等）	控制虫害

类别	组分名称	备　注
Ⅱ．微生物来源	真菌及真菌提取物（白僵菌、轮枝菌、木霉菌、耳霉菌、淡紫拟青霉、金龟子绿僵菌、寡雄腐霉菌等）	杀虫、杀菌、杀线虫
	细菌及细菌提取物（苏云金芽孢杆菌、枯草芽孢杆菌、蜡质芽孢杆菌、地衣芽孢杆菌、多黏类芽孢杆菌、荧光假单胞杆菌、短稳杆菌等）	杀虫、杀菌
	病毒及病毒提取物（核型多角体病毒、质型多角体病毒、颗粒体病毒等）	杀虫
	多杀霉素、乙基多杀菌素	杀虫
	春雷霉素、多抗霉素、井冈霉素、（硫酸）链霉素、嘧啶核苷类抗生素、宁南霉素、申嗪霉素和中生菌素	杀菌
	S-诱抗素	植物生长调节
Ⅲ．生物化学产物	氨基寡糖素、低聚糖素、香菇多糖	防病
	几丁聚糖	防病、植物生长调节
	苄氨基嘌呤、超敏蛋白、赤霉酸、羟烯腺嘌呤、三十烷醇、乙烯利、吲哚丁酸、吲哚乙酸、芸苔素内酯	植物生长调节

表8-2　AA级和A级绿色食品生产均允许使用的农药和其他植保产品清单Ⅱ

类别	组分名称	备　注
Ⅳ．矿物来源	石硫合剂	杀菌、杀虫、杀螨
	铜盐（如波尔多液、氢氧化铜等）	杀菌，每年铜使用量不能超过 6kg/hm²
	氢氧化钙（石灰水）	杀菌、杀虫
	硫黄	杀菌、杀螨、驱避
	高锰酸钾	杀菌，仅用于果树
	碳酸氢钾	杀菌
	矿物油	杀虫、杀螨、杀菌
	氯化钙	仅用于治疗缺钙症
	硅藻土	杀虫
	黏土（如斑脱土、珍珠岩、蛭石、沸石等）	杀虫
	硅酸盐（硅酸钠、石英）	驱避
	硫酸铁（3价铁离子）	杀软体动物
Ⅴ．其他	氢氧化钙	杀菌
	二氧化碳	杀虫，用于储存设施
	过氧化物类和含氯类消毒剂（如过氧乙酸、二氧化氯、二氯异氰尿酸钠、三氯异氰尿酸等）	杀菌，用于土壤和培养基质消毒
	乙醇	杀菌
	海盐和盐水	杀菌，仅用于种子（如稻谷等）处理
	软皂（钾肥皂）	杀虫
	乙烯	催熟等
	石英砂	杀菌、杀螨、驱避
	昆虫性外激素	引诱，仅用于诱捕器和散发皿内
	磷酸氢二铵	引诱，只限用于诱捕器中使用

表 8-3　A 级绿色食品生产均允许使用的农药及其他植保产品清单Ⅲ

类型	目　录
杀虫剂	S-氰戊菊酯、吡丙醚、吡虫啉、吡蚜酮、丙溴磷、除虫脲、啶虫脒、毒死蜱、氟虫脲、氟啶虫酰胺、氟铃脲、高效氯氰菊酯、甲氨基阿维菌素苯甲酸盐、甲氰菊酯、抗蚜威、联苯菊酯、螺虫乙酯、氯虫苯甲酰胺、氯氟氰菊酯、氯菊酯、氯氰菊酯、灭蝇胺、灭幼脲、噻虫啉、噻虫嗪、噻嗪酮、辛硫磷、茚虫威
杀螨剂	苯丁锡、喹螨醚、联苯肼酯、螺螨酯、噻螨酮、四螨嗪、乙螨唑、唑螨酯
杀软体动物剂	四聚乙醛
杀菌剂	吡唑醚菌酯、丙环唑、代森联、代森锰锌、代森锌、啶酰菌胺、啶氧菌酯、多菌灵、噁霉灵、粉唑醇、氟吡菌胺、氟啶胺、氟环唑、氟菌唑、腐霉利、咯菌腈、甲基立枯磷、甲基硫菌灵、甲霜灵、腈苯唑、腈菌唑、精甲霜灵、克菌丹、醚菌酯、嘧菌酯、嘧霉胺、氰霜唑、噻菌灵、三乙膦酸铝、三唑醇、三唑酮、双炔酰菌胺、霜霉威、霜脲氰、萎锈灵、戊唑醇、烯酰吗啉、异菌脲、抑霉唑
熏蒸剂	棉隆、威百亩
除草剂	氨氯吡啶酸、丙炔氟草胺、草铵膦、草甘膦、敌草隆、噁草酮、二甲戊灵、二氯吡啶酸、二氯喹啉酸、氟唑磺隆、禾草丹、禾草敌、禾草灵、环嗪酮、磺草酮、甲草胺、精吡氟禾草灵、精喹禾灵、绿麦隆、氯氟吡氧乙酸、氯氟吡氧乙酸异辛酯、麦草畏、咪唑喹啉酸、灭草松、氰氟草酯、炔草酯、乳氟禾草灵、噻吩磺隆、双氟磺草胺、甜菜安、甜菜宁、西玛津、烯草酮、烯禾啶、硝磺草酮、野麦畏、乙草胺、乙氧氟草醚、异丙甲草胺、异丙隆、莠灭净、唑草酮、仲丁灵
植物生长调节剂	矮壮素、多效唑、氯吡脲、萘乙酸、噻苯隆、烯效唑

绿色食品中有机氯农药残留量的测定，可以采用气相色谱法和薄层色谱法测定。有机磷农药残留量的测定可采用火焰光度色谱法、气相色谱法或高效液相色谱法。

② 兽药残留。兽药是用于预防、治疗和诊断畜禽等动物疾病，有目的地调节其生理机能并规定作用、用途和用量的物质，兽药的使用必须按照《绿色食品　兽药使用准则》（NY/T 472—2013）执行，兽药残留污染的主要原因如下。

a. 不遵守休药期有关规定。

b. 不正确使用兽药和滥用兽药。

c. 饲料加工或运送过程受到兽药污染。

d. 使用未经批准的药物作为饲料添加剂来喂养可食性动物，造成食用动物的兽药残留。

e. 按错误的用药方法用药或未做用药记录。

f. 屠宰前使用兽药。

常见的兽药残留包括抗生素类残留、磺胺类药物残留、硝基呋喃类药物残留等。

治疗用抗生素的主要品种有青霉素类、四环素类、杆菌肽、庆大霉素、链霉素、红霉素、新霉素和林可霉素等。常用饲料药物添加剂有盐霉素、马杜霉素、黄霉素、土霉素、金霉素、潮霉素、伊维霉素、庆大霉素和泰安菌。

临床上常用的磺胺类药物有磺胺嘧啶、磺胺二甲嘧啶等。另外，磺胺药与抗菌增效剂合用，还组成了"增效磺胺"，如复方新诺明、增效磺胺嘧啶钠等。

抗生素类兽药残留量的检验按照 GB/T 14931—94 执行。磺胺类药物、硝基呋喃类药物的检测可采用色谱法测定。

③ 重金属。重金属是泛指在元素周期表中，相对密度大于 4.0 的 60 种元素或者相对密度大于 5.0 的 45 种元素。大多数金属都是重金属，如铅（Pb）、铬（Cr）、铁（Fe）、汞（Hg）、镉（Cd）、锡（Sn）、钒（V）、铌（Nb）、钛（Ti）、锰（Mn）、镍（Ni）、铜（Cu）、锌（Zn）、钨（W）、铝（Al）、银（Ag）、金（Au）等；砷（As）和硒（Se）虽属于非重金属，但它们对生物体的毒性以及富集性与重金属相似，故而通常也被列入重金属行列中。

绿色食品中的重金属以汞、铅、砷、镉等为主。

食品中汞含量的测定采用冷原子吸收光谱法和双硫腙比色法。铅含量的测定采用火焰原子吸收光谱法和石墨炉原子吸收光谱法。砷含量的测定采用银盐法和氢化物原子荧光光度法。镉含量的测定采用甲基戊酮萃取法和火焰原子吸收光谱-乙酸丁酯萃取法。

(3) 微生物检测 食品的微生物检验是运用微生物学的理论与方法，检验食品中微生物的种类、数量、性质及其对人体健康的影响，以判别食品是否符合质量标准的检验方法。

绿色食品的有害微生物指标主要有菌落总数、大肠菌群、致病菌、霉菌及其毒素等。

菌落总数是指食品检样在严格规定的条件下（样品处理、培养基及其 pH、培养温度与时间、计数方法等）培养后，单位重量（g）、容积（mL）或表面积（cm^2）上，所生成的细菌菌落总数。

大肠菌群包括大肠杆菌和产气杆菌及一些中间类型的细菌。食品中如果大肠菌群数越多，说明食品受粪便污染的程度越大。

致病菌即能够引起人们发病的细菌。对不同的食品和不同的场合，应选择一定的参考菌群进行检验。例如，海产品以副溶血性弧菌作为参考菌群，蛋与蛋制品以沙门氏菌、金黄色葡萄球菌、变形杆菌等作为参考菌群，米、面类食品以蜡样芽孢杆菌、变形杆菌、霉菌等作为参考菌群，罐头食品以耐热性芽孢菌作为参考菌群等。

中国还没有制定出霉菌的具体指标，鉴于很多霉菌能够产生毒素，引起食物中毒及其他疾病，故应该对产毒霉菌进行检验。例如，曲霉属的黄曲霉、寄生曲霉等，青霉属的橘青霉、岛青霉等，镰刀霉属的串珠镰刀霉、禾谷镰刀霉等。

微生物指标还应包括病毒，如肝炎病毒、猪瘟病毒、鸡新城疫病毒、马立克氏病毒、口蹄疫病毒、狂犬病病毒、猪水泡病毒等。另外，从食品检验的角度考虑，寄生虫也应列为微生物检验的指标，如旋毛虫、囊尾蚴、猪肉孢子虫、蛔虫等（表 8-4）。

表 8-4 绿色食品产品检测主要项目

检测项目		项目内容
感官指标		颜色、气味、体态、病虫害、霉变、腐烂等
一般理化分析		蛋白质、糖类、脂肪、水分、灰分等
农药残留	有机氯农药	六六六、滴滴涕、五氯硝基苯、艾氏剂、七氯、狄氏剂、异狄氏剂等
	有机磷农药	敌敌畏、敌百虫、克线丹、地亚农、毒死蜱、敌敌畏、对硫磷、甲胺磷、甲拌磷、甲基对硫磷、乙酰甲胺磷、乙硫磷、伏杀硫磷、异柳磷、喹硫磷、对氧磷、马拉硫磷、乐果、氧化乐果、二嗪磷、巴胺磷、久效磷、倍硫磷、甲基毒死蜱、甲基嘧啶磷、磷胺Ⅰ、磷胺Ⅱ、杀扑磷、杀螟硫磷、亚胺硫磷、蝇毒磷等
	氨基甲酸甲酯类农药	西维因、涕灭威、呋喃丹、抗蚜威、速灭威、残杀威、叶蝉散、异丙威等
	拟除虫菊酯类农药	联苯菊酯、二氯苯醚菊酯、功夫菊酯、溴氰菊酯、氰戊菊酯、三氟氯氰菊酯、甲氰菊酯、氯氰菊酯、氯菊酯-Ⅰ、氯菊酯-Ⅱ、氯氰菊酯-Ⅰ、氯氰菊酯-Ⅱ、氯氰菊酯-Ⅲ、氰戊菊酯-Ⅰ、氰戊菊酯-Ⅱ、溴氰菊酯-Ⅰ、溴氰菊酯-Ⅱ、功夫菊酯、甲氰菊酯等
兽药残留		土霉素、金霉素、四环素、氯霉素、呋喃唑酮、乙烯雌酚、黄连素(盐酸小檗碱)等
		磺胺类药物(磺胺嘧啶、磺胺间甲氧嘧啶、磺胺对甲氧嘧啶、磺胺二甲嘧啶、磺胺喹恶啉、磺胺甲基异恶唑等)
有毒有害物质		汞(Hg)、铅(Pb)、砷(As)、镉(Cd)、铬(Cr)、亚硝酸盐(NO$_2^-$)、二氧化硫(SO$_2$)残留等
微生物		菌落总数、大肠菌群、沙门菌、金黄色葡萄球菌、霉菌和酵母菌、志贺菌、溶血性链球菌等

二、绿色食品产品质量的现代检测技术

近年来，食品分析方法的发展十分迅速，一些先进技术不断渗透到绿色食品分析领域中，特别是以仪器分析方法为基础建立起来的食品安全快速检测技术在绿色食品检测分析中得以广泛地应用。

目前，在绿色食品分析检测中基本采用仪器分析的方法代替手工操作，气相色谱仪、高效液相色谱仪、氨基酸自动分析仪、原子吸收分光光度计及可进行光谱扫描的紫外可见分光光度计、荧光分光光度计等均得到了普遍应用。同时，仪器分析与计算机技术的结合与联用，更加显示出快速、灵敏、准确等特点。

当前，影响中国绿色食品产品质量最突出的问题是农药残留超标。由于农药的不合理使用及滥用现象，导致农药在环境以及食物中的残留量严重超标，由此引起的农药中毒现象和在国际农产品贸易中引发的贸易争端时有发生。因此，发展可靠、灵敏、快速、实用的农药残留快速检测技术是解决农药残留问题的前提。

农药残留检测是分析化学中最复杂的领域，其原因主要是：①待分离和测定的残留农药量往往是在 ng（10^{-9} g）、pg（10^{-12} g）甚至在 fg（10^{-15} g）级；②分析样品用药历史的未知性即污染源的未知性和样品种类的多样性，这就需要掌握在各种各样复杂基质的检样中对含量非常低的残留药物进行检测的方法以及定量和鉴定的分析方法，尤其是萃取和净化方法的成功应用；③一次样品测定能分析多种农药残留，即多残留分析的要求。

用于绿色食品农药残留检测的仪器分析方法有比色法、气相色谱法（GC）、毛细管电泳（CE）、毛细管气相色谱（CEGC）、液相色谱-质谱（LC-MS）等，这些方法能有效、准确地测定样品中农药的残留含量，但往往需要昂贵的仪器，需要专业人员操作，费时费力，不适合现场实时快速检测。

为此，国内外均先后发展了一些简单实用的农残快速检测技术，其中国外在免疫快速检测、生物和电化学生物传感器技术等方面取得了较快进展，已经有用于农残检测的酶标试剂盒等相关实用化的产品系列。

近年来中国研制出 FITT2001 型农药残毒快速检测仪，开发了有机磷农药残留双光路现场检测仪、FDFY-Ⅰ型亚硝酸盐速测仪器、FDFY-Ⅱ型硝酸盐快速检测仪和铅注射式快速分离器和农药、硝酸盐、亚硝酸盐、铅等残留系列速测试纸/卡等。

下面对绿色食品农残快速检测技术作一简要介绍。

1. 发光快速检测法

（1）化学发光法（chemiluminescence，CL）　化学发光是在一些特殊的化学反应中，吸收了反应所释放的化学能而处于电子激发态的反应中间体或反应产物由激发态回到基态时产生的一种光辐射现象。化学发光体系在农药，特别是有机磷农药的检测方面得到较好的应用，先后发展了基于乙酰胆碱酶抑制、基于碱性磷酸酯酶催化、基于过氧化物与吲哚反应、基于鲁米诺与过氧化氢反应的检测方法。

化学发光体系检测农残灵敏度高，一般检出限远低于环境最低限量指标，其主要不足为重现性较差，而且待测体系中杂质也会对结果产生较大影响。

（2）生物发光法（bioluminescence，BL）　在有关生命体系中，利用发光细菌对农药残留量进行检测。发光细菌在正常的生活状态下，体内的荧光素在有氧参与时，经荧光酶的作用会产生荧光。当受到外界因素的影响，如受化合物的毒性作用时，发光减弱，减弱程度与毒物浓度呈线性相关关系。袁东星等建立了一种用发光细菌快速检测蔬菜中有机磷农药残留

的方法，分析了发光菌对蔬菜中 6 种有机磷农药的响应情况，探讨了检测空心菜中甲胺磷农药残留的最佳参数，并在随后引入了流动注射分析体系，以明亮发光杆菌作为污染物毒性检测的指示生物，探讨了有机磷农药、酸、碱、酚等污染物对发光细菌的毒性作用，研究了相关参数对农药降解的影响。

发光检测方法稳定、快速、简便、重现性较好，但发光细菌的获得存在一定的困难，使其应用受到了限制。

2. 酶抑制快速检测法

酶抑制法"快速检测"农药残留依据的是，有机磷和氨基甲酸酯类农药能抑制昆虫的中枢和周围神经系统中 Ach-E 的活性，造成神经传导介质乙酰胆碱酯酶的积累，影响正常传导，使昆虫中毒致死。正常情况下，酶催化乙酰胆碱水解，其水解产物与显色剂反应，产生黄色物质；如果样品中农药残留量较高时，酶的活性将被抑制，基质就不被水解，当加入显色剂时就不显色或颜色变化很小。

目前基于酶抑制法的原理检测农药残留的主要技术有酶片或酶膜生物传感器、试剂盒快速检测仪等。

酶抑制法最大的优点是操作简便、速度快和不需要昂贵的仪器，特别适合现场检测以及大批样品的筛选检测，易于推广普及。但是灵敏度偏低，重复性、回收率还有待提高。可用于控制含较高农药残毒的蔬菜上市，但酶抑制法的显色体系不稳定，随反应时间长短而有所差异，且检测限高，容易漏检，不能定性和定量，酶活性也易受外界干扰从而影响检测结果。

3. 免疫分析快速检测法

免疫分析法（immunoassay，IA）是一种以抗体作为生物化学检测器对化合物、酶或蛋白质等物质进行定性和定量分析的分析技术。免疫分析方法很多，能用于农残快速检测的主要有：荧光免疫测定技术、放射免疫测定技术以及酶免疫测定技术等。

目前在农残快速检测中应用最多的酶免疫测定技术是酶联免疫分析技术。

酶联免疫分析法（enzyme-linked immunoassay，ELISA）的基础是抗原或抗体的固相化及抗原或抗体的酶标记，根据酶反应底物显色的深浅进行定性或定量分析。由于酶的催化效率很高，间接地放大了免疫分析的结果，使测定具有极高的灵敏度，在应用中一般采用商品化的试剂盒进行测定，其特点是将抗原或抗体制成固相试剂，在与标本中的抗原或抗体反应后，只需经过固相的洗涤，就可以达到抗原抗体复合物与其他物质的分离，简化了操作步骤。

酶联免疫技术的样品前处理简单，纯化步骤少，大样本分析时间短，既适合于实验室检测，又可用于现场筛选，具有分析速度快、经济、简便的特点，但抗体制备不易，而且不能实现多种农药同时检测，限制了该技术的应用。

农药残留单克隆抗体免疫分析法是将单克隆技术引入酶免疫分析中建立起来的方法，其实质还是利用抗体与抗原的特异性反应来检测农残含量，方法的核心是利用单克隆技术制备高特异性的抗体。

单克隆抗体免疫分析有其独特的优势，杂交瘤技术的应用可以得到大量性质均一、具有高特异性的单克隆抗体 McAb，不易产生交叉反应，使检测具有较高的特异性，且不易被无关的抗体干扰，有较高的灵敏度。McAb 可以用于制备免疫分析试剂盒，可以使操作简便、快速；但其不足也是显而易见的，有些农药小分子不能制备出 McAb，另外，从制备人工抗原到纯化获得 McAb 周期长，操作也不够简单。

4. 传感器快速检测法

生物传感器（biosensor）是由一种生物敏感膜和电化学转换器两部分紧密配合、对特定种类的化学物质或生物活性物质具有选择性和可逆响应的分析装置，其特点是集生物化学、生物工程、电化学、材料科学和微型制造技术于一体，是一个典型的多学科交叉产物。按其生物功能可分为电位型和电流型酶传感器（enzyme biosensor）、免疫传感器（immuno sensors）、微生物传感器（microbial sensor）等。

生物传感器技术具有微型化、响应速度快、样品用量少并可以插入生物组织或细胞内的特点，可实现超微量在线快速跟踪分析，在农药残留分析上得到了广泛的应用，不足之处是酶类传感器受环境（特别是温度）影响大，且寿命短，不易保存，准确性和重复性比较差，检测种类也比较单调。

5. 几种检测农药残留方法的比较

（1）化学法　速度快、成本低、操作简便、针对性强。但适用范围小，仅限于果蔬的有机磷农药残留检测。

（2）比色法　灵敏度高、操作简便、检测快、可检测多种农药残留。但检测时受温度影响，需要控制的条件较多。

（3）气相色谱法　目前比较权威的方法，可以精确定量，可测出多种不同种类的农药。但检测成本高，仪器必须由专业人员操作，样品前处理要求较高、时间长。

（4）发光法　稳定、快速、简便、重现性较好。但发光试剂种类较少，能够测定的农残种类尚不广泛。

（5）酶抑制法　无需大型设备和专业人员，成本较低，酶片保存时间长。但灵敏度低，稳定性、准确性、重复性等方面有待改进。

（6）免疫分析法　特异性强、灵敏度高、快速简便、可定性和定量、适用于现场。但抗体制备比较困难，不能肯定试样中的农药品种时，有一定的盲目性，易出现假阴性、假阳性现象。

（7）传感器法　灵敏度高、仪器自动化程度高、响应时间短、适合现场检测。但方法选择性有限，如测定有机磷的生物传感器实际上是胆碱酯酶传感器，专一性不高且酶源成本较高，且生物材料固定化易失活。

6. 检测技术的发展趋势

（1）多种仪器的结合与联用　随着高新分析技术引入农药残留检测之中，发达国家目前经常采用如气相色谱与质谱联用技术、液相色谱与质谱联用技术、毛细管电泳与质谱联用以及气相、液相色谱与多级质谱联用技术等。这些技术的应用大大提高了农药残留检测的定性能力和检测的灵敏度、检测限和检测覆盖范围。

采用气相色谱与质谱联用技术或液相色谱与质谱联用技术，首先对样品中的农药种类进行定性分析，对确定的农药残留量再利用气相色谱进行定量分析。此种方法可以一次排除样品中许多农药，节省了大量的时间和操作。

绿色食品中重金属检测可以使用电感耦合等离子体质谱仪（ICP-MS）进行精确检测，ICP-MS多元素分析技术测重金属的原理便是使待测溶液雾化，再被氩原子高能等离子体解离，最后用质谱仪分析。这个测定技术可以同时测量周期表中大多数元素，测定分析物浓度可低至亚纳克/升甚至万亿分之几的水平。

（2）提高样品制备技术　随着各种高效、灵敏、快速的分析仪器（分析方法）的不断出现，传统的样品制备技术与之相比已不相适应，成为快速检验技术发展的主要障碍，因此急需发展简单、快速、有效的样品前处理方法。近年来发展较快的方法有固相萃取（SPE）、固相微萃取（SPME）、超声波萃取（USE）、超临界流体萃取（SFE）、微波辅助萃取（MAE）等方法。

农药残留、兽药残留、重金属等有害污染物快速检测技术，首先应从样品前处理制备入手，通过有效缩短样品前处理时间达到快速测定的目的。例如，在重金属污染物检测方面，应用快速的微波溶样样品预处理技术与金属污染物快速准确的检验技术相配合，可以缩短检验时间，实现快速检验。

第二节　绿色食品安全控制

一、食品安全及其重要性

1. 食品安全的内涵

1974 年 11 月，联合国粮农组织在世界粮食大会上通过了《世界粮食安全国际约定》，从食品数量满足人们基本需要的角度，第一次提出了"食品安全"的概念。1996 年世界卫生组织（WHO）将食品安全界定为"对食品按其原定用途进行制作、食用时不会使消费者健康受到损害的一种担保"。目前，国际社会对"食品安全"形成如下共识：是指食品（食物）的种植、养殖、加工、包装、贮藏、运输、销售、消费等活动符合国家强制标准和要求，不存在可能损害或威胁人体健康的有毒有害因素以及导致消费者病亡或者危及消费者及其后代的隐患。食品（食物）中有毒有害因素包括物理的，如杂质和放射性物质；化学的，如农药、兽药、添加剂、加工过程污染物、有毒包装材料、环境污染物、生物毒素和真菌毒素；生物的，如细菌、病毒和立克次体、寄生虫和原虫、食源性有毒动植物；过敏物质、生化恐怖因素和转基因等。

2. 食品安全的重要性

近年来，国际上食品安全恶性事件接连发生，如 1996 年英国"疯牛病"引起了全世界的恐慌。经证实的疯牛病达 17 万头之多，英国仅禁止牛肉进口一项每年就损失 52 亿美元。1999 年，比利时发生的二噁英污染食品事件，不仅造成了比利时的动物性食品被禁止上市并大量销毁，而且导致世界各国禁止其动物性产品的进口，其经济损失达 13 亿欧元。还有荷兰的甲羟孕酮事件、葡萄牙及其他许多国家的硝基呋喃污染食品事件等。

亚洲的食品安全问题也不容乐观。自 1997 年以来，日本各地相继发生了大面积 O157 病源性大肠杆菌引起的食物中毒。口蹄疫是一种严重的人畜共患病，是目前全世界各个国家重点检疫的恶性传染病，整个亚洲地区的动物养殖业无不受到此疾病的拖累。2008 年 9 月 5 日，位于日本大阪的粮食加工公司——三笠食品公司，被发现将工业大米当作食用米销售的勾当，从而引发了震惊日本全国的"事故米事件"，为补偿在不知情的情况下购入"事故米"的企业，日本政府在负担部分回收费用外，还对因营业额骤减而导致经营难行的企业实施了经营支援政策。截至 2009 年 8 月，日本政府共为此付出了 27 亿日元的代价。

从国际上的教训来看，食品安全问题的发生，不仅在经济上受到严重损害，还会影响到消费者对政府的信任，乃至危及社会稳定和国家安全。

在中国，食品安全关系到广大人民群众的身体健康和生命安全，关系到经济健康发展和社会稳定，关系到政府和国家的形象。加强食品安全，可以提高中国食品在国内外市场上的竞争力，也是现代农业走出困境从而尽快实现有机农业、环境与产业协调可持续发展的需要。

　　食品安全已成为衡量人民生活质量、社会管理水平和国家法制建设的一个重要方面。为此，国家采取了一系列举措，包括进一步完善农产品、绿色食品等的检验检测、安全监测及质量认证体系，推行农产品原产地标识制度和绿色食品标识制度，开展农业投入品强制性产品认证，扩大无公害食品、绿色食品、有机食品等优质农产品的生产和供应等，确保食品安全。

二、国外食品安全控制

　　鉴于近年来食品安全事件不断发生，联合国粮农组织（FAO）和世界卫生组织（WHO）以及世界各国政府都加强了食品安全工作，包括机构设置、强化或调整政策法规、监督管理和科技投入等。2000 年，WHO 第 53 届世界卫生大会首次在决议中将食品安全列为 WHO 的工作重点和最优先解决的领域。世界卫生组织及联合国粮农组织食品法典委员会（CAC）对食品中农药残留、兽药残留、添加剂含量以及食品卫生等建立国际公认的技术法规、标准和测试、取样方法规范，作为世界贸易组织仲裁的依据。同时，大力推荐实施食品生产的危害分析关键控制点（HACCP）技术。食品安全问题已成为世界贸易组织的重要文件《卫生与植物卫生措施协定》（SPS）和《贸易技术壁垒协定》（TBT）的主要内容之一。

　　各国政府也纷纷采取措施，建立和完善食品质量安全控制体系和法律法规。以下着重介绍美国、欧盟和日本在食品安全监管方面的主要特点。

1. 美国食品安全控制体系

　　美国是世界上食品安全管理最严格的国家，但近年食物中毒事件呈上升趋势。据估计，目前美国每年约有 7200 万人发生食源性疾病，造成 3500 亿美元的损失。

　　为此，美国政府对食品安全问题高度重视。1997 年，拨巨款启动一项食品安全计划；1998 年成立总统食品安全委员会，并把农药残留、兽药残留列入判定食品质量安全性的关键指标之一。美国国会立法，每年投资 30 多亿美元用于建立食品安全网络、反生物恐怖及动植物防疫等既相对独立又互相联系的预警和快速反应体系。

　　美国食品质量安全控制体系的突出特点是：动态补充和更新了《食品、药品和化妆品法》，加强食品质量安全监管；在各监管部门间协调配合的基础上，建立了食品质量安全监测和检验体系、风险评价程序和体系、认证认可体系、食品安全预警体系、进口自动扣留机制和公众教育体系。

　　在美国一旦被查出食品安全有问题，食品供应商和销售商将面临严厉的处罚和数目惊人的巨额罚款。值得一提的是，民间的消费者保护团体也是食品安全监管的重要力量，比如一个名为"公众利益科学中心"的团体就起诉肯德基使用脂肪含量高的烹调油。

　　(1) 加强食品质量安全监管　美国联邦涉及农产品（食品）质量安全管理的部门主要有农业部（USDA）、食品和药品管理局（FDA）和国家环境保护署（EPA）。

　　① 农业部。农业部属于联邦内阁 13 个组成部分之一，在农产品质量安全管理和行政执法中担负着十分重要的责任，负责农产品（食品）质量安全标准的制定、检测与认证体系的建设和管理。承担农产品（食品）质量安全管理的主要机构有食品安全检验局（FSIS）、动植物卫生检验局（APHIS）和农业市场局（AMS）。

　　a. 食品安全检验局（PSIS）：负责制订并执行国家残留监测计划、肉类及家禽产品质量安全检验和管理，并被授权监督执行联邦食用动物产品安全法规。

b. 动植物卫生检验局（APHIS）：负责对动植物及其产品实施检疫、植物产品出口认证，审批转基因植物和微生物有机体的移动，履行濒危野生动植物国际贸易公约（CITES）等。

c. 农业市场局（AMS）的新鲜产品部（FPB）：主要负责向全国的承运商、进口商、加工商、销售商、采购商（包括政府采购机构）以及其他相关经济利益团体提供检验和分级服务，并收取服务费用；颁布指导性材料及美国的分级标准，以保持分级的统一性；现场实施对新鲜类农产品分级活动的系统复查；在影响食品质量及分级的官方方法与规定方面，它还作为与食品和药物管理局、其他政府机构、科学团体的联络部门；定期监督检查计划的有效性，考察是否遵守公民平等就业机会和公民权利的要求。

② 食品和药品管理局。在农产品（食品）安全管理方面，主要负责肉类和家禽产品以外的国内和进口的食品安全，制定畜产品中兽药残留最高限量的法规和标准，保护消费者免受不纯、不安全和欺诈性标签食品之害。

③ 国家环境保护署。在农产品（食品）安全管理方面的主要使命是保护公众健康、保护环境不受杀虫剂强加的风险、促进更安全的害虫管理方法，负责饮用水、新的杀虫剂及毒物、垃圾等方面的安全管理，制定农药、环境化学物的残留限量和有关法规。

食品安全管理机构对总统负责，对国会负责，对评估条例和实施行动的法院负责，对公众负责，得到公众的高度信任。联邦、州和地方当局在食品安全方面，发挥着相互补充、相互依靠的作用。

美国食品安全监管体系的指导原则是：①只有安全、健康的食品才可以进入市场；②对于食品安全管理的决策要有科学依据；③政府有执行的责任；④制造商、分销商、进口商及其他相关者必须遵守规定，否则责任自负；⑤监管制度制定过程透明且公众可以了解到。

（2）重视预防和以科学为基础的风险分析　美国食品安全法律、法规及政策的制定，都进行了风险分析，并有相应的预防措施。通过与在食品科学及公众健康领域的杰出专家相互合作，定期向他们咨询，以便在技术、科学方法、加工过程、分析方法等方面提供补充建议，来确保食品安全。食品管理人员通过定期与国际食品法典委员会（CAC）、世界卫生组织（WHO）、联合国粮农组织（FAO）、世界动物卫生组织（OIE）等一些国际组织交流，了解最前沿的知识。

2. 欧盟食品质量安全控制体系

（1）欧盟食品安全监管体系的主要特点　欧盟针对动物和植物产品、食品、饲料和相关药物本身及其生产、加工、贮藏、运输和销售等过程，以及检验方法性能指标、整体残留控制体系等建立了一系列的法规和指令。特别是在动物源产品监控体系、农产品监测、动物疾病预防和控制、动物福利、风险评估和预警、事故处理等方面已经建立了非常完整的体系。而且，有关食品安全研究的投入有增无减，例如在 2002～2006 年的科技框架计划中，将食品质量与安全列入其 7 个优先研究主题，开展相关的技术研究。

欧盟食品安全监管体系的主要特点如下。

① 食品安全管理体系是开放的、发展的、走向整合的。针对近年来欧洲食品安全监管中的漏洞，欧盟及时修改食品卫生立法、改革食品安全管理体制、管理措施等，以适应内外部形势的变化。为建立一个新的、综合的从田间到餐桌的食品安全管理框架，在 EFSA 督导下，一些欧盟成员国对原有的监管体制进行了调整，逐步将食品安全监管职能集中到 1～2 个部门。

② 风险管理是科学监管的基础。欧盟食品安全管理局成立后，进一步加强食品安全风

险管理工作，管理局的主要职责就是根据理事会成员国的要求，对食品安全问题分析研究，提供独立的科学建议，作为管理当局做风险管理决策的依据。英国的食品安全标准署、德国的风险评估研究所专门负责食品安全的评估与研究工作，荷兰也成立了由农药注册委员会、兽药注册委员会、国家公共健康及环境部等部门组成的风险评估管理机构，并由食品管理局负责管理沟通。

风险管理工作的首要目标是通过选择和实施适当的措施，尽可能控制食品风险，保障公众健康。欧洲风险管理体系包括风险评估、风险管理、风险交流。风险管理程序包括：风险评估、风险管理选择评估、执行管理规定、控制与审查等。风险评估是对所有食品的危险因素进行系统、客观的评估，应用科学手段，研究危害因素特征，并对它们的影响范围、涉及人群和危害程度进行分析；风险管理措施的评估包括确定现有的管理选项、选择最佳的管理选项、确定最终的管理措施等；控制与审查，是对实施的措施有效性进行评估，以及在必要时对风险管理和评估进行审查。

风险管理是一个系统工程，不但要考虑与风险有关的因素，还需考虑政治、社会、经济等因素，管理者需要理解与风险评估相关的不确定因素，并在风险管理决策中予以考虑，以确保决策的科学性、有效性。

③ 相对独立的、完善的检验检测体系确保了食品安全监管的客观公正性。根据联合国粮农组织（FAO）、世界卫生组织（WHO）的联合食品标准计划，检验检测系统属于具有根本重要性而广泛使用的食品管理手段，全世界的食品安全、食品贸易，在很大程度上取决于检验检测系统的使用。欧盟及各成员国设立了官方和非官方的社会多层次检验检测机构，检验检测体系已相当完善和成熟。如丹麦除强调食品安全的自我检测之外，兽医和食品管理委员会任命了一个自我检查计划小组来负责全国范围内的自我检查工作。荷兰则建立了完善的食品检验检测体系（RVV），承担绝大多数的食品安全检验检测工作，包括产销链和生产过程的检验检测和监督、动物产品检测、卫生认证、企业认证。检测工作的范围主要集中于新鲜肉类生产、家畜生产、鱼类生产、动物产品进出口、新鲜蔬菜进出口等。除了RVV检测外，食品产业内的相关生产经营主体对产品质量检测也很积极，如荷兰的大多数水果蔬菜商都参与食品中残留物的检验检测工作，在实施中委托给蔬菜、水果、菌类和园艺协议会处理。

欧盟的食品安全监管是以检验检测为基础的，欧盟各国都十分重视食品生产经营企业的自我检验检测，这对于从源头上保证食品的安全具有至关重要的作用，也是食品安全检验检测体系的基础力量。

欧盟各国的检验检测机构，特别是中性外部的检验检测机构，大都独立于检测结果处罚部门和其他行政部门，也独立于地方政府，这有利于防止权力的滥用和腐败，有利于防止地方保护主义，保证检测的宏观公正。

④ 健全的法律体系是食品安全监管顺利推行的基础。欧盟食品安全法律体系以欧盟委员会1997年发布的《食品法律绿皮书》为基本框架，绿皮书在制定时考虑了食品安全问题，但未能满足未来几年的社会、政治、经济、科技发展的需要，没能发展成一个有效的指导方针。基于这个原因，2000年欧盟发表了《食物安全白皮书》，将食品安全作为欧盟食品法的主要目标，提出了80多项保证食品安全的基本措施，以应对未来数年可能遇到的问题。它包括食品安全政策、食品法规框架、食品管理体制、食品安全国际合作等内容，成为欧盟成员国完善食品安全法规体系和管理机构的基本指导。

2002年2月21日经过修订后的欧盟《通用食品法》（ECNo178/2002）生效启用。至此，欧盟关于食品安全方面的法律有 20 多部。同时，欧盟还制定了一系列食品安全规范要求，包括动植物疾病控制、药物残留控制、食品生产卫生规范、良好实验室的检验规范、进口食品准入控制、出口国官方兽医证书规定、食品的官方控制等，形成强大的法律体系，欧盟的食品安全监管体系建设是以此为基础的。

在欧盟食品安全法律框架下，各主要成员国已形成一套整个食物链的法律框架，为制定监管政策、检测标准以及质量认证等提供了依据。如英国根据 1999 年颁布的《食品标准法》，于 2000 年设立了食品标准署（FSA），成为监督英国食品安全的独立机构。德国《食品与日用品法》则更具体，不但明确食品安全监管机构的职能，还规定了食品安全监管机构的人员组成和培训。以法律为基础，建立良好的食品安全监管体系，确保监管机构的合法性、权威性和规范性。

（2）欧盟食品安全管理局　欧盟《通用食品法》的核心内容有两项：一是规定欧盟食品安全的重要原则、定义及要求，规定未来欧洲所有食品法案的制定均以此为基础；二是成立欧盟食品安全管理局（EFSA），以法律形式确定欧盟食品安全管理局的地位、职能、职责和主要任务。

欧盟食品安全管理局是欧盟内的一个机构，由欧盟资助，独立运作。它不由欧盟直接管理，而是由一名执行董事管理，该执行董事向欧盟负责。欧盟食品安全管理局的职责范围很广，可覆盖从初级农产品到餐桌食品的生产及供应的所有阶段，其核心任务是提供独立的科学建议与支持，建立一个与成员国相同机构进行紧密协作的网络，评估与整个食品链相关的风险，并且就食品风险问题向公众提供相关信息。具体职责是：根据欧盟理事会、欧盟议会和成员国的要求，提供有关食品安全和其他相关事宜（如动物卫生、植物卫生、转基因生物、营养等）的独立的科学建议，作为风险管理决策的基础；就技术性食品问题提供建议，作为制定有关食品链方面的政策与法规的依据；收集和分析有关任何潜在风险的信息，以监视欧盟整个食品链的安全状况；确认和预报正在出现的风险；在危机时期向欧盟理事会提供支持；在其权限范围之内向公众提供有关信息。

欧盟食品安全管理局由管理委员会、行政主任、咨询论坛、科学委员会和 8 个专门科学小组组成。

欧盟食品安全管理局除了负责确认正在出现的风险之外，还在风险管理方面提供必要的支援。在发生食品危机之时，欧盟理事会将立即成立一个危机处置小组，欧盟食品安全管理局将负责为该小组提供必要的科学和技术建议。危机处置小组将收集和鉴定所有相关信息，确定有效和迅速防止、减缓或者消除风险的意见，并且确定向公众通报情况的措施。

欧盟食品安全管理局还是欧盟理事会所管理的快速报警体系的成员之一。各成员国相关机构必须将本国有关食品或者饲料对人类健康造成直接或间接严重风险，以及为限制某种产品出售所采取措施的任何信息，通报给欧盟快速报警体系。欧盟理事会则立即将收到的通报转发给欧盟快速报警体系的其他成员，即各成员国和欧盟食品安全管理局。

为了增强透明度，科学委员会和专门科学小组的意见将附带少数人的意见一起公开发表；管理委员会将公开举行会议，并可能邀请消费者代表或者其他感兴趣的组织来观察欧盟食品安全管理局的一些活动；欧盟食品安全管理局将确保公众可以广泛获取该局掌握的文件。

3. 日本食品质量安全控制体系

日本的农产品（食品）质量安全管理体制有其自身的特点，按照农产品（食品）从生产、加工到销售流通等环节来明确有关政府部门的职责。日本农产品（食品）质量安全管理由农林水产省和厚生劳动省负责，直接面向农产品的生产者、加工者、销售者和消费者。

农林水产省主要负责：国内生鲜农产品（食品）生产环节的质量安全管理；农业投入品（农药、化肥、饲料、兽药等）产、销、用的监督管理；进口农产品（食品）动、植物检疫；国产和进口粮食的安全性检查；国内农产品（食品）品质和标识认证以及认证产品的监督管理；农产品（食品）加工中"危害分析与关键控制点（HACCP）"方法的推广；流通环节中批发市场、屠宰场的设施建设，消费者反映和信息的搜集、沟通等。

厚生劳动省主要负责加工和流通环节农产品（食品）安全的监督管理，包括组织制定农产品（食品）中农药、兽药最高残留限量标准和加工食品卫生安全标准，对进口农产品（食品）的安全检查，国内食品加工企业的经营许可，食物中毒事件的调查处理；流通环节食品（畜、水产品）的经营许可和依据《食品卫生法》进行监督执法以及发布食品安全情况。

农林水产省和厚生劳动省之间既有分工，又有合作。例如：农药、兽药残留限量标准的制定工作，由两个部门共同完成。在市场抽查方面，两个部门各有侧重。卫生部门负责执法监督抽查，对象是进口和国产农产品，其抽查结果可以对外公布，并作为处罚的依据。农业部门只抽检国产农产品（食品），旨在调查分析农产品（食品）生产过程中的安全性和对JAS认证产品进行符合性检查，以便于及时指导生产者生产优质安全的农产品（食品），提高国产农产品（食品）的市场竞争力，增强消费者对农产品（食品）安全的信心，促进农产品（食品）的销售。

在农产品生产环节，根据2016年5月29日新修订的《食品卫生法》，日本开始实施关于食品中残留农药的"肯定列表制度"。在新标准实施之前，日本只对288种使用频率很高的农药和兽药设定了农作物残留限量标准。新规定将设定残留限量标准的对象增加到799种，且必须定期对所有农药和兽药残留量进行抽检。

三、中国绿色食品安全体系的发展

中国绿色食品产品质量安全存在的突出问题是农残、药残、食品添加剂等有毒有害污染物超标，主要原因是在种植、养殖环节违规使用农药、兽药的现象以及非法使用违禁药物现象较常见；食品生产加工过程中超量使用食品添加剂的现象比较严重。

绿色食品产品质量安全控制体系的建立，是一项包括技术体系、标准体系、监测体系、管理体系等内容丰富且涉及农业、卫生、科技、轻工、质检、工商等多个部门的系统工程。

食品安全技术体系是食品安全的基础保障，主要研究重点是：农药残留检测技术、兽药残留检测技术、重要有机污染物痕量与超痕量检测技术、生物毒素和中毒控制中常见毒物快速检测技术、食品添加剂和饲料添加剂的违禁化学品检验技术、食品中主要人兽共患疾病及植物疾病病原体检测技术、全国食品污染监控体系的研究、进出口食品安全监测与预警系统的研究、食品企业和餐饮业HACCP体系的建立和实施、食品贮藏及包装与运输过程中安全性检测技术、食品安全关键技术应用的综合示范等。

食品标准体系和食品质量检验监测体系是食品安全体系的核心内容，食品质量检验监测体系要以食品安全技术体系为支撑、以食品标准体系为依托开展工作，它不仅要起到对食品质量的监督作用，还要积极发挥其宣传引导、咨询服务等功能，体系的建设主要包括检验监测网络布局、人员培训、技术推广与咨询、常规研究、食品质量监测报告等。由于食品安全工作涉及多部门、多领域，中国与食品安全有关的部门多达10多个，协调和组织各个相关部门，理顺食品安全的管理体系，是一项很重要的任务。

1. 风险评估评价体系

风险分析，或称为危险性分析（risk analysis）首先用于环境科学的危害控制，20 世纪 80 年代末用于食品安全领域。食品的风险评估是世界卫生组织（WTO）和国际食品法典委员会（CAC）用于制定食品安全法律、标准和评估食品安全技术措施的重要手段，是各项食品安全监管工作的科学基础，大到食品安全形势分析，中如食品安全政策出台，小至食品标准制定等。

风险评估（分析、评估、管理、交流）须全程、整体进行，而且不应受消费者心理、经济、政治、外交等其他因素左右，更不能受部门利益影响。简而言之，风险评估是相对"纯科学"的一种工具，要保持风险评估的科学性、可信性，其过程应公开透明，其机构应专业化，其人员应高素质，其程序应科学合理。

通过启动食品安全风险评价体系建设工作，就风险评估技术及有关数据资料与发达国家加强交流，及时获取来自其他国家的危险性评价资料，并就中国一些具有特色的食品加工技术、影响因素开展前瞻的食品安全风险评价，以便对可能出现的食品安全事故做出及时有效的预报和处置。

目前，风险评估理论和实践仍在发展之中，相当一部分风险评估仍有一定的不确定性，如转基因食品的风险评估、某些微生物风险评估等。目前诸如蔬菜中的甲胺磷、花生中的黄曲霉毒素、龙井茶中的铅、禽肉中的 H5N1、贝类中的副溶血性弧菌、小龙虾中的呋喃唑酮等，具体根据其毒性大小、摄入量高低，进行暴露评估其风险，从而制定出安全限量标准 MRL，或提出管理政策措施。

经过 10 年的建设，我国已初步建立起了食品安全风险评估体系，但是在制度上还不完善，还需要提高其运行效率，为此，我国 2017 年通过"十三五"（2015～2020 年）国家食品和药品安全规划，通过了强化全过程监管、强化抽查检验和风险预警、加快食品安全国家标准的修订三个强化措施，为守护好老百姓"舌尖上的安全"编织了一个防护网。

（1）强化全过程监管　落实地方，尤其是县级政府保障食品安全的责任，加大对校园、小摊贩等重点区域和对象的日常监管，深入开展农药兽药残留等源头治理，重拳整治违法添加等行为，严防发生系统性风险。

（2）强化抽查检验和风险预警　加强检查员队伍专业化能力建设，完善检验检测体系，对所有类别和品种的食品实行全覆盖抽检，提高风险监测评估和应急处置能力，构建权威信息发布机制。

（3）强化技术支撑　加快食品安全国家标准制修订，运用"互联网＋"、大数据等实施在线智慧监管，严格落实食品生产、经营、使用、检测、监管等各环节安全责任，让广大群众饮食无安全之忧。

2. 风险预警和应急反应机制

中国已初步建立了全国食品安全风险快速预警与快速反应系统。一是建立统一协调的食品安全信息平台。通过建立统一协调的食品安全信息平台，实现互联互通和资源共享，逐步形成统一、科学的食品安全信息评估和预警预报指标体系，积极开展食品生产、加工、流通、消费环节风险监控，通过动态收集和分析食品安全信息，初步实现了对食品安全问题的早发现、早预警、早控制和早处理。对食品安全事故和隐患做到早发现、早预防、早整治、早解决，把突发的、潜在的食品安全风险降到最小，以全面提升中国食品安全监管的效率。二是建立一套行之有效的快速反应机制，包括风险信息的收集、分析、预警和快速反应，做到立即报告、迅速介入、科学判断、妥善处置。

食品安全应急体系的建设要点如下。

（1）应急反应与处理　逐步建立食品安全突发事件和重大事故应急反应联动网络平台，加强应急指挥决策体系建设。

（2）食品加工、流通环节快速反应　建立食品生产加工、流通环节突发事件应急快速反应处理系统。

3. 绿色食品可追溯体系

绿色食品信息可追溯系统作为绿色食品质量安全管理的重要手段，通过可追溯系统的建立，可识别出发生问题的根本原因，有利于绿色食品生产过程的透明化，提高绿色食品质量安全，并增强食品链不同利益方之间的合作和沟通。

通过给每件商品标上可追溯标签，保存相关的管理记录，使消费者在购买食品时通过商品包装可以获得绿色食品从原料到加工、销售等全程的相关履历信息，这样一旦出现质量安全问题，可以立即通过这些标识追溯到产品的源头，追查责任，作出处理。

国际标准化组织食品技术委员会于 2006 年发布《食品和饲料可追溯系统的设计和开发指南》。欧盟规定，从 2005 年 1 月 1 日起，凡在欧盟市场销售的水产类食品上必须贴有可追溯标签，否则拒绝进入。

4. 绿色食品召回制度

食品召回制度，召回的是离开生产线、进入流通领域的缺陷食品，是缺陷食品对社会造成重大危害前的预防措施。食品召回制度关注的是最终消费品，由食品的生产商、进口商和经销商承担这个风险。这样的食品质量监控，成本低、操作性强，可产生一个良性循环。

食品召回制度分为主动召回和责令召回两种形式。绿色食品生产加工企业是食品召回的责任主体，生产者如果确认其生产的食品存在安全危害，应当立即停止生产和销售，主动实施召回；对于故意隐瞒食品安全危害、不履行召回义务或生产者过错造成食品安全危害扩大或再度发生的，将责令生产者召回产品。

近年来，国家质检总局在开展绿色食品监督抽查和执法检查中，对发现存在致病菌、化学性污染和使用非食品原料等重大安全隐患的绿色食品加大了召回力度，对于造成严重后果的，吊销了生产企业的生产许可证。

绿色食品召回制度在中国才刚起步，今后需要进一步健全和完善，以降低不安全食品可能带来的危害，切实维护广大消费者的健康安全。

5. 绿色食品质量安全诚信体系

食品质量安全诚信体系是以完善的食品安全社会信用制度为保障，以真实的食品安全信用信息为基础，以科学的食品安全信用风险分析为依据，以公正的食品安全信用服务机构为依托，以食品安全问题记录为重要参考而形成的信用评估评级、信用报告、信用披露等企业外部食品安全信用管理体系。

加强绿色食品质量安全诚信体系建设，必须建立起以企业质量档案为基础的较为完善的质量信用监管体系，以及包括查询系统、评价系统和反馈系统等科学的服务系统，构建信用监督和失信警戒机制，逐步完善绿色食品质量安全诚信运行机制，全面发挥诚信体系对绿色食品质量安全工作的规范、引导、督促功能。

加强企业诚信档案建设，推行绿色食品质量安全诚信分类监管。重点建立绿色食品生产经营主体登记档案信息系统和绿色食品生产经营主体诚信分类数据库，广泛收集绿色食品生产经营主体准入信息、绿色食品质量安全监管信息、消费者申诉举报信息等，完善绿色食品生产经营主体诚信分类监管制度。

充分发挥各类商会、协会的作用，促进食品行业自律，建立绿色食品企业红黑榜制度。近年来，采用最新网络技术，对绿色食品质量安全实施电子监管网终端查询，及时、方便、快捷、有效地辨别绿色食品真伪，维护了消费者利益，打击了假冒伪劣行为，促进了企业诚信建设。

　　大力实施扶优扶强措施，采取政策、行政、经济的手段，对重信誉、讲诚信的企业给予激励，营造绿色食品质量安全的诚信环境，创造诚信文化，增强全社会诚信意识。

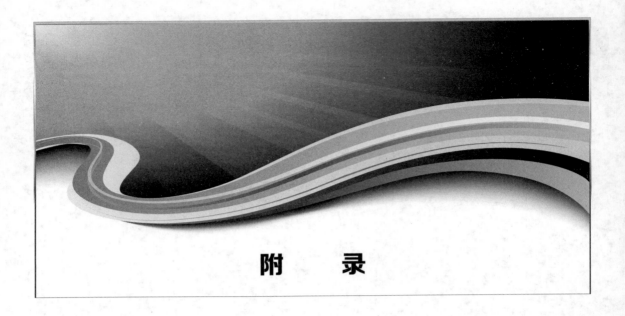

附　录

绿色食品编号分类规则

一、农业产品

01. 粮食作物
02. 油料作物
03. 糖料作物
04. 蔬菜
05. 食用菌及山菜
06. 杂类农产品

二、林产品

07. 果类
08. 林产饮料品
09. 林产调味品

三、畜产品

10. 人工饲养动物
11. 肉类
12. 人工饲养动物下水及副产品

四、渔业产品

13. 海水、淡水养殖动、植物苗（种）类
14. 海水动物产品
15. 海水植物产品
16. 淡水动物产品

17. 水生动物冷冻品

五、加工食品

18. 粮食加工品
19. 食用植物油及其制品
20. 肉加工品
21. 蛋制品
22. 水产加工品
23. 糖
24. 加工糖
25. 糖果
26. 蜜饯果脯
27. 糕点
28. 饼干
29. 方便主食品
30. 乳制品
31. 消毒液体奶
32. 酸奶
33. 乳饮料
34. 代乳品
35. 罐头
36. 调味品
37. 加工盐
38. 其他加工食品

六、饮料

39. 酒类
40. 非酒精饮料
41. 冷冻饮品
42. 茶叶
43. 咖啡
44. 可可
45. 其他饮料

七、饲料

46. 配合饲料
47. 混合饲料
48. 浓缩饲料
49. 蛋白质饲料
50. 矿物质饲料
51. 含钙磷饲料

52. 预混合饲料
53. 其他饲料

绿色食品标准目录

（截至 2017 年 6 月）

序号	标准编号	标准名称
1	NY/T 391—2013	绿色食品 产地环境质量
2	NY/T 392—2013	绿色食品 食品添加剂使用准则
3	NY/T 393—2013	绿色食品 农药使用准则
4	NY/T 394—2013	绿色食品 肥料使用准则
5	NY/T 471—2010	绿色食品 畜禽饲料和饲料添加剂使用准则
6	NY/T 472—2013	绿色食品 兽药使用准则
7	NY/T 473—2016	绿色食品 畜禽卫生防疫准则
8	NY/T 658—2015	绿色食品 包装通用准则
9	NY/T 755—2013	绿色食品 渔药使用准则
10	NY/T 896—2015	绿色食品 产品抽样准则
11	NY/T 1054—2013	绿色食品 产地环境调查、监测与评价导则
12	NY/T 1055—2015	绿色食品 产品检验规则
13	NY/T 1056—2006	绿色食品 贮藏运输准则
14	NY/T 273—2012	绿色食品 啤酒
15	NY/T 274—2014	绿色食品 葡萄酒
16	NY/T 285—2012	绿色食品 豆类
17	NY/T 288—2012	绿色食品 茶叶
18	NY/T 289—2012	绿色食品 咖啡
19	NY/T 418—2014	绿色食品 玉米及玉米粉
20	NY/T 419—2014	绿色食品 稻米
21	NY/T 420—2009	绿色食品 花生及制品
22	NY/T 421—2012	绿色食品 小麦及小麦粉
23	NY/T 422—2016	绿色食品 食用糖
24	NY/T 426—2012	绿色食品 柑橘类水果
25	NY/T 427—2016	绿色食品 西甜瓜
26	NY/T 902—2015	绿色食品 黑打瓜籽
27	NY/T 430—2000	绿色食品 食用红花籽油
28	NY/T 431—2009	绿色食品 果（蔬）酱
29	NY/T 432—2014	绿色食品 白酒
30	NY/T 433—2014	绿色食品 植物蛋白饮料
31	NY/T 434—2016	绿色食品 果蔬汁饮料
32	NY/T 435—2012	绿色食品 水果、蔬菜脆片

序号	标准编号	标 准 名 称
33	NY/T 436—2009	绿色食品 蜜饯
34	NY/T 437—2012	绿色食品 酱腌菜
35	NY/T 654—2012	绿色食品 白菜类蔬菜
36	NY/T 655—2012	绿色食品 茄果类蔬菜
37	NY/T 657—2012	绿色食品 乳制品
38	NY/T 743—2012	绿色食品 绿叶类蔬菜
39	NY/T 744—2012	绿色食品 葱蒜类蔬菜
40	NY/T 745—2012	绿色食品 根菜类蔬菜
41	NY/T 746—2012	绿色食品 甘蓝类蔬菜
42	NY/T 747—2012	绿色食品 瓜类蔬菜
43	NY/T 748—2012	绿色食品 豆类蔬菜
44	NY/T 749—2012	绿色食品 食用菌
45	NY/T 750—2011	绿色食品 热带、亚热带水果
46	NY/T 751—2011	绿色食品 食用植物油
47	NY/T 752—2012	绿色食品 蜂产品
48	NY/T 753—2012	绿色食品 禽肉
49	NY/T 754—2011	绿色食品 蛋及蛋制品
50	NY/T 840—2012	绿色食品 虾
51	NY/T 841—2012	绿色食品 蟹
52	NY/T 842—2012	绿色食品 鱼
53	NY/T 843—2015	绿色食品 畜禽肉制品
54	NY/T 844—2010	绿色食品 温带水果
55	NY/T 891—2014	绿色食品 大麦及大麦粉
56	NY/T 892—2014	绿色食品 燕麦及燕麦粉
57	NY/T 893—2014	绿色食品 粟米及粟米粉
58	NY/T 894—2014	绿色食品 荞麦及荞麦粉
59	NY/T 895—2015	绿色食品 高粱
60	NY/T 897—2004	绿色食品 黄酒
61	NY/T 898—2016	绿色食品 含乳饮料
62	NY/T 899—2016	绿色食品 冷冻饮品
63	NY/T 900—2016	绿色食品 发酵调味品
64	NY/T 901—2011	绿色食品 香辛料及其制品
65	NY/T 1039—2014	绿色食品 淀粉及淀粉制品
66	NY/T 1040—2012	绿色食品 食用盐
67	NY/T 1041—2010	绿色食品 干果
68	NY/T 1042—2014	绿色食品 坚果
69	NY/T 1043—2016	绿色食品 人参和西洋参

序号	标准编号	标准名称
70	NY/T 1044—2007	绿色食品　藕及其制品
71	NY/T 1045—2014	绿色食品　脱水蔬菜
72	NY/T 1046—2016	绿色食品　焙烤食品
73	NY/T 1047—2014	绿色食品　水果、蔬菜罐头
74	NY/T 1048—2012	绿色食品　笋及笋制品
75	NY/T 1049—2015	绿色食品　薯芋类蔬菜
76	NY/T 1050—2006	绿色食品　龟鳖类
77	NY/T 1051—2014	绿色食品　枸杞及枸杞制品
78	NY/T 1052—2014	绿色食品　豆制品
79	NY/T 1053—2006	绿色食品　味精
80	NY/T 1323—2007	绿色食品　固体饮料
81	NY/T 1324—2015	绿色食品　芥菜类蔬菜
82	NY/T 1325—2015	绿色食品　芽苗类蔬菜
83	NY/T 1326—2015	绿色食品　多年生蔬菜
84	NY/T 1327—2007	绿色食品　鱼糜制品
85	NY/T 1328—2007	绿色食品　鱼罐头
86	NY/T 1329—2007	绿色食品　海水贝
87	NY/T 1330—2007	绿色食品　方便主食品
88	NY/T 1405—2015	绿色食品　水生蔬菜
89	NY/T 1406—2007	绿色食品　速冻蔬菜
90	NY/T 1407—2007	绿色食品　速冻预包装面米食品
91	NY/T 1506—2015	绿色食品　食用花卉
92	NY/T 1507—2016	绿色食品　山野菜
93	NY/T 1508—2007	绿色食品　果酒
94	NY/T 1509—2007	绿色食品　芝麻及其制品
95	NY/T 1510—2016	绿色食品　麦类制品
96	NY/T 1511—2015	绿色食品　膨化食品
97	NY/T 1512—2014	绿色食品　生面食、米粉制品
98	NY/T 1513—2007	绿色食品　畜禽可食用副产品
99	NY/T 1514—2007	绿色食品　海参及制品
100	NY/T 1515—2007	绿色食品　海蜇及制品
101	NY/T 1516—2007	绿色食品　蛙类及制品
102	NY/T 1709—2011	绿色食品　藻类及其制品
103	NY/T 1710—2009	绿色食品　水产调味品
104	NY/T 1711—2009	绿色食品　辣椒制品
105	NY/T 1712—2009	绿色食品　干制水产品
106	NY/T 1713—2009	绿色食品　茶饮料

序号	标准编号	标准名称
107	NY/T 1714—2015	绿色食品 即食谷粉
108	NY/T 1884—2010	绿色食品 果蔬粉
109	NY/T 1885—2010	绿色食品 米酒
110	NY/T 1886—2010	绿色食品 复合调味料
111	NY/T 1887—2010	绿色食品 乳清制品
112	NY/T 1888—2010	绿色食品 软体动物休闲食品
113	NY/T 1889—2010	绿色食品 烘炒食品
114	NY/T 1890—2010	绿色食品 蒸制类糕点
115	NY/T 1891—2010	绿色食品 海洋捕捞水产品生产管理规范
116	NY/T 1892—2010	绿色食品 畜禽饲养防疫准则
117	NY/T 2104—2011	绿色食品 配制酒
118	NY/T 2105—2011	绿色食品 汤类罐头
119	NY/T 2106—2011	绿色食品 谷物类罐头
120	NY/T 2107—2011	绿色食品 食品馅料
121	NY/T 2108—2011	绿色食品 熟粉及熟米制糕点
122	NY/T 2109—2011	绿色食品 鱼类休闲食品
123	NY/T 2110—2011	绿色食品 淀粉糖和糖浆
124	NY/T 2111—2011	绿色食品 调味油
125	NY/T 2112—2011	绿色食品 渔业饲料及饲料添加剂使用准则
126	NY/T 2140—2015	绿色食品 代用茶
127	NY/T 2799—2015	绿色食品 畜肉

参 考 文 献

[1] 陈功，王莉. 山野菜保鲜贮藏与加工 [M]. 北京：中国农业出版社，2002.

[2] 陈宗道. 食品质量管理 [M]. 北京：中国农业大学出版社，2003.

[3] 高海生，李春华，蔡金星，等. 天然果蔬保鲜剂研究进展 [J]. 中国食品学报，2003，3（1）：86-91.

[4] 郭忠广. 绿色食品生产技术手册 [M]. 济南：山东科学技术出版社，2003.

[5] 黄忠. 绿色无公害饲料添加剂及其应用 [J]. 中国禽业导刊，2002，（17）：19-20.

[6] 江汉湖. 食品安全性与质量控制 [M]. 北京：中国轻工业出版社，2002.

[7] 李怀林. 食品安全控制体系（HACCP）通用教程 [M]. 北京：中国标准出版社，2002.

[8] 李秋洪，袁泳. 绿色食品产业与技术 [M]. 北京：中国农业科学技术出版社，2002.

[9] 刘连馥. 绿色食品导论 [M]. 北京：企业管理出版社，1998.

[10] 刘忠琛，张建波. 畜产品药物残留的危害及控制策略 [J]. 广东饲料，2004，（2）：9-11.

[11] 刘学剑. 促进无公害和绿色有机畜产品开发的措施 [J]. 广东饲料，2002，（6）：8-10.

[12] 卫孺牛，王保平. 绿色食品指南 [M]. 甘肃省绿色食品办公室，2001.

[13] 罗云波，生吉萍. 园艺产品贮藏加工学贮藏篇（第二版）[M]. 北京：中国农业大学出版社，2010.

[14] 庞显炳. 多元化养殖品种及养殖方式的组合设计 [J]. 科学养鱼，2001，（10）：8-10.

[15] 史贤明. 食品安全与卫生学 [M]. 北京：中国农业出版社，2003.

[16] 谭济才，康绪宏. 绿色食品生产原理与技术（第二版）[M]. 北京：中国农业出版社，2014.

[17] 唐晓芬. HACCP食品安全管理体系的建立和实施 [M]. 北京：中国计量出版社，2003.

[18] 肖元安，唐安来. 绿色食品产业实用指南 [M]. 北京：中国农业出版社，2008.

[19] 许牡丹. 食品安全性与检测分析 [M]. 北京：化学工业出版社，2003.

[20] 杨洁彬，王晶. 食品安全性 [M]. 北京：中国轻工业出版社，1999.

[21] 杨学春，欧阳柬. 绿色食品开发与管理 [M]. 成都：成都科技大学出版社，1998.

[22] 俞联平，张林. 反刍家畜安全性无公害生产的饲料安全对策 [J]. 中国乳业，2003，（1）：23-26.

[23] 赵国先，王余丁. 控制畜产公害对环境污染的饲料营养对策 [D]. 保定：河北农业大学，2001.

[24] 张继先. 绿色畜禽产品综合生产技术措施与经营对策 [J]. 中国禽业导刊，2003，（10）：10-12.

[25] 张坚勇. 绿色食品实用技术 [M]. 南京：东南大学出版社，2007.

[26] 张建新. 食品质量安全技术标准法规应用指南 [M]. 北京：科学技术文献出版社，2002.

[27] 章建浩. 食品包装学（第三版）[M]. 北京：中国农业出版社，2010.

[28] 张庆茹，倪耀娣，张铁. 绿色饲料添加剂研究进展 [J]. 畜牧与兽医，2002，（9）：54-56.

[29] 周光宏. 畜产品加工学（第二版）[M]. 北京：中国农业出版社，2011.